“融”解生态城

——中法武汉生态示范城规划探索与实践

武汉市规划研究院

宋 洁 徐 昊 杨正光 何 浩
程望杰 宁云飞 陈 渝

编著

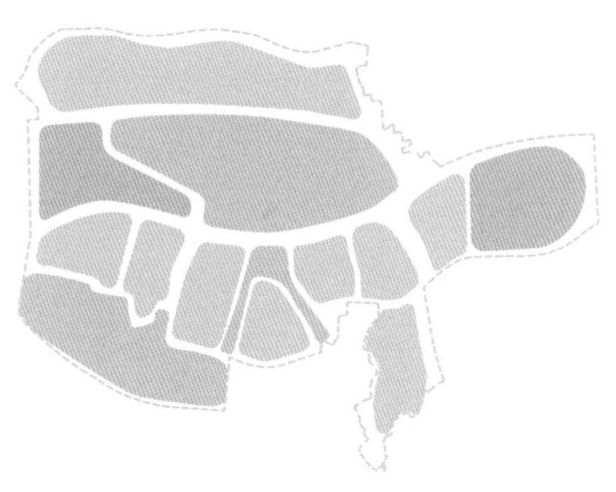

中国建筑工业出版社

图书在版编目（CIP）数据

“融”解生态城——中法武汉生态示范城规划探索与实践／宋洁等编著. —北京：中国建筑工业出版社，2018.12

ISBN 978-7-112-22681-8

Ⅰ. ①融… Ⅱ. ①宋… Ⅲ. ①生态城市-城市规划-研究-武汉 Ⅳ. ①TU984.263.1

中国版本图书馆CIP数据核字（2018）第208016号

责任编辑：刘　丹
书籍设计：锋尚设计
责任校对：王　烨

“融”解生态城——中法武汉生态示范城规划探索与实践
武汉市规划研究院
宋洁　徐昊　杨正光　何浩　程望杰　宁云飞　陈渝　编著
*
中国建筑工业出版社出版、发行（北京海淀三里河路9号）
各地新华书店、建筑书店经销
北京锋尚制版有限公司制版
北京富诚彩色印刷有限公司印刷
*
开本：850×1168毫米　1/16　印张：16　插页：1　字数：376千字
2018年12月第一版　2018年12月第一次印刷
定价：198.00元
ISBN 978-7-112-22681-8
（32770）

本书编委会

主　　编： 宋　洁　徐　昊　杨正光　何　浩　程望杰
宁云飞　陈　渝

参编人员： 黄兰莉　张旭超　周宇青　亢晶晶　杜星宇
付　邦　彭良波　周　全　王　建

Préface

Le développement urbain durable, un enjeu stratégique pour l'avenir de la planète

Les villes façonnent le monde. Deux tiers de la population mondiale vivront en zone urbaine en 2050 selon les Nations Unies, dont une majorité en Asie. La construction de villes respectueuses de l'environnement, économes en énergies et émettant peu de rejets constitue un enjeu essentiel dans un modèle de développement durable.

En Chine, avec une population urbaine qui croit d'environ 10% par an depuis trente ans, le taux d'urbanisation a atteint 58% en 2018 et devrait être supérieur à 70% d'ici 2035. Dans ce contexte, les problématiques de développement urbain durable revêtent une importance cruciale.

Cette urbanisation rapide est le fruit de la croissance économique sans précédent qu'a connu le pays depuis 1978 et est encouragée par les politiques publiques, mais elle constitue aussi un défi écologique considérable en termes de pollution, d'élimination des déchets, d'émissions de gaz à effet de serre, ou d'efficacité énergétique. Consciente de ces enjeux, la Chine a décidé de prendre les mesures nécessaires pour faire face à ce défi.

Une volonté politique de nos deux pays de coopérer en faveur du développement urbain durable à Wuhan.

A Wuhan, la coopération dans le développement durable a débuté dès 2007 avec l'accord franco-chinois en matière de développement urbain durable. En 2010 a été signée la « lettre d'intention relative à la coopération dans le domaine du développement urbain durable », qui identifie Wuhan et la province du Hubei comme terrain d'application de cette coopération.

Le Premier ministre français M. Jean-Marc AYRAULT a confirmé lors de sa visite à Wuhan fin 2013 la proposition de la France de coopérer en vue de la construction d'une ville nouvelle durable. L'engagement de la France au plus haut niveau politique et la volonté de coopérer des deux parties ont été scellés par la signature d'une lettre d'intention intergouvernementale en présence des deux chefs d'Etat en mars 2014, marquant le lancement du projet de ville durable franco-chinoise à Wuhan, dans le district de Caidian.

Un projet ambitieux et exigeant mené en partenariat par les deux parties

La ville durable franco chinoise de Caidian est aujourd'hui l'un des projets de coopération les plus ambitieux dans le domaine du développement urbain durable entre la France et la Chine. Ce projet ambitieux s'articule autour de trois axes principaux :

- Un système de gouvernance qui témoigne de toute l'attention portée par la partie française au projet. Suivi au plus haut niveau du gouvernement comme l'attestent les visites des Premiers Ministres français en 2013 puis en 2017, le projet est suivi en France par une structure composée par le Ministère de la transition écologique et solidaire, le Ministère de l'Europe et des Affaires étrangères, et le Ministère de l'économie et des finances. Le consulat général de France à Wuhan, avec un attaché spécialisé et un expert technique, assure, côté français, la coordination et la mise en œuvre quotidienne du projet, en lien étroit avec le comité de gestion de la ville durable de Caidian et la municipalité de Wuhan.

- Un site, le district de Caidian, aux conditions favorables, avec un périmètre encore peu urbanisé de 39km^2, dans le prolongement de la plus importante zone de développement économique de Wuhan. La ville durable franco-chinoise bénéficiera dans un proche avenir de la proximité de la future gare à grande vitesse du Grand Hanyang ainsi que des grandes infrastructures de transports urbain (métro et tramway) qui la connecteront directement avec le centre de Wuhan. Le site possède également un patrimoine environnemental remarquable, avec des zones humides (le lac Houguan et le lac Shi) et des espaces naturels importants (montage Ma'an shan).

- Enfin, la France et les entreprises françaises accompagnent le projet sur le terrain. Fin 2014, l'Agence Française de Développement (AFD) a financé les études de planification générale, qui ont été menées par des experts français d'entreprises et des experts chinois locaux. Ils se sont attachés à respecter les grands critères de qualité de l'aménagement urbain durable : mixité des usages et mixité sociale, espaces publics et équipements collectifs performants, mobilité multi-modale et bas carbone, infrastructures à échelle humaine, maintien de l'agriculture et préservation des espaces verts, des zones humides et de la biodiversité. Ces principes partagés témoignant de la synergie entre les savoir-faire des deux pays, et sont décryptés dans ce livre. Ces recommandations doivent aujourd'hui être mises en œuvre dans les phases de construction et d'exploitation de l'éco-cité.

Les objectifs du projet

La ville durable franco-chinoise de Wuhan est aussi vouée à offrir un contexte favorable au service des coopérations économiques et technologiques entre la Chine et la France dans l'ouest de Wuhan. L'éco-cité mise ainsi sur les services, les commerces, le développement des nouvelles technologies, les secteurs du tourisme, de l'art et de la culture, dans le contexte général de la montée en gamme technologique et de l'internationalisation de la ville de Wuhan.

Dans ce cadre, la France et ses entreprises disposent d'un savoir-faire étendu en matière de services urbains durables : énergie, transports, protection de l'environnement, planification urbaine, conception de bâtiments verts, gestion de l'eau, valorisation des déchets, etc. Le rôle du consulat général est de faire la promotion auprès de ces entreprises de l'éco-cité et de les accompagner dans la préparation et la réalisation de leurs projets.

Main dans la main, nous construisons ici avec Wuhan, un nouveau modèle de développement urbain durable qui, je le souhaite, deviendra une référence pour d'autres villes en Chine et de par le monde.

法国驻武汉总领事馆总领事

序

城市可持续发展，关乎地球未来的战略性意义

城市塑造世界。据联合国预测，2050年全球2/3的人口将生活在城市，其中大部分在亚洲。如何建设环保、节能、低排的城市是针对可持续发展模式的根本考量。

30年来中国城市人口以每年10%的速度增长，2018年城市化率达58%，预计将于2035年超过70%。这一背景下，城市可持续发展成为至关重要的课题。

快速的城市化进程离不开1978年以来中国经济史无前例的发展和政府出台的鼓励政策，但对生态保护也提出了巨大的挑战，在环境污染、垃圾管理、温室气体排放和提高能效方面产生了一定问题。基于这一认识，中国决心采取行动加以应对。

两国政府合作，推动武汉城市可持续发展

在武汉，法中双方的可持续发展合作起步于2007年签署的《中法两国城市可持续发展框架协议》。2010年签署的《关于在城市可持续发展领域合作的意向书》明确将湖北及武汉设为该合作的具体实施地。

2013年底，时任法国总理让-马克·埃罗访问武汉，再次指出希望法中合作建设一座可持续发展示范新城。得益于法国高层领导的关注和双方共同的合作意愿，2014年3月在中法两国元首的见证下，两国政府代表签署了《关于在武汉市建设中法武汉生态示范城的意向书》，武汉中法生态城正式在蔡甸启动建设。

大格局、严要求，双方合力促发展

武汉蔡甸中法生态城是目前两国在城市可持续发展领域最具雄心的合作项目，其主要特点如下：

- 法方对项目高度重视。法国总理先后于2013年和2017年考察该项目，法国生态部、外交部和经济财政部共同组建项目法方对接部门，代表了法国政府最高层级对项目的关注。法国驻武汉总领事馆内配备专员和技术专家，确保法方的工作协调和项目的日常推进，与蔡甸生态城管委会及武汉市政府保持紧密对接。
- 项目落户于条件得天独厚的蔡甸区，39 km^2的选址区域尚未城市化，承接武汉最重要经济发展地区进行辐射。在不久的将来，通过邻近的新汉阳高铁站和大型城市交通设施（地铁和现代有轨电车），中法生态城将直接连通中心城区。同时，选址具备出众的自然环境，拥有丰富的湿地（后官湖和什湖）和生态资源（马鞍山）。
- 法国政府和企业实地跟进项目建设。2014年底，法国开发署资助中法专家共同进行总体规划的编制工作。他们严格遵照可持续城市的治理标准：用地功能混合，社会

居住混合、公共区域和高性能集体设施、多方式低碳出行、人性化基建规模、城市农业以及绿地、湿地和生态多样性的保护。建设原则得到双方一致认可，体现了两国在该领域技术的协同性，本书将做进一步阐释。相关建议通过生态城施工和运营具体落实。

项目目标

武汉中法生态城还将成为武汉西部中法两国经济和技术合作的沃土。生态城着眼于服务业、商业、新型技术和旅游文化艺术产业，助力武汉的技术升级和国际化发展。

与之相应，法国及其企业在可持续城市配置方面拥有广泛的技术经验，包括能源、交通、环保、城市规划、绿色建筑设计、水治理、垃圾再利用等领域。法国驻武汉总领事馆的角色在于推动法企参与生态城发展，协助他们具体项目的筹备和实施。

携手共进，我们正在这里和武汉共同打造可持续城市发展的新模式，以期成为中国其他城市乃至世界的新样板。

法国驻武汉总领事馆总领事

贵永华

目录

Contents

生态融合
——守护青山绿水

结构与布局
——协同并进的方向

产城融合
——打造幸福家园

9

交通融合
——示范低碳出行

10 技术融合——推动规划变革

11 文化融合——开启合作之旅

12 指标融合——探索量化管控

Urban Design

城市设计篇

引子

Prologue

当我们站在充满和平、发展、合作、共赢的高地，享受着中法建交50周年带来的巨大成果时，更应该回过头去看看中法建交所走过的每一个足迹，因为在这些足迹里不仅有中法两国携手共进的友谊见证，更有在那充满硝烟的冷战岁月里从点滴开始建立起来的深厚友谊。

风雨兼程

——中法生态城的崛起

一、中法建交历史回眸

中法交往历史悠久。13世纪，缘起法国国王路易九世派遣鲁布鲁克出使蒙古帝国；约1600年，中欧文明发生第一次碰撞是耶稣会传教士进入中国；第一次鸦片战争（1842年）后，法国国王路易·菲利普派出经验丰富的外交家同中国议定通商条约；1881~1885年，为了对抗英国在东南亚的扩张，法国试图扩大在安南（即现在的越南）的势力范围，与中国产生冲突，导致中法战争爆发，两国关系进入冰点。

1964年是中法关系的转折点。全球笼罩在东西方冷战背景之下，毛泽东主席和戴高乐将军以卓越的战略眼光，毅然做出中法全面建交的历史性决策，在中法之间同时也在中国与西方世界之间打开了相互认知和交往的大门。从此，中法关系成为世界大国关系中的一对特殊关系，始终走在中国同西方主要发达国家关系的前列。这被当时的西方舆论喻为“外交核爆炸”，中法建交不仅让中国走上了世界舞台，也让世界了解了中国。

2014年是两国正式建立外交关系50周年，过去的半个世纪见证了两国的友谊、合作与互敬。50年间，中法之间的良性互动不仅令双方在冷战时期维护了各自的国家利益，更使两国在后冷战时期的国际格局中发挥了举足轻重的作用。中法双边贸易额从中法建交之初的1亿美元到2013年的500亿美元，在50年里增至原来的500倍，速度之迅猛凸显两国经济互补性之强。中法两国充分释放合作潜力，深化核能、航空、航天等传统合作领域利益融合，打造城镇化、可持续发展、节能环保等领域合作新亮点，为两国人民带来实实在在的好处。中法两国前景一定是广阔的，蓝图也一定是美好的，这不仅值得两国人民庆祝、欢舞，更值得两国人民心交心、手挽手地继续去维护和创造携手共赢的大好局面。

回顾历史是为了更好地展望未来，两国人民在用各种活动欢庆的同时，更应该将走过的一页页翻晒，深化后来者的相互认知。唯有如此，中法友好才能薪火相传、历久弥新。

洲压水堆（EPR）核电机组即将投入生产，两国核电企业联合进军国际市场也取得积极进展。

9 “思想者”在华展出

1993年2月，法国雕塑艺术大师罗丹艺术大展在北京中国美术馆举行，展出作品包括世界上最著名的雕塑之一《思想者》。这是《思想者》首次在法国本土以外展览。中法建交50年来，中国的故宫文物、西藏珍宝、秦始皇兵马俑、青铜器、佛教文化展品、传统建筑文化展品等多次赴法展出，法国的卢浮宫和凡尔赛宫馆藏文物、毕加索名作、印象派绘画等也频繁来华展出，受到两国民众的热烈欢迎。

10 中法开展“4+4”高校合作项目

1996年底，法国里昂、南特、巴黎和里尔4所中央理工大学与中国清华大学、上海交通大学、西安交通大学、西南交通大学4所高校确立“4+4”强强合作关系，旨在为两国培养科学和工业领域具备多文化、多语言背景的优秀工程师。“4+4”项目将中国扎实的工程理论技术学习和法国通用工程师教育理念相结合，开创了国际教育的新模式。截至2012年，已有445名中国学生和85名法国学生参与该项目，其中许多已成为中法两国工业、教育等领域的骨干力量。

11 中法建立全面伙伴关系

1997年5月15日～18日，法国总统希拉克对中国进行首次国事访问。访问期间，江泽民主席与希拉克总统签署联合声明，决定建立面向二十一世纪的全面伙伴关系。法国成为第一个与中国建立全面伙伴关系的西方大国。双方共同做出了当今世界正向多极化过渡的战略判断，决定进一步密切合作，推动多极化进程，支持在尊重多样化和独立的基础上，为创造财富和福利所做的努力，致力于建立公正、合理的国际政治、经济新秩序，反对国际事务中任何进行支配的企图，以实现一个更加繁荣、稳定、安全和均衡的世界。

12 中央电视台进入巴黎有线电视网

1999年2月9日，中国中央电视台国际频道（CCTV4）成功地进入拥有200万用户的巴黎大区有线电视网(Noos)。这是中央电视台首次在海外电视台入网，开创了中国电视全频道进入西方主流媒体的先河。不久，CCTV4的节目被蓬皮杜国家现代艺术中心收录使用，并进入覆盖全法国的TPS卫星电视公司。

13 中法建立高级别战略对话机制

2000年，中法两国元首决定建立中法战略对话机制，开创了中国同外国开展机制性战略对话的先河。2001年7月，中法举行首次战略对话。经过10余年的运作和发展，该机制已成为两国高层沟通的有效渠道和统筹协调双方各领域合作的重要平台。

14 中法互设文化中心

2002年11月29日，巴黎中国文化中心正式挂牌成立。这是中国在西方国家建立的第一个文化中心。2004年10月10日，北京法国文化中心在北京开幕，这是在中国落户的第一个外国文化中心。巴黎中国文化中心设有图书馆、阅览室及信息资料馆，开设汉语学习班和培训班，并定期举办关于中国的报告会、演出、展览，播放电影和音像资料等。北京法国文化中心设有多媒体图书馆、图书俱乐部、电影礼堂以及北京法语联盟和法国高等教育署——北京中心等。

15 中法互办文化年

2003年10月6日，以“古老的中国”、“多彩的中国”、“现代的中国”为主题的中国

1 中法第一次合拍电影

1957年，中国北京电影制片厂与法国加郎斯艺术制片公司合作拍摄了电影《风筝》。这是中国第一部彩色儿童故事片，也是第一部中外合拍片。在当时中法尚未正式建交的背景下，以《风筝》为代表的文化交流加深了两国人民之间的相互了解和友好感情，给那个年代的两国民众留下深刻印象。2013年4月，习近平主席会见法国外长法比尤斯时，提及少年时期也曾看过这部电影。

2 中法建交

1964年1月27日，中法发表联合公报宣告“中华人民共和国政府和法兰西共和国政府一致决定建立外交关系。两国政府为此商定在三个月内任命大使。”法国由此成为第一个同新中国正式建交的西方大国。中法建交对于中西方关系是一个重大的突破，被誉为“外交核爆炸”，对国际格局发展产生了深远影响。

3 中法开辟首条航线

1966年，法国在西方国家中第一个与中国签订航空运输协定。同年，法航开辟巴黎至上海的航线，这是我国同西方国家开通的第一条航线，使新中国民航打破了西方的封锁，中国与西方国家的联系从此进入“空中时代”。经过50多年的发展，目前每周有58架次航班穿梭于北京、上海、广州、武汉和巴黎之间。

4 法国总统蓬皮杜访华

中法建交后，戴高乐将军访华愿望因各种原因未能实现，毛泽东主席和戴高乐将军两位伟人终生未能见面。为弥补这一遗憾，1973年9月11日～17日，法国总统乔治·蓬皮杜应邀访华。此访是第一位西方国家元首正式访华。访问期间，双方商定的辽阳化工合作项目合同总金额达12亿法郎，是中法建交以来双方最大的合作项目。

5 邓小平同志访问法国

1975年5月12日～18日，时任中国国务院副总理邓小平对法国进行正式友好访问。这是新中国领导人第一次正式访问西方大国。法国总统德斯坦同邓小平同志举行了两次会谈，并破例出席在中国驻法大使馆举行的午宴。法国总理希拉克亲自前往机场迎接。访问期间，双方决定成立中法经贸混合委员会。

6 中法签订第一个科技合作协定

1978年1月21日，中法签订科技合作协定，成立中法科技合作联委会。这是中国同西方国家签订的第一个科技合作协定，打开了中国与西方国家开展官方科技合作的大门。目前，中法科技合作联委会已举行13次会议，累计执行了项目700多个。双方在华建立了30多个联合实验室，并积极探讨了在法国建立联合实验室。

7 法国军舰首次访华

法国是最早与中国开展军事交流的西方国家。1978年4月，法国海军“迪居埃·特鲁安”号导弹驱逐舰访问上海。这是西方国家现代化军舰首次访华。期间，中方首次开放自己的导弹驱逐舰、导弹护卫舰和导弹快艇供法舰官兵参观。同年11月中国海军军官代表团应邀回访法国。近年来，双方军舰互访更加频繁。2004年3月，中法海军举行首次联合军事演习，重点针对非传统安全领域。

8 中法签署第一个民用核能合作协议

1982年10月，中国核工业部代表团访法，与法国原子能委员会签署了中法第一个和平利用核能议定书。法国成为第一个与中国开展民用核能合作的西方国家。中法合作建设的大亚湾核电站是中国第一座大型商用核电站，该核电站多次荣获国际核电安全奖项。2013年12月6日，法国总理埃罗访华期间，两国隆重庆祝了中法核能合作30周年。目前，双方合作在台山核电站建设的第三代欧

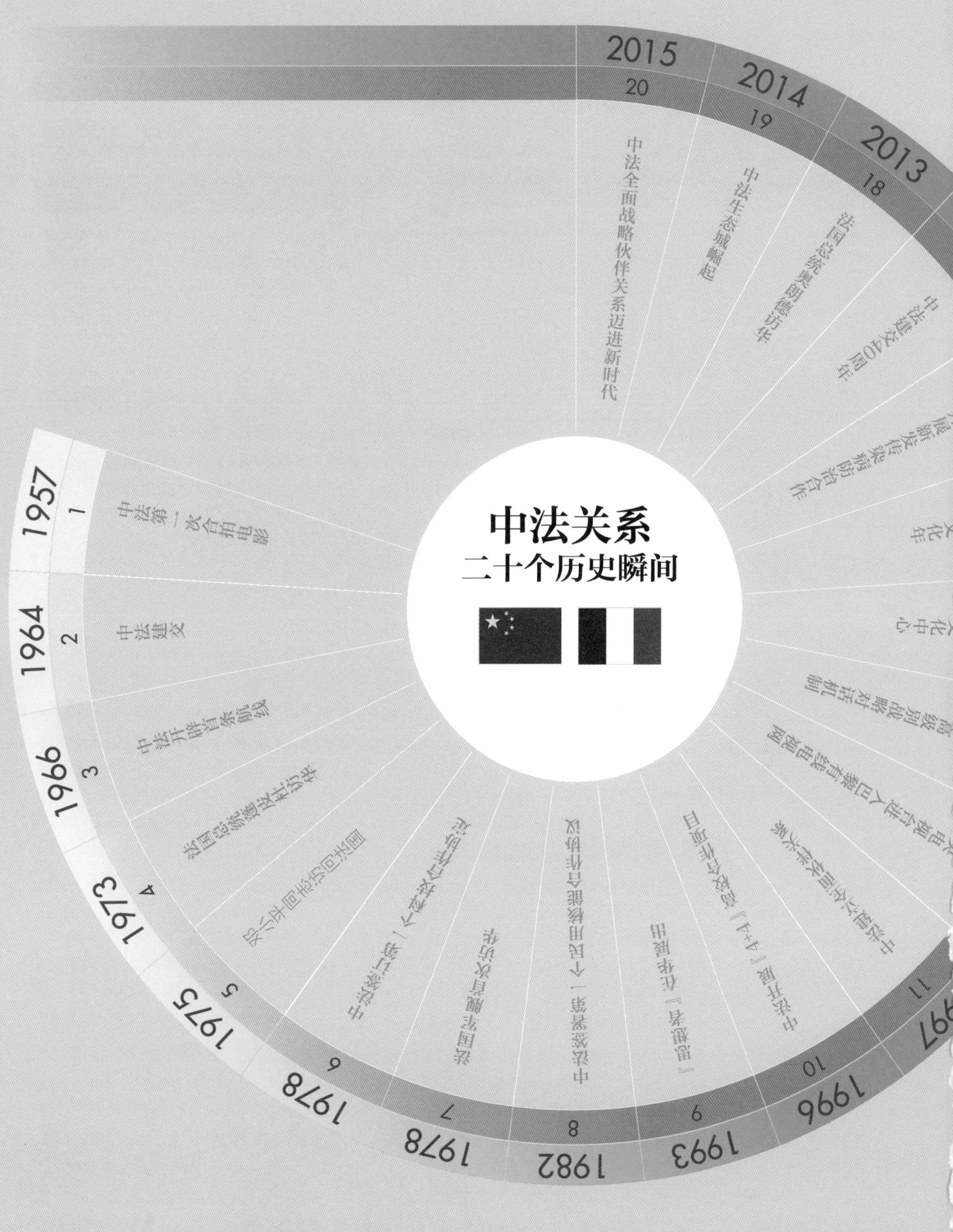

中法关系
二十个历史瞬间
2015
20
中法全面战略伙伴关系迈进新时代
2014
19
中法生态城崛起
2013
18
法国总统奥朗德访华
中法建交40周年
1957
1
中法第一次合拍电影
1964
2
中法建交
1966
3
1973
4
法国总统蓬皮杜访华
1975
5
1978
6
1978
7
1982
8
1993
9
1996
10
11

文化年在法国拉开序幕。一年内，中国在法举行了香榭丽舍大街彩装游行、三星堆文物展、20世纪中国绘画展、中国饮食文化节等重点活动，埃菲尔铁塔首次披上中国红。2004年10月10日，法国文化年在华启动，北京正阳门被象征法国国旗的红、白、蓝三色照亮。法兰西巡逻兵特技飞行表演队首次来华表演，法国印象派绘画珍品展、法国时尚一百年展览、巴黎交响乐团巡演等一系列经典活动在华举行。中法互办文化年共举办各类活动超过700场，观众达600多万人次，被誉为“中欧文化交流史上的创举”。

16 中法开展新发传染病防治合作

2003年4月25日～26日，法国总理让·皮埃尔·拉法兰在“非典型肺炎”期间如期访问中国，表达了法国对中国抗击“非典型肺炎”斗争的真诚支持，成为两国关系中的一段佳话。访问期间，双方就新发传染病防治合作达成共识。2004年春节，中国从法国引进的首个车载式流动P3实验室运抵上海，填补了中国医学界的一个空白。2010年青海玉树地震后，该流动P3实验室在预防灾后传染病方面发挥了积极作用。2011年6月，中法合作建设的中国第一个P4级别高等生物安全实验室正式奠基。

17 中法建交40周年

2004年1月26日～29日，中国国家主席胡锦涛在中法建交40周年之际对法国进行国事访问。访问期间，两国元首签署了主题为《深化中法全面战略伙伴关系，建立更加安全、更加尊重多样性和更加团结的世界》的联合声明。

18 法国总统奥朗德访华

2013年4月25日～26日，法国总统奥朗德首次来华进行国事访问。习近平主席和奥朗德总统交流时间总计长达8个小时，双方一致同意致力于推动多边主义和建设多极化世界，推动国际秩序向着更加平等均衡的方向发展，推动通过平等协商集体制定国际规则，推动通过对话解决国际争端。

19 中法生态城崛起

2014年3月26日，在中法两国元首见证下，两国政府代表签署了《关于在武汉市建设中法武汉生态示范城的意向书》，该项目是由两国部委共同努力设立的可持续发展示范合作项目，也是湖北省可持续发展战略和武汉市创建国家中心城市战略布局中的重要组成部分。意向书明确了生态城选址武汉市蔡甸区，用低碳生态和产城融合发展理念建造城市生态文明建设的典范。这是继中新天津生态城之后，中外政府间合作的最具影响力的生态城项目之一。

20 中法全面战略伙伴关系迈进新时代

2015年1月29日，应中国国务院总理李克强邀请,法国总理曼努埃尔·瓦尔斯正式访华，聚焦商贸、气候两大议题。这是在2014年中法共同庆祝两国建交50周年之后，中法合作交流的进一步加深。2017年2月21日，法国总理卡泽纳夫访华，两国总理会谈后，共同见证了核能、科研、应对老龄化等领域合作文件的签署，达成了《中法驾照互认协议》。2018年1月8日，应中国国家主席习近平邀请，法国总统马克龙对中国进行国事访问，探讨如何加强合作，共同维护多边主义，推动世界多极化，建设开放型世界经济，改善全球治理，合作应对全球挑战，携手构建新型国际关系和人类命运共同体，为中法在政治、经贸、人文等各领域的交流合作指明方向，做出规划，推动中法全面战略伙伴关系迈进更加紧密持久的新时代。

二、我国生态城的理论变迁及实践

生态城最早是联合国教科文组织在1971年“人与生物圈”研究计划中提出的，研究认为城市是以人为主体、由“社会—经济—自然”子系统组成的复合生态系统。苏联生态学家O.Yanitsky于1987年提出生态城的理想模型，是一座“经济—社会—生态”高度和谐、技术与自然融合、人的生产力和创造力得以最大限度发挥的人工复合系统。因此，生态城应该是城市经济、社会和自然三大子系统和谐关系的总和，通过资源的优化配置及可持续技术手段，促进城市和谐发展的一种城市类型。

（一）我国生态城的发展历程

我国生态城市建设实践的全面推进开始于2003年，但有关生态城市的理论研究和城市生态环境治理的探索则可以追溯到20世纪70年代。根据其发展特点，可以划分为以下三个阶段：

1. 认识深化与理论摸索阶段

20世纪70年代，我国的城市化水平还较低，城市化过程中的生态环境问题还不明显，但我国还是积极参与了联合国的“人与生物圈”（MAB）研究计划，并被选为理事国。1978年城市生态环境问题研究被正式列入国家科技长远发展计划，许多学科开始从不同角度研究城市生态学，在理论方面进行了有益的探索。同年建立了中国MAB研究委员会。1982年举行了第一次城市发展战略会议，提出了“重视城市问题，发展城市科学”的新主张，并把北京和天津的城市生态系统研究列入国家“六五”计划重点科技攻关项目。1984年在上海举行的“首届全国城市生态学研讨会”，是中国城市生态学研究领域的一个里程碑。同年成立了中国生态学会城市生态专业委员会，为推进中国城市生态学研究的进一步开展和国际交流开创了广阔的前景。1988年，江西省宜春市进行生态城市建设试点，开启了我国生态城市建设的探索之旅。

2. 城市生态环境整治阶段

我国生态城市建设实践开始于对城市具体生态环境问题的整治。1988年7月，国务院环境保护委员会颁布的《关于城市环境综合整治定量考核的决定》提出“当前我国城市的环境污染仍很严重，影响经济发展和人民生活。为了推动城市环境综合整治的深入发展……使城市环境保护工作逐步由定性管理转向定量管理”，将城市环境的综合整治纳入到城市政府的“重要职责”，实行市长负责制并作为政绩考核的重要内容，制定了包括大气环境保护、水环境保护、噪声控制、固体废弃物处置和绿化等五个方面在内的共20项指标进行考核。因此，“城市环境综合整治考核”可以算作我国城市建设思想发生转变的开始，标志着我国开始认识到污染防治以及生态环境建设对城市发展的重要作用。

为了更好地提升城市生态环境保护水平，将单纯的环境整治问题提升到城市生态环境建设的综合高度。“九五”期间，我国提出城市环境保护“要建成若干个经济快速发展、环境清洁优美、生态良性循环的示范城市，大多数城市的环境质量基本适应小康生活水平的要求”。国家环境保护总局于1997年开始创建国家环境保护模范城市，先后有30多个城市获此殊荣，为全面推进生态城市建设打下了良好基础。

3. 生态城市建设全面推进阶段

进入21世纪以来，有关生态城市的发展理念逐渐上升到国家战略的层面。一个核心的影响因素是2003年10月中共十六届三中全会提出了科学发展观（“坚持以人为本，树立全面、协调、可持续的发展观，促进经济社会和人的全面发展”）的理念。2007年10月，党的十七大报告进一步明确了“建设生态文明，基本形成节约能源资源和保护生态环境的产业结构、增长方式、消费模式”的发展要求。

近几年来，有关节能减排及低碳发展的目标也逐渐上升到国家战略的层面。2006年3月，《国民经济与社会发展第十一个五年规划纲要》中提出2010年单位GDP能耗比2005年降低20%的目标。2007年，中国公布《应对气候变化国家方案》《节能减排综合性工作方案》《应对气候变化中国科技专项行动》。2008年初，国家建设部与世界自然基金会在中国大陆以上海和保定两市为低碳城市试点城市，随后贵阳、杭州、德州、无锡、珠海、南昌、厦门等多个城市提出了建设低碳城市的构想。2009年1月气候集团（the Climate Group）发布《中国低碳领导力:城市》研究报告，通过12个不同人口规模的城市发展案例研究，展现了中国在探索低碳经济模式中的努力。2008年至今，住房和城乡建设部等部委正式在牵头实施亚欧首脑会议上通过的“亚欧生态城网络”议案，旨在促进欧盟与发展中国家生态城建设方面的技术交流和示范应用。与此同时，有关生态城市规划建设的实践也在国内兴起，上海东滩低碳生态城（2005年）、中新天津生态城（2007年）、深圳光明新区（2007年）、唐山曹妃甸国际生态城（2008年）、武汉花山生态新城（2008年）、青岛中德生态城（2010年）等正在积极推进中。

目前，生态城市基本上已形成了相对系统和完善的理论体系。已付诸实践的生态城市也提供了大量可供借鉴的理念、技术和实施经验，对后来者具有很好的指导意义。

（二）生态城的发展趋势

1. 从理念创新到技术应用的转变

我国部分生态城项目开发模式表现为各级政府和企业投入巨资，通过境外咨询机构进行规划设计，运用国外先进理念，规划一座全新的城市。在规划过程中，很多生态城项目旨在打造世界一流的生态城，没有充分考虑先进的规划理念如何落地，如何与我国当前的城镇化发展趋势相结合，往往使得宏伟的规划目标、创新的规划理念、精心设计的生态城指标体系，成为可望而不可即的空中楼阁。此外，在巨大的市场需求下，我国生态城的规划和建设受到国际社会的普遍关注，特别是欧、美、日等拥有先进节能环保技术的发达国家，他们通过国际合作、技术援助以及和各城市合作共建等各种渠道来推广其先进的生态技术。很多生态城的建设并没有充分考虑技术的适宜性、可行性和经济的合理性，纷纷采用价格不菲的国外先进技术和设备，使我国生态城成为展示全球生态技术的试验场。由于很多技术为直接应用或照抄国外技术，因此后期维护、更新仍将持续地以外国企业为主，缺少我国本土企业的参与，难以发挥生态城的示范效应。

因此，在当前经济全球化不断发展的时代，中国的生态城建设必须在借鉴和吸纳国外先进理念及产品技术基础上，投入大量精力进行本土创新和技术研发，发展适合我国国情，低成本、可复制、可推广的适宜技术，首先在国内生态城建设中占领市场，然后将低成本的适宜技术向国外特别是发展中国家推广。

2. 终极蓝图向过程控制的演化

源自苏联的计划经济体制下的总体规划，追求的理想是描绘一幅美好的终极蓝图。值得注意的是，总体规划划定的各类用地范围，实质上意味着对于不同区域发展机会的限制，这种限制对于整体公共利益可能是适宜的，但是对于各个局部而言是极为不均衡的。而且，计划经济时代社会发展相对缓慢，当今“互联网+”使得社会各个领域发展日新月异，生态城作为创新理念、先进技术的空间载体，更应该在总体规划阶段预留足够的弹性。比如，近年来出现的共享单车，虽然促进大家更多地采用低碳出行方式，提高了非机动车出行比例，但同时对于道路断面设计、公共交通接驳、停车配建方式等方面提出了新的要求。

因此，终极蓝图是体现生态城总体规划的发展目标，过程控制是实现这一目标的必然手段。这种蓝图必须经过各层次的详细规划，结合各种专项或专题规划，通过各种工程设计才能得以实施。经历这样复杂的过程，不发生丝毫变更是不可能的。因此，蓝图不可能绝对静态不变。当然，强调过程控制，并不排除终极蓝图式的规划理想，并不否定静态规划，规划毕竟是为理想服务的行业。但时空的客观规律是近实远虚，对于远的，要把看得准的、关键的、结构性的先按住，而不能事无巨细都要“法定”，具体的功能安排留给近期、留给下一层次规划。

3. 人为造城向道法自然的回归

我国生态城往往选址于未开发的新区，需要投入巨资进行开发建设，同时对生态环境造成了巨大影响。比如湖泊、海岸带、湿地、河漫滩、山脉等是地球生物多样性最为丰富的地区，是为子孙后代的生存与繁衍必须永久进行保护和保留的关键区域。这些区域既具有重要的保护生物多样性、水文调蓄等生态服务功能，同时也易受到洪水、地质灾害的影响，应该完全避免在这些地方进行开发建设。这些区域一旦被开发建设将很难恢复，即使进行生态修复和恢复也很难恢复到原来的水平。但从当前大部分生态城选址情况来看，很多生态城选址恰恰选择在这些不可替代的生态环境敏感区，采用围海造地、填湖造地、填滩造地、开山造地的做法，对生态环境带来极大破坏，通常为不可逆的系统性破坏。这种开发前是湖光山色、农田万亩、庄稼茂密，开发后则高楼耸立、建筑遍地的生态城，受到很多方面的质疑。我国当前很多生态城建设严重违反保护生物多样性及最大限度减少对自然环境破坏的最基本原则，以为冠以“生态城”的牌子就可不管生态敏感性而进行大规模的开发建设，这是非常错误的做法，必须通过设立门槛条件等手段尽快予以制止。在已经进行开发建设的项目地区，则应该通过生态安全格局保护、生态修复、雨洪资源管理、低冲击开发等理念和技术进行弥补。

生态城从选址开始就应该将因地制宜、旧城改造和新城开发相结合，充分体现新和旧的结合；在规划方案阶段避免盲目地大规模开发和改造，应充分尊重自然规律，科学制定合理的规划方案，将生态、生活、生产相互融合，回归我国传统天人合一的思想；在建设实施阶段应以实用为原则，不宜盲目提高建设标准，合理控制成本，尽量做到收入和产出的平衡，这样才能真正实现生态城的可持续发展。

（三）国际合作生态城特点

国际合作生态城通常由中央部委或省、市和国外相关国家签署合作备忘录，由国外咨询机构或国内规划编制机构进行规划设计，采用国内外先进理念和技术进行试点规划建设，如新加坡、瑞典、芬兰、英国、德国等都在我国有生态城合作项目。国际合作的生态城主要有以下几个方面的特点：

1. 产业类型

遵循“产城融合”的发展理念，产业选择推崇循环经济与高端产业定位，以环境保护、清洁能源、低碳经济、信息通信、生物医药等高科技创新领域为主，促进区域经济的优化与转型。中外合作的生态城根据两国合作企业的产业类型及基地本身优势条件决定，应当避免以生态城的名义搞地产开发。

2. 强调公共交通及政策实施

倡导交通运输、道路建设和土地利用相结合，推动大规模交通系统的建设。以“结构性道路”作为新社区开发过程的中枢，以公交运输为核心，通过技术革新提升公交效率，包括统一管理网络、单一交通路线和快车道、便捷站点接驳、单一票价等。

3. 强调社会的和谐与活力

倡导生态城社区要展现人与人的和谐相处，促成人们的近距离交流和城市活力复兴。

4. 高端技术与适宜技术的协同应用

“被动式”生态与“主动式”生态相结合，避免为了达到生态的效果而刻意采用高投入的高端技术做法，特别是在投资有限的情况下，对于大型城市，适宜技术应成为推广重点。

5. 强调自然生态环境修复和建设

鼓励建设大量公园景观。这在带来自然生态效益的同时，也会带来良好的社会文化效益，可以提升城市土地价值，实现经济效益增长。

6. 强调可推广的理念

强调示范的意义，是保证大区域、大范围内快速进行普及和实践的基础，中外合作的生态城希望能够将成功的经验向中国其他城市乃至世界其他城市进行推广。

7. 标准的制定

运用国际先进生态低碳技术，在生态指标体系制定、低碳产业培植、绿色城市建设方面推广，建立创新的生态建设标准化平台。

8. 公众参与

由居民设计城市的“智力资源库”，以合理公平的方式调动这个“智力资源库”，为城市的可持续发展献计献策，是大部分生态城市实践的正面经验。

三、中法生态城历史使命

20世纪90年代以来，湖北省即进入了与法国全面合作和交流的新时期，目前为止，法国在武汉的投资总额就占到法国在整个中国投资的四分之一。兴业银行、家乐福、阿尔斯通、道达尔、萨基姆、达能等知名法国企业不断进入武汉市场。2014年，在中法两国元首见证下，两国政府代表签署《关于在武汉市建设中法武汉生态示范城的意向书》，明确首个中法生态城选址武汉市蔡甸区，用低碳生态和产城融合的发展理念，建造城市生态文明建设的典范。中法武汉生态示范城的建设，无疑会承载更伟大的历史使命，将成为中法经济合作的空间载体、中法技术创新的展示平台、中法文化交流的必然产物，助推中法两国开展全方位的交流合作。

（一）应对全球气候环境问题的挑战

目前，中国已经超过美国成为全球最大的二氧化碳排放国，但“发展经济、继续增长”仍然是世界上众多与中国一样的发展中国家享有的权利，在此过程中增加碳排放将不可避免。

2009年12月在丹麦首都哥本哈根召开的世界气候大会，维护了《联合国气候变化框架公约》和《京都议定书》确立的“共同但有区别的责任”原则，并在此原则下最大范围地将各国纳入了应对气候变化的合作行动，并在以下方面取得了积极进展并迈出新的步伐：在发达国家实行强制减排，在发展中国家采取自主减缓，同时由发达国家提供应对气候变化的资金和技术支持。

中法两国确定在中国武汉共同建设生态城，是两个负责任的大国在解决全球气候环境问题上具有诚意的实践和探索，势必会在全球范围内起到示范性作用。

（二）中法技术应用和文化交融的典范

法国在可持续技术应用经验推广方面有先行优势，在争当全球“生态先锋”的探索之路上，法国企业和研究机构在城市规划、建筑、交通、住房、能源效率、水务管理、垃圾处理、供热管网管理、城市照明、城市环境影响检测等多领域积累了宝贵的经验和专业技术。法国以发展生态低碳经济为环保战略的核心，在“经济低碳化”发展道路上走在了欧洲乃至世界前列。

当前世界范围内的研究更多集中在新兴城区的生态化发展、老城区的生态化改善、生态重建计划，完全意义上的理想型生态城更多地停留在高端技术与研发展示阶段。中法生态城建设方式并非自然型生态，也非高技型生态，而是探索新型的可持续性技术在生态城内推广和实践。

随着经济全球化和经济一体化的趋势不断增强，各国在国际分工基础上形成的相互联系、相互依赖、共同发展，已构成当今世界的经济体系。中法生态城是全球一体化背景下中法国际技术交流与合作的平台，需要创造良好的自然、人文、政策及服务等环境适应国际投资需求，并广泛吸纳法国设计的新技术发展，融合中国发展特色。中法生态城应加强软实力的提升，不仅强化中法两国通过技术、理念、企业引入为主的内涵式合作，而且要凸显中法两国在文化方面的融合与展示，通过研发办公、休闲服务、旅游观光等现代服务业，扩大中法生态城在中部地区乃至全国范围内的吸引力及影响力。

（三）新型城镇化发展模式的探索

历经改革开放30多年的快速发展，中国已发生了翻天覆地的变化。党的十八大以来，我国国内生产总值从54万亿元增长到80万亿元，对世界经济增长贡献率超过30%。经济结构不断优化，数字经济等新兴产业蓬勃发展，高铁、公路、桥梁、港口、机场等基础设施建设快速推进。城镇化率快速增长达到50%，城镇人口首次超过农业人口。区域发展协调性增强，“一带一路”建设、京津冀协同发展、长江经济带发展成效显著。

但快速城镇化也带来一系列问题，如生态环境恶化、交通拥堵、人居品质下降、公共安全隐患等。中国作为最大的发展中国家，进入了中国特色社会主义新时代，面临的各种问题和困境不能简单地照搬西方发达国家的解决途径，而且很多问题发达国家依旧十分严峻，很难直接借鉴。

中法生态城在快速城镇化的进程中探索可持续的发展模式，是我国乃至发展中国家亟待破解的难题。十八大以来，党中央提出经济建设、政治建设、文化建设、社会建设、生态文明建设的“五位一体”总体布局，首次将生态文明提高到与经济、社会同等重要的地位。这标志着我国已从初期的以生产要素和投资驱动为特征的外延式、资源过度消耗型模式逐步转变为以创新和财富驱动为特征的经济、社会、环境协调发展的内涵式、技术提升型模式。探索新型城镇化道路在全国各地兴起，中法生态城应主动担负探索发展中国家新型城镇化的发展之路。

中法生态城坚持以新型城镇化为基础，促进新农村建设，不断提高社会生产力水平；改变以规模为主导的传统城镇化发展方式，突出以质量为核心的新型城镇化发展方式；转变粗放式的农业生产方式，着重推动农业生物技术、农产品质量安全、农产品加工等农业现代化发展。

（四）武汉建设国家中心城市的有力支撑

武汉是一座历史悠久的城市，其发展历程体现着国家战略风向标的变化，在国家的战略地位也经历了三次顶峰。武汉第一次体现其国家地位是在明末清初的17世纪初叶，汉口定位为“九省通衢，商贸重镇”，与朱仙镇、景德镇、佛山镇并称为“四大名镇”，是全国水陆交通枢纽。第二次为20世纪初叶，随着汉口成为列强的通商口岸与洋务运动的兴起，武汉的港口与对外贸易地位凸显，与上海、天津、广州并称为全国四大金融中心。第三次崛起为新中国成立后一五、二五和三线建设时期，国家出于战备需要重点开发中西部地区，而武汉作为国家这一轮战略的工业据点，成为国家的重工业基地之一。随着1980年代开始国家采用“出口导向”战略，经济发展积聚到沿海地区，武汉作为国家中心城市的定位逐渐被淡化。

2008年全球金融危机以来，国家逐渐采取“内陆内需”与“出口导向”并举的战略，武汉的发展面临新一轮的机遇。特别是党的“十九大”再次明确了“发挥优势推动中部地区崛起”、“推动长江经济带发展”等国家战略，武汉面临着第四次体现国家战略地位的新机遇，从宏观政策、经济发展趋势、企业选择等视角都反映出积极向上的态势，也回应了武汉长期以来积累的区位、人才、市场和技术等四大优势。

武汉市应顺势而为，积极响应国家建设生态文明的要求，坚持节约资源和保护环境的基本国策，坚持节约优先、保护优先、自然恢复为主的方针，着力推进绿色发展、循环发展、低碳发展，形成节约资源和保护环境的空间格局、产业结构、生产方式、生活方式，从源头上扭转生态环境恶化的趋势，为人民创造良好生产生活环境，为全球生态安全做出贡献。中法生态城应作为武汉市国家发展战略的实践区，运用生态经济、生态人居、生态环境、生态文化、和谐社区、科学管理的新理念，建设“社会和谐、经济高效、生态良性循环的人类居住方式”，构建自然、城市与人融合、互惠共生的有机整体，成为可持续发展的范例。

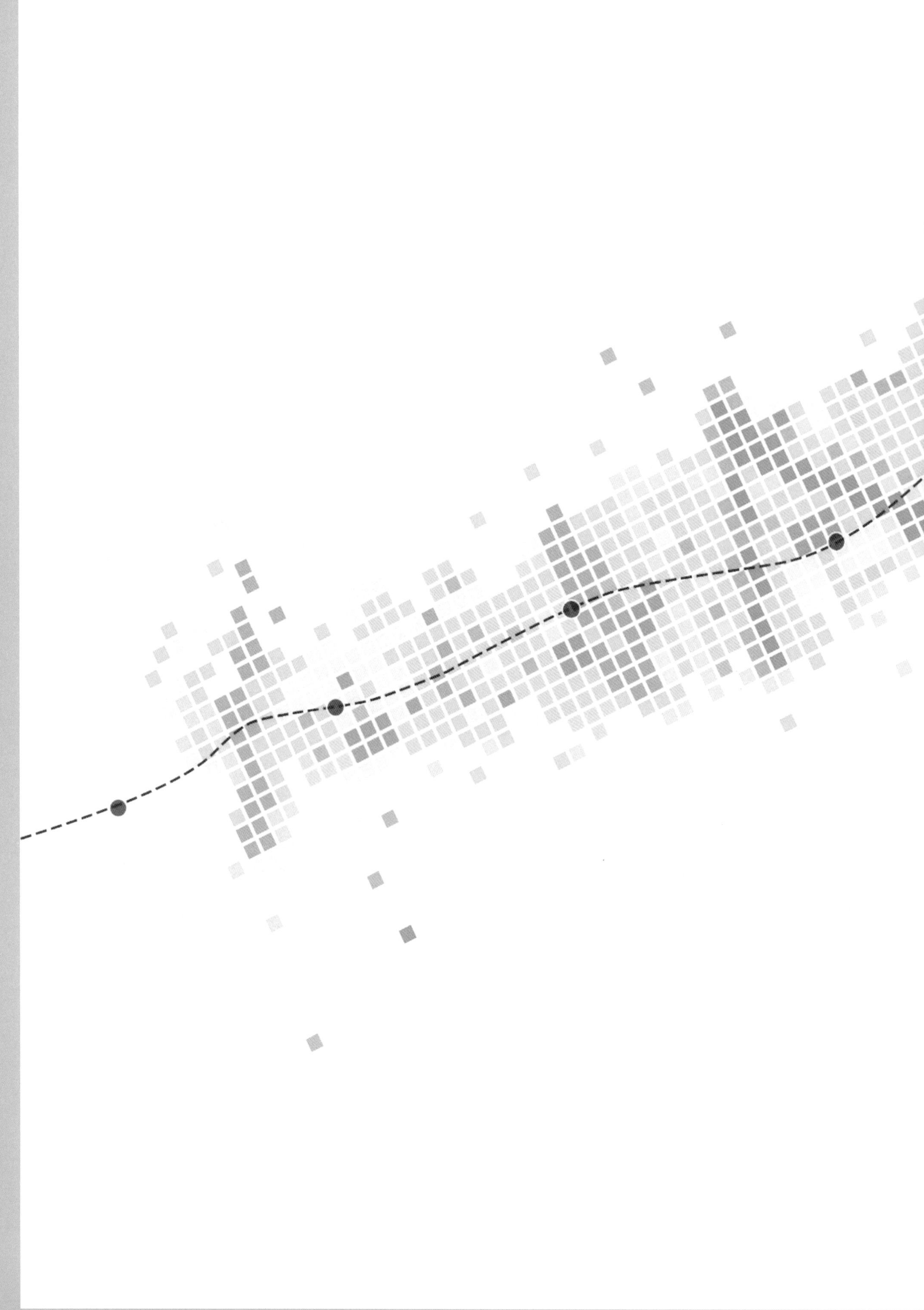

概　念
规 划 篇
Concept Planning

中法武汉生态示范城承载着中法双方对生态城的美好憧憬。中国史无前例的城镇化浪潮为生态城发展提供了不竭动力，法国生态城规划建设的宝贵经验为生态城规划提供了创新思维。早在前期研究阶段，中法双方就从不同的视角描绘了一幅未来生态城的蓝图。我们求同存异，致力于从多角度共同探寻适合发展中国家生态城的完美方案，一个真正融合中法双方理念、方法、技术的生态城在交流和融合中逐渐成形。

中方愿景

——理想现实主义的生态城

“生态城”可能更多偏重于一种理想，但不是不切实际的幻想。“生态城”并不企图使时光倒转到工业革命前的田园生活，也不奢望历史一步跨越到尽善尽美的理想世界。“生态城”的理想在于寻求一种前进的方向，确立一种可持续发展的城市发展理念，力求建立一个考虑周全的社会。从这个意义上讲，与其说“生态城”是一个目标，倒不如说它是一种手段。

实际上，任何面向未来的规划设计都应该是理想主义的。“生态城”作为对城市未来发展的思考，也不免带有理想主义的色彩。而现实充满了各种矛盾与约束，生态城的建设将面临一个又一个实际问题，问题的解决又必须克服一个又一个障碍。因此，具体的实施方案必须寻找理想与现实的结合点，而不是一味地追求完美的理想，或者过分地强调现实的困难。离开了理想，“生态城”作为一种城市发展的方向就毫无意义；离开了现实的基础，“生态城”不过是“空中楼阁”，生态城的规划就成为一种“屠龙术”。因此，“生态城”必须是理想主义与现实主义的结合，“生态城”在思想理念上应该是理想的，而在实践行动上必须是现实的。

当然，理想与现实的结合有时是十分困难的。其困难一方面表现在难以找到理想与现实最佳的结合点和可操作性的结合方式，另一方面可能表现在理想者和研究者难以接受现实对理想的冲击和调整。吴良镛先生就曾经感叹：“理想的前提与现实的否定，使建筑师感到一种哲学的悲哀。”生态城规划与建设也必然面临这种“悲哀”。但为了担负中法两个大国在应对全球气候变化、城市可持续发展等方面的历史使命，中法生态城规划与建设又必须在这种“悲哀”中顽强地进行下去。

一、全方位的生态发展理念

（一）融入区域的生态系统

中法生态示范城位于武汉市西部，汉江以南，紧邻主城区三环线、四环线、外环线以及汉蔡高速（图2-1）。北抵汉江，南至新天大道及后官湖生态绿楔，西达知音湖大道西侧生态廊道，东接三环线，总面积约39平方公里（图2-2）。区域范围内以什湖为主要水体，农田资源丰富，湿地类型多样，其周边山水资源较为充足。北临汉水，南望后官湖，西南方以马鞍山为天然屏障，生态资源优越，生境条件多种多样，形成了良好的区域自然生态系统。

1. 山体生态系统

武汉市蔡甸区境内地势由中部向南北逐渐降低，中部均为丘陵岗地，坡度较缓，最高处九真山海拔263.4米，为全区群山之首。蔡甸区北部为平坦平原区，地面高程多在20～24米之间；区南部为洼地平原区，属于汉水与长江两个河漫滩之间的湖洼低地，高程在19～22米之间。区北有汉水逶迤西来，南有长江，东荆河自西向东横切全境，构成三面环水之势，全境地貌是以垄岗为主体的丘陵性湖沼平原。在规划红线范围内，仅有西北部马鞍山一处山体，海拔约170米，对于整个生态城区域起到了天然山体屏障的生态作用。而外侧山体依次为虎头山、藕节山、笔架山、九真山等。山体蜿蜒起伏，连绵不绝，形成了自西南至东北的轴线（图2-3），以马鞍山为终，而规划基址则处于压轴之处，生态地位可见一斑。

2. 水体生态系统

蔡甸区江河纵横，河港沟渠交织，湖泊库塘星布，自然风光良好。滠水、府河、东荆河等从市区两侧汇入长江，形成以长江为干流的庞大水网（图2-4）。总水域面积达2217.6平方公里，占全市土地面积的26.1%。据测算分析，在正常年景，地下水静储量达128亿立方米，地表水总量达7145亿立方米，其中境内降雨径流38亿立方米，过境客水7047亿立方米。水能资源理论蕴藏量2万千瓦。蔡甸区北部临汉江，自西向东，是境内重要防洪段。南

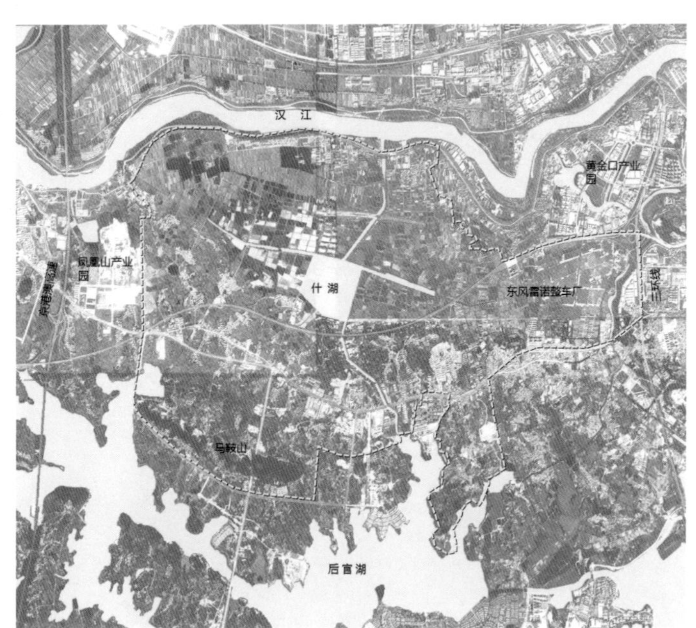

图2-1 中法生态城区位图
图2-2 中法生态城规划范围

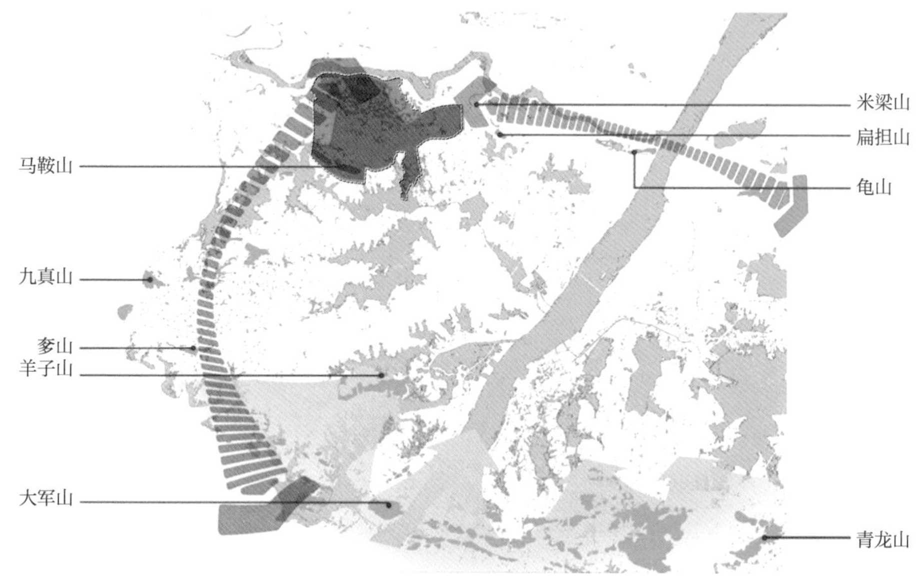

图2-3　区域山体生态系统

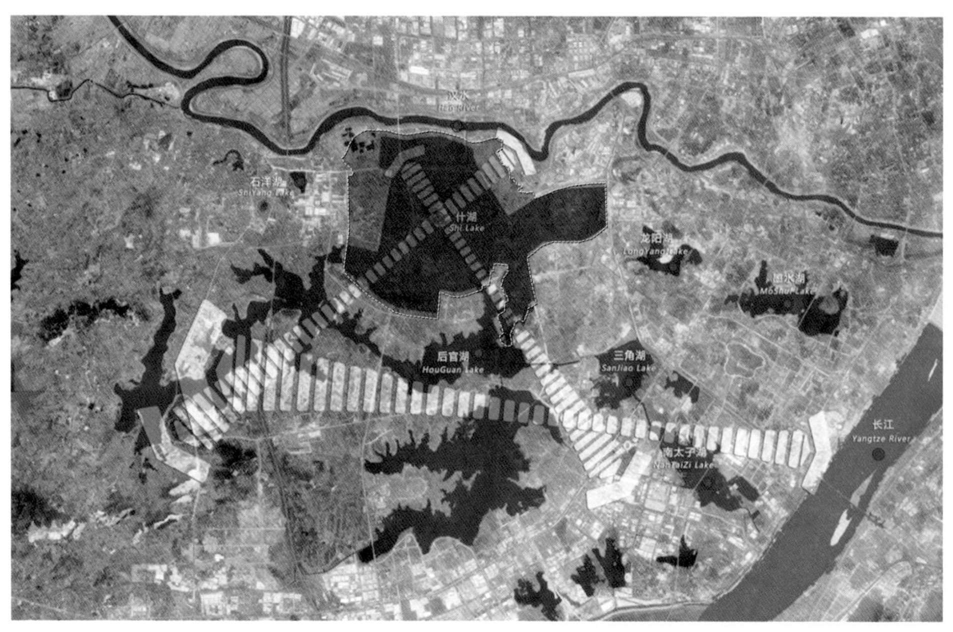

图2-4　区域水体生态系统

有东荆河贯穿。规划范围内主要水体包括人为干预较强的中心水体——什湖、西南角的小什湖、季节性小斑块湿地以及人工挖凿的沟渠等。

3. 农田生态系统

规划区范围内，农田的占地面积约12.1平方公里，其中水田4.3平方公里，旱田7.8平方公里。大部分农田集中于基址的东北侧，位于汉蔡高速以北，并于南部城镇周边零散分

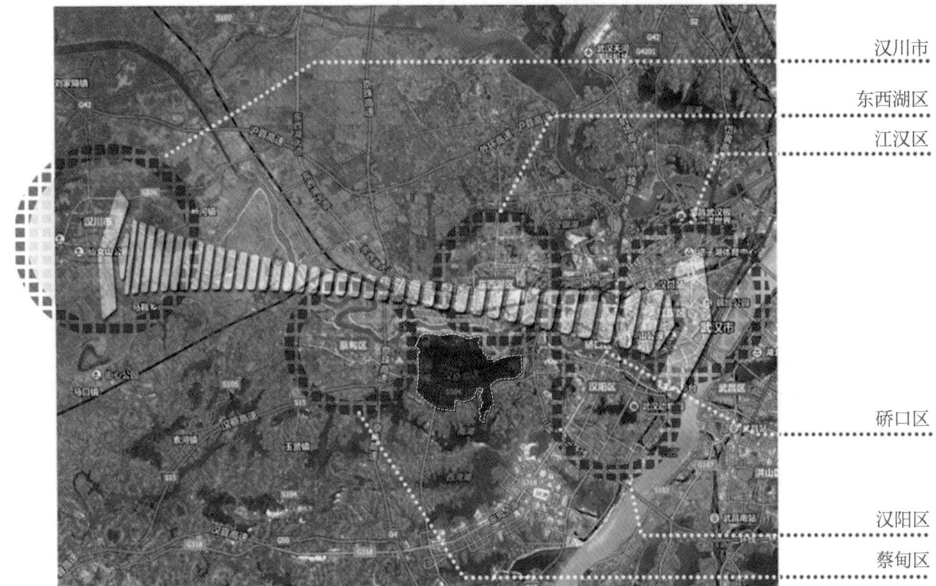

图2-5　区域城镇发展带

布。从生态角度看，农田是季节性湿地的主要基底，同时又是保持生物多样性的重要要素之一。故在生物多样性保护规划中，应该对农田进行较严格地保护以维持与改善生物多样性的丰富程度。

4. 城镇

生态城的规划范围位于汉水南侧，从西向东分别为有汉川市、蔡甸区主城区、东西湖区、汉阳区和硚口区，形成一条东西向的城市发展轴线，最东侧指向武汉市中心城区。而在规划范围内，建筑主要集中在汉蔡高速南部，沿着汉阳大道呈东西向发展带（图2-5）。建筑密度较高，且相对集中。

从区域统筹视角出发，区域生态规划基于生态大格局的空间保护研究，通过ENVI、ArcGIS等技术以及实地踏勘，对研究范围内生态要素细致分析。通过整合生态城茂林、碧水、湿地等生态资源，采取适宜的生态修复和重建手段，恢复自然水系、湿地、森林、农田、公共绿地的生态功效。以什湖湿地公园为生态核心，建设若干生态廊道与外围生态系统实现连接，构筑多级水系和绿色网络为骨架的复合生态系统。沿着环湖路及主干道两侧建设防护绿带，形成生态屏障；结合自行车和步行系统，建设覆盖广泛范围的绿廊系统。形成湖、岛、滩、岸、林、地、水、村、镇、城等多维发展结构，打造“虽由人作，宛自天开”的格局，追求城乡和美的田园生活。

（二）师法自然的生态框架

场地生态规划应当讲究师法自然，尽可能体现对自然资源和场所精神的尊重。基地范围内呈现明显的南北高，中间低，其中北部汉江沿线堤防高程30米左右，汉蔡高速以南地区普遍在21～30米之间，最低处位于什湖周边湿地，高程约19米。基地南侧的马鞍山为区域制高点，高程约为110米左右。基地范围内北有汉江、南有后官湖、中有什湖，香河、琴断口小河等水系通廊将主要的水系相互连接，后官湖、什湖常水位18.6米，通过高罗河、香河排往汉江。地区整体水环境较好，汉江水质为 Ⅱ 类，为地区重要的取水水源，后官湖水质为 Ⅲ 类，为后备水源地，什湖水质为 Ⅳ 类（图2-6）。

通过相关规划分析，对生态城区域整体的空间管制有了初步判断。围绕什湖的地区作为禁建区。而什湖周边可以适当作为限建区，进行一些生态准入项目的开发。围绕什湖，周边有大量的荷塘湿地；后官湖水通过水道流经什湖及周边的湿地，再通过香河汇入汉江，这将是穿越这座新城的血脉；一衣带水将场地分为左岸右岸的双城格局。

生态城的“理水”应当尊重现有场所精神。首先强化什湖与汉江、后官湖的南北向联系，形成一级生态廊道；保留东南西北四条放射状的次级水道，形成二级生态廊道；中部以什湖大水面为核心，保留周边的湿地鱼塘斑块，打通水系与湿地，成为生态城湿地绿肺为核心的水网体系。同时，保留植物群落、次生林地，结合现有鱼塘肌理改造，设立众多的“生境岛”，维持并展示自然生态系统的演变魅力，湿地生境岛大小不一，岛与岛之间曲桥相连，同时也划分出大大小小的水面，通过旷奥幽深、尺度各异的不同空间，与周围景物结合，表现出不同的空间意境。做到这一步对现状的改动量并不大，只需对田埂稍加梳理，从而创造出一种新的设计形式，并让水系变得更加丰富灵转。基于此，在这块土地上有机生长起来后续方案，它具有不可复制的独特性。

前期构思追求生态城基地与场所精神的有机融合，基于生态框架体系形成了生态城初步构想（图2-7）：以什湖及周边大面积湿地荷塘为中心，连同面向汉江的生态农业，整体形成“什湖九荡”的湿地景区；围绕生态核心区，南部是以城市建设用地为主，布置主要城市功能组团，北部配套设置生态农业观光、生态旅游服务等组团，整体形成U字形结构；香河以东疏通汉江、什湖、后官湖生态廊道，打造富有浪漫气息的水街组团；香河以西则是在什

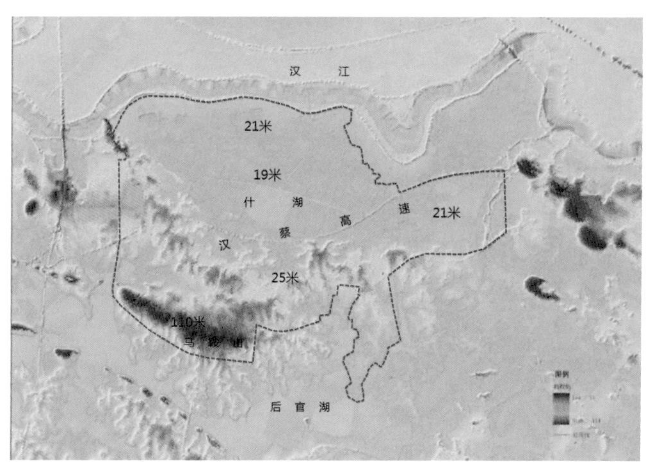

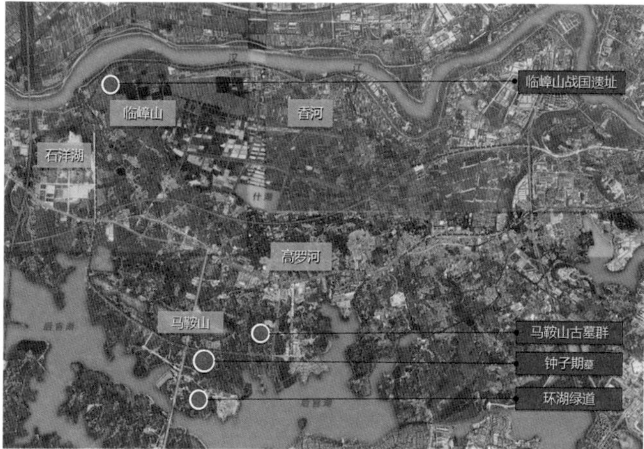

图2-6　基地现状自然资源

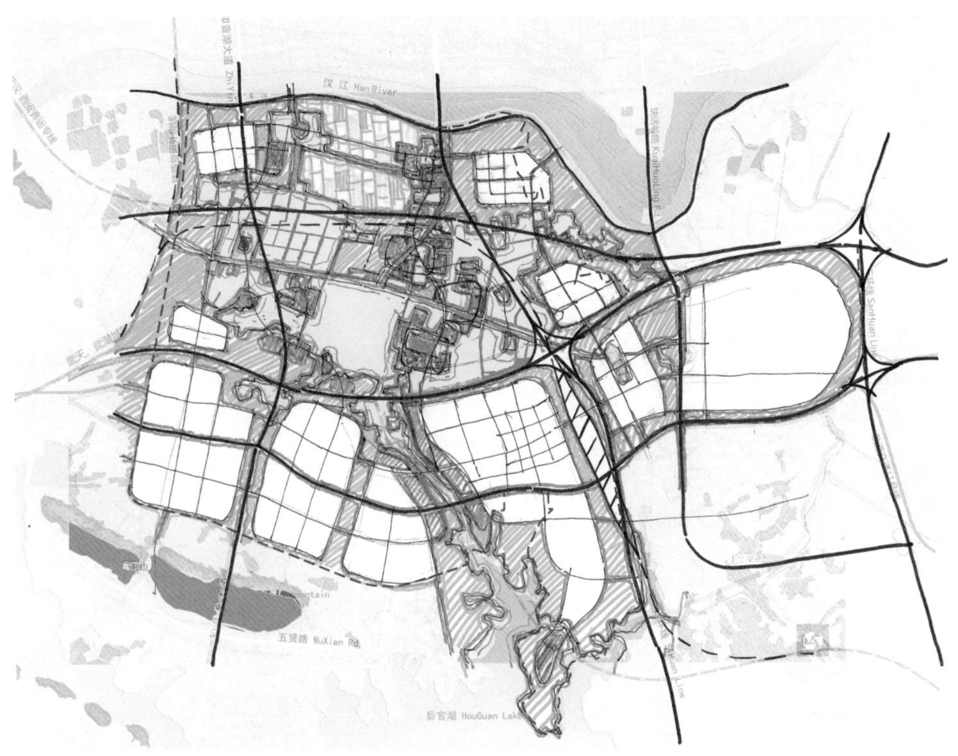

图2-7 前期研究生态框架

湖九荡核心区中曲径通幽的水乡特色组团。其中，前期生态研究中，也建议将高铁站及其线路进行调整，放置在四环线以西，避免跨湖而过，从而降低其对场地生态环境及景观的不良影响。

（三）倡导低碳的生活方式

规划提倡科技与创新，促进产业结构优化与升级，通过功能混合实现片区内的职住平衡，构建舒适高效的交通体系，实现交通绿色人性化；遵循循环经济，推广新能源、新材料的利用，通过绿色建筑实现低碳的发展目标，倡导以人为本的慢行交通出行方式，引导交通主体选择低碳出行。

1. 低碳交通展示系统

在道路交通规划中，可持续发展的理念体现在提升公共交通和慢行交通的出行比例，引导居民减少对私家车的依赖，由此创建低能耗、低占地、高效率、高服务的城市交通模式。通过高密度的自行车和步行系统形成规划区的慢行廊道，通过慢行廊道串联大部分的居住、产业和公共服务区域，并与绿地系统相结合，营造环境宜人的慢行空间，使自行车和步行逐步成为居民出行的首选方式。

2. 节能与绿色建筑展示系统

中法生态城的主要使命就是在生态、环保、绿色、节能方面积累经验和制定标准，并能推广和应用到更多的城市中。为此，一方面建立了“绿色建筑指标体系”，在这一指标体系下城市建筑将以节能、节水、节地和节材为核心，碳排放量、绿色建筑、人均公共绿地面积等众多指标将达到国际先进水平；另一方面以可再生能源的开发和利用为重点，同时通过采用节能材料、自然通风、遮阳、热能回收等措施，减少建筑能源损耗和提高能源使用效率。综合利用生物能、太阳能、地热能、垃圾发电等绿色能源，100%实现清洁能源和绿色建筑，形成能源展示平台。

3. 科技智能化展示系统

充分利用数字化信息处理技术和网络通信技术，科学地整合各种信息资源，建设高效、便捷、可靠、动态的数字化城市。基于统一的基础数据平台，数字化城市实现政府内部信息资源的高度共享，在城市管理中实现全时段、全方位、全过程的信息采集、处理和反馈。

4. 生态城市管理展示系统

在规划前期就建立了一套完整的生态城市管理系统，包括生态指标体系，从规划、建设、运营管理三个阶段对生态环境进行完整系统的控制，从而实现全球生态文明示范、展示平台的作用。

二、产城融合的平衡发展路径

法国哲学家卢梭曾经说道：“Houses make a town ，but citizens make a city”（房屋只能形成物质空间，市民才能造就城市）。城市从冰冷的工业时代到现代的综合发展时代，从1933年的《雅典宪章》到1977年的《马丘比丘宪章》，无不体现出功能主义向人本主义的转变。物质的丰裕也让人们的核心需求从物质生活需求转向对日益增长的美好生活的向往。而产城融合的本质就是从“功能主义导向”向“人本主义导向”的一种回归。它的内涵就是产业转型升级、多功能复合、配套完善以及职住平衡等方面，包括社会、经济、文化、产业、空间等各个方面的融合。其中“产”是指产业集聚区空间，“城”是指城市其他功能区空间，包括居住、公共服务以及绿化景观等。其在空间上的特征主要表现为产业区空间与生活服务空间由相互隔离转变为融合发展（图2-8）。

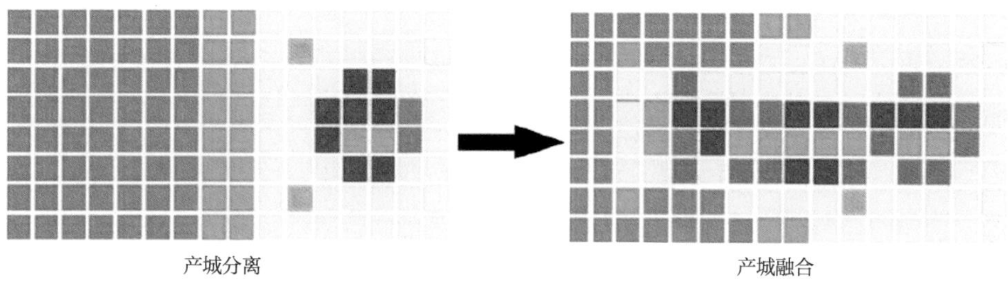

图2-8　产城融合发展模式图

中法生态城，在地理位置上处于城市近郊区，连接蔡甸城关和主城区边缘，在产业选择和创新上既有同质性，也有异质性，强调与周边区域差异互补，既发展生态类高科技研发产业，又发展周边产业园区的商务金融及智慧云平台服务。在其规划定位中提出了我国新型城镇化转型发展的典范和承载高附加值和知识经济的大武汉增长极，并在《中华人民共和国政府与法兰西共和国政府关于在武汉市建设中法生态示范城的意向书》中提出：应贯彻低碳生态和产城融合发展的理念和促进发展高技术研发创新，建设中法科技谷的要求。故而在中法生态城的产业规划中，重点在于强调产业创新和产城融合发展。

产业创新，首先是适应世界产业转型和升级的趋势，即从“劳动密集型—资本密集型—技术（知识）密集型”的转变和升级。产业转型升级是产城融合的必要过程，是完善产业园区公用服务设施配套、实现产业优化升级、人居环境配套和社会服务保障的高度统一。资本密集型产业园会经历完整的成型期、成长期、成熟期和后成熟期，最终突破创新瓶颈，成为独立新城。其次是完善产业链，尤其要遵循价值链和产业链的规律，引导产业两端的延伸—前端的研发设计和后端的品牌培育，实现二、三产联动，产销和产学研协同发展，引导产业园区从生产中心向地域生产综合体、从产业园区向产业社区甚至是综合新城转型。三是符合生态城新型产业的功能定位。强调生态产业，大力发展生态环保产业、创新及研发创意产业。产业选择以环境保护、清洁能源、低碳经济、创制研发等高科技创新为主，促进区域经济的优化与转型。积极运用功能混合、低碳交通、生态建筑等多种国际先进生态策略，实现生态城的可持续发展。

中法生态城的产城融合，核心是促进居住和就业的融合，即居住人群和就业人群结构的匹配，促进产业与城市的同步发展。产业结构决定城市的就业结构，而就业结构是否与城市的居住供给状况相吻合，城市的居住人群又是否与当地的就业需求相匹配，实现职住平衡，是形成产城融合发展的关键。职住平衡包括比例和空间布局，我国合理的城市职住平衡比例大约在0.5~0.7。发达国家和我国相关成功产业园区的经验显示，这个比例超过60%就基本实现职住平衡。在用地空间布局上，我们探索各类用地功能高度混合的用地规划模式，按照各类功能高度混合的原则，贯彻TOD的发展模式，在生态城内安排高、中、低三种类型的混合用地，各类混合用地中居住、办公、商业、服务设施等功能按照一定比例的建筑量进行混合，实现活力街区及低碳生活（图2-9）。

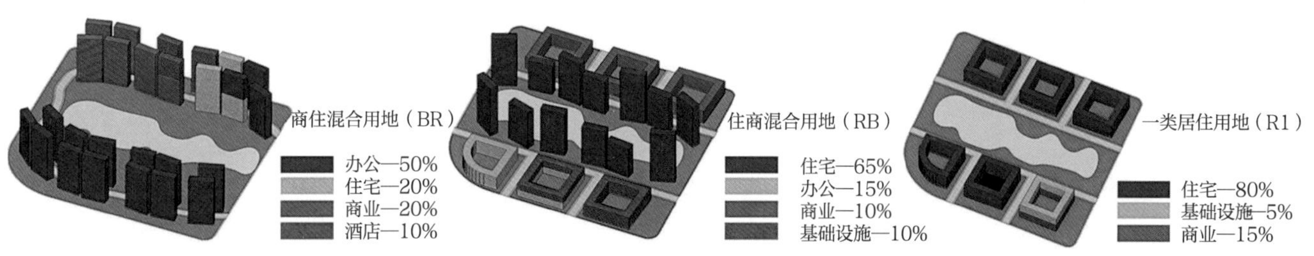

图2-9　混合用地规划模式图

三、站城一体的生态型高铁枢纽

（一）与生态环境相融合的站址布局

新汉阳站是《武汉总体规划（2010~2020）》确定的武汉西南地区综合客运枢纽（图2-10），是武汉铁路客运枢纽格局中三个主要的客运站之一，承担西武福高铁的始发终到以及通过功能，同时承担武汉至潜江、武汉至天门两条城际铁路的衔接功能。按照区域铁路线网布局，新汉阳站落址在中法生态城周边。对于中法生态城而言，新汉阳站的落户将进一步压缩生态城与周边区域的“时空距离”，提升区域的可达性，为生态示范城带来巨大的人流、物流和信息流，为推动示范城的建设注入强劲的动力。人口快速集聚能够带动地区经济发展，带动站点区域土地开发，推动区域城市基础设施的建设，为建设功能混合、充满活力的生态新区助力。

但另一方面，生态城建设用地十分有限，且汉蔡高速以北具备良好的生态环境优势，按照传统高铁站布局方式，纵穿生态城的高铁、城铁线站对用地功能、生态空间布局都有较大影响，尤其对什湖地区的影响非常大。因此，在概念规划阶段提出新汉阳站借鉴深圳福田站案例，采用地下站形式建设。由于深圳市中心城区现状几乎全部为建成区，广深港高速铁路进入深圳特区后全部下穿进入“地下”，福田站为国内首座位于城市中心区的全地下火车站，车站与城市、与生态环境融为一体，进一步增强了深圳的城市竞争力，有利于珠三角区域经济的快速发展。

（二）绿色高效的综合交通枢纽

依托新汉阳火车站，将高铁、城铁、地铁、长途客运、常规公交等多种交通方式高效融合，打造为生态高效的大型综合交通枢纽。结合高铁站点的选址，调整城际铁路、轨道交通线路走向，强化站点的枢纽作用（图2-11、图2-12）。

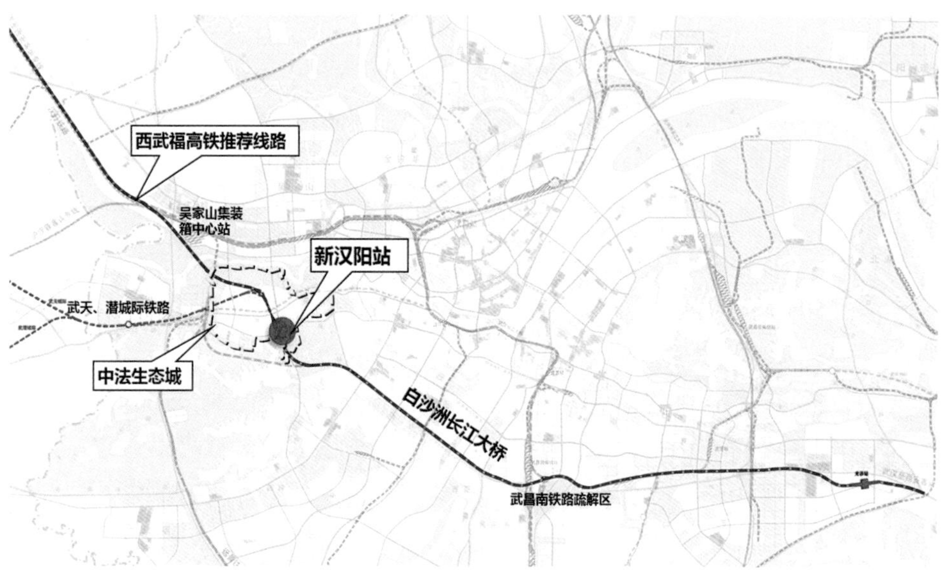

图2-10 新汉阳站铁路线走向方案

1. 交通策略绿色化

立足功能定位，依托中法生态新城，新汉阳站以“绿色交通”为发展宗旨，公交、慢行等绿色交通设施供给优先，机动车交通供给与需求相匹配，不一味追求大规模、大设施。

2. 交通方式多样化

横向提供多样化的交通换乘方式，有效分散交通，疏解压力。

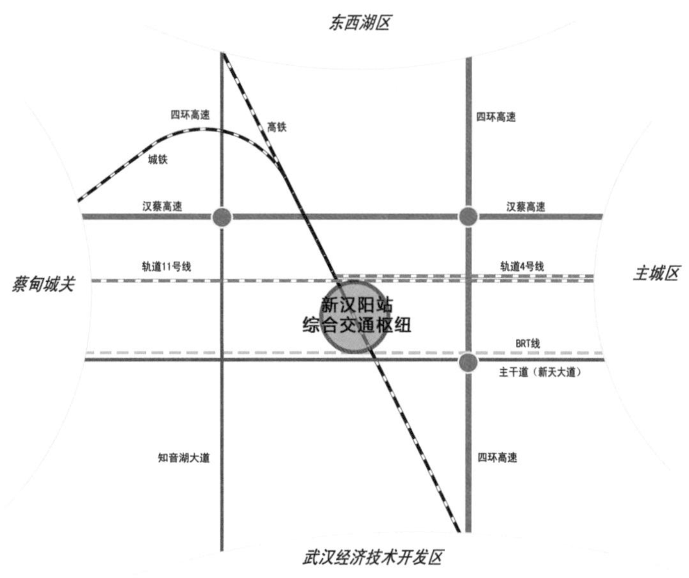

图2-11　前期研究新汉阳站交通衔接方案

图2-12　新汉阳火车站效果图

3. 交通布局层次化

各种交通方式纵向分层次形成完善的子系统，满足短、中、长不同距离出行要求。例如公交系统形成由轨道交通、有轨电车、常规公交、短程接驳巴士、水上交通等大、中、小、支、微层次完善的网络体系。

4. 交通换乘一体化

以人为本，合并同类项，形成分层集散、立体组织、无缝换乘的换乘中心，提高换乘的便捷性、舒适性和安全性。

5. 设施布局差别化

鼓励公共交通、限制个体化交通方式体现在换乘设施布局上是“亲疏有别”，与大运量快速公交系统换乘距离较近，与个体化交通方式换乘距离较远。

四、文化交融的城市设计意向

概念规划之初，在生态城文化方面基于两点考虑。

其一是基地湿地文化的保护和利用。伊恩·麦克哈格（Ian McHarg）在《设计结合自然》（*Design with Nature*）中提到：“自然现象是相互作用的、动态的发展过程，是各种自然规律的反映，而这些自然现象为人类提供了使用的机遇和限制。”20世纪初随着汉江堤防建设，汉江水道基本固定下来，生态城北部主要为什湖水面，因此蔡甸城关与主城区之间的联系主要依托汉江水运和什湖与后官湖之间的公路。随着新中国成立后的围垦造田，什湖水面逐渐分割为若干小的养殖水面和水田，但什湖的湿地形态和肌理基本保持下来（图2-13）。整个生态城的水系统形成了“江、河、湖、岛、岸、田、林、地、村、镇”水资源的肌理。

图2-13　什湖湿地形态肌理

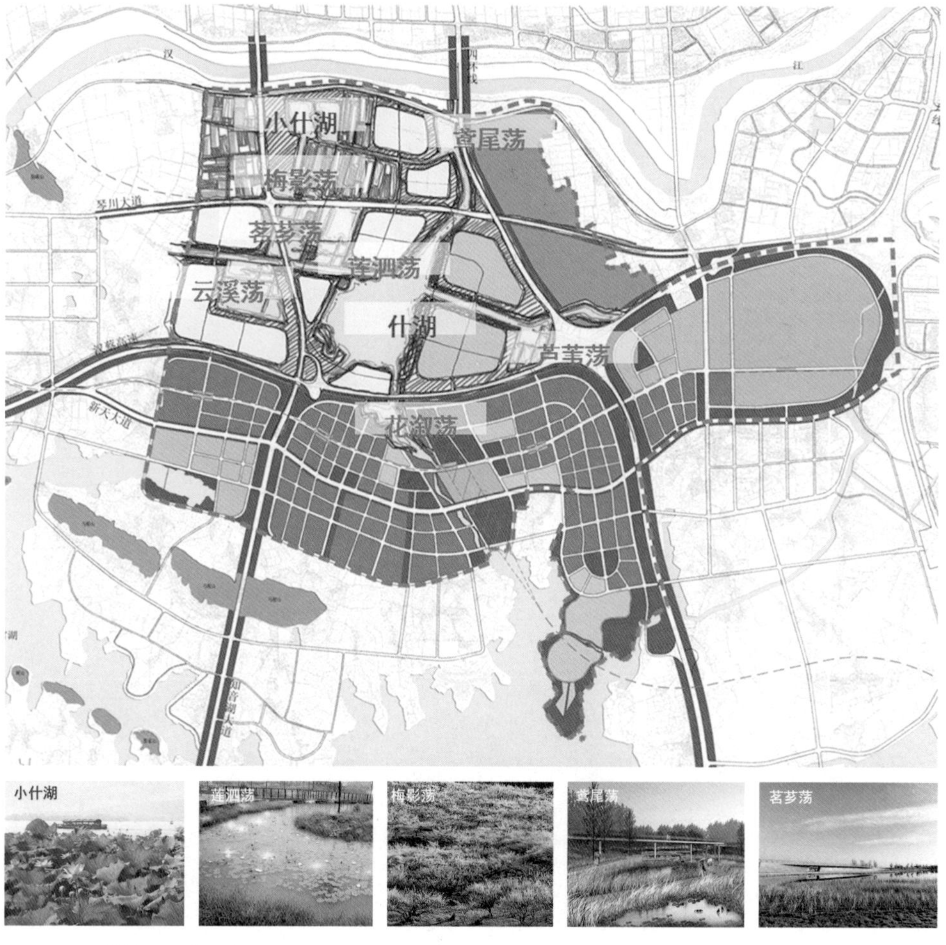

图2-14 “什湖九荡”规划设想

区域水系规划中扩大什湖水域面积至4.72平方公里，小什湖面积0.22平方公里，同时保留了2.44平方公里的鱼塘、藕塘等湿地，整体生态水体达到7.38平方公里；将什湖与周边水体连通，并融入大汉阳“六湖连通”工程。在整体城市设计中，顺应肌理、师法自然，将田园和湿地相结合，提出了“什湖九荡”的理念（图2-14）。每一个自然形成的“荡”都是一个观景主题，包括云溪荡、芦苇荡、梅影荡等。结合法国文化原色，以鸢尾花为原型，基于现状对水系进行梳理，打造由什湖核心不断向外延伸生长的水系，意喻生生不息、充满活力的生态新城。

其二是中法文化的交融。生态城人文底蕴深厚，“知音文化”发源于此，规划范围内不仅有钟子期墓地，还有以先贤命名的五贤路、集贤村。中法相隔万里，如何将法国文化中最典型的优雅、自由、浪漫与本地域的知音文化相结合，创造独特的文化氛围，感受“海内存知己，天涯若比邻”，是城市设计中文化资源挖掘的重点。

城市设计的骨架是从街道开始的，故而规划用地中预留了两条低密度带，构建两条特色文化商业街——中式的琴贤街和法式的蓝沐街。中式步行街南端的对景为马鞍山钟子期墓，此为知音文化传承的载体，也是生态城的文化之根，是步行街的文化发源地，子期墓所在地

图2-15 “中式的琴贤街”规划设想

古为“集贤村”，故该街命名为“琴贤街”（图2-15）。空间序列以古乐中的五大音阶“宫、商、角、徵、羽”为基调，古代文人雅士的最高境界“琴、棋、曲、书、画”为线索，策划了五个主题段。

法式的蓝沐街（图2-16）取名法语“L’AMOUR”，以法国国旗蓝、白、红色为基调，加入黄色和紫色，分别营造的主题为激情、科技、优雅、时尚和艺术，打造不同风情的商业街区。两条街交汇处，是大型的主题公园，采用复古的几何园林（勒·诺特尔式法国园林）与北边的“什湖九荡”湿地公园交相辉映，将中法文化的交融推向高潮。

图2-16 “法式的蓝沐街”规划设想

五、基于市场的城市运营策略

中法生态城运营的对象是生态城拥有的资产，其运营的内容主要包括：土地资产、基础设施和无形资产。其中无形资产又包括生态环境、生态城的形象和文化。

中法生态城的土地运营可采取委托代理模式，即生态城的土地运营机构受政府委托，并在政府的监控下开展土地运营活动。生态城实行土地管理权与运营权分离的方式。具体流程如图2-17所示。

在土地运营中，提出项目打包的资金平衡方式，具体步骤包括盘点村庄拆迁安置信息，盘点公益性和运营性项目信息，通过拆建收支平衡，提出近期建设项目。

1. 盘点村庄拆迁安置信息

中法生态城范围内共计24个行政村，其中涉及生态城规划需要拆迁的村庄共计14个，拆迁建筑面积约240万平方米，在规划范围内分3个点（徐湾村、宋湾村、新天村）进行集中还建（图2-18）。

2. 盘点公益性和运营性项目信息

将中法生态城规划范围土地划分成23个地块，每个地块为一个项目包，共有8个公益性项目和15个运营性项目，公益性项目地块共计拆迁建筑量为86.1万平方米，运营性项目共计拆迁建筑量为153.9万平方米（图2-19）。

将生态城内基础设施建设项目补充至公益性项目库，共计16项。综合比照蔡甸城关、汉阳区汉阳大道沿线和汉阳四新地区的基础设施建设、房地产开发成本和收益，作为生态城项目测算参照标准，对公益性项目和运营性项目进行资金平衡测算。以此作为项目捆绑打包，实施分期建设的重要基础。（表2-1、表2-2）

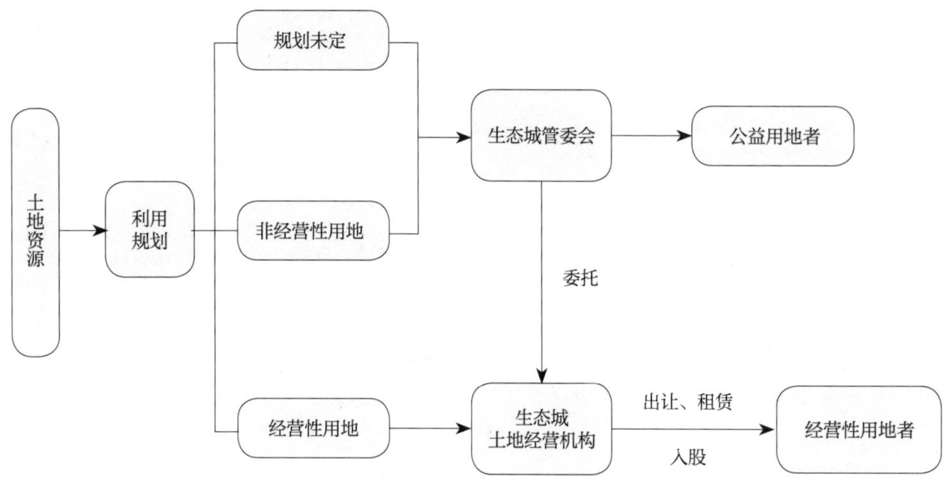

图2-17 中法生态城土地运营流程

现状村庄分布及建筑量一览			
序号	名称	用地面积（公顷）	拆迁建筑面积（万平方米）
1	唐河村	438.78	17.04
2	董家店村	100.84	28.4
3	快活岭村	66.56	34.16
4	夏家嘴村	25.61	13.02
	合计		92.62
5	易家岭村	104.88	11.74
6	宋湾村	122.83	14.77
7	新农村	98.44	35.16
8	黄陵村	140.08	10.44
	合计		72.11
9	三官村	298.17	6.87
10	新村村	164.24	5.19
11	什湖村	215.39	8.07
12	铁铺村	164.64	9.8
13	会子湾村	109.09	6.14
14	新天村	395.91	31.38
	合计		73.95
合计			239.28
总居住建筑拆迁量：240万平方米			

图2-18　村庄拆迁保留示意图

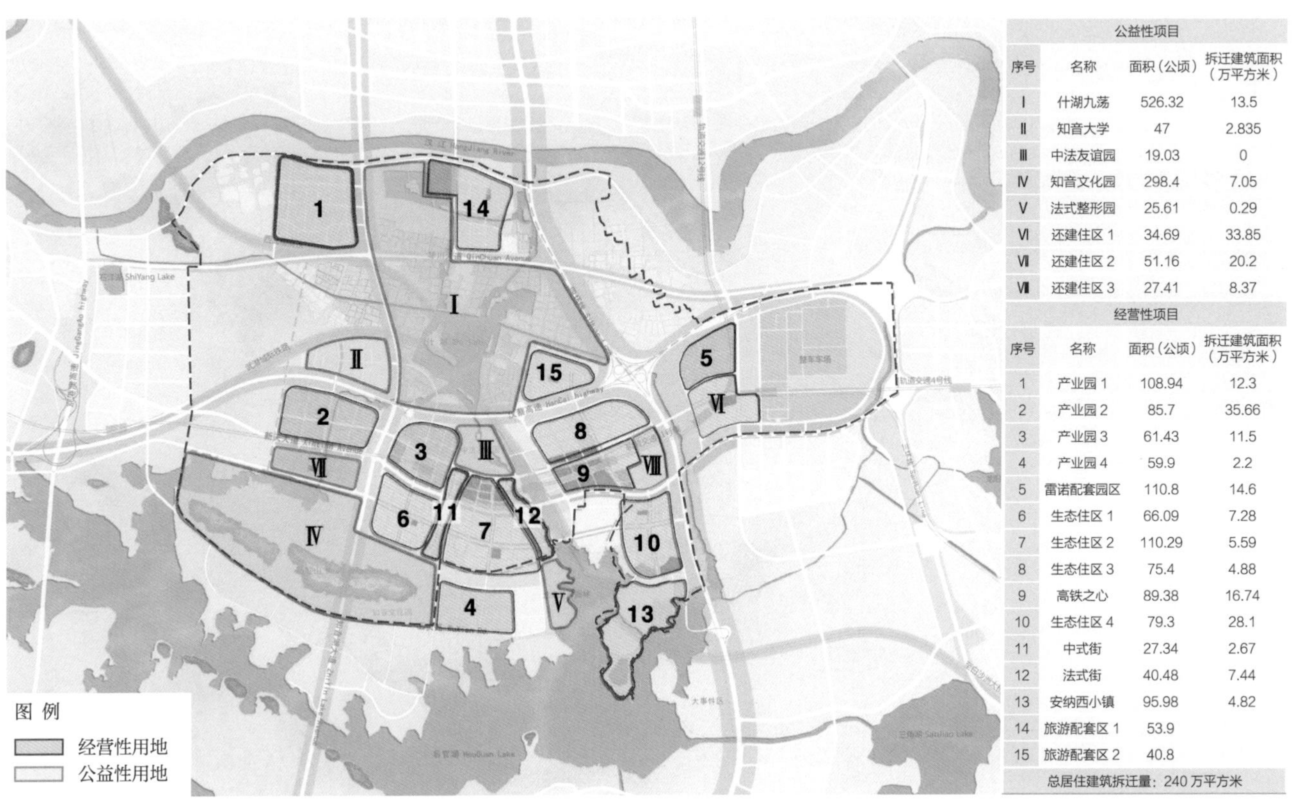

公益性项目			
序号	名称	面积（公顷）	拆迁建筑面积（万平方米）
Ⅰ	什湖九荡	526.32	13.5
Ⅱ	知音大学	47	2.835
Ⅲ	中法友谊园	19.03	0
Ⅳ	知音文化园	298.4	7.05
Ⅴ	法式整形园	25.61	0.29
Ⅵ	还建住区 1	34.69	33.85
Ⅶ	还建住区 2	51.16	20.2
Ⅷ	还建住区 3	27.41	8.37

经营性项目			
序号	名称	面积（公顷）	拆迁建筑面积（万平方米）
1	产业园 1	108.94	12.3
2	产业园 2	85.7	35.66
3	产业园 3	61.43	11.5
4	产业园 4	59.9	2.2
5	雷诺配套园区	110.8	14.6
6	生态住区 1	66.09	7.28
7	生态住区 2	110.29	5.59
8	生态住区 3	75.4	4.88
9	高铁之心	89.38	16.74
10	生态住区 4	79.3	28.1
11	中式街	27.34	2.67
12	法式街	40.48	7.44
13	安纳西小镇	95.98	4.82
14	旅游配套区 1	53.9	
15	旅游配套区 2	40.8	
总居住建筑拆迁量：240万平方米			

图2-19　生态城土地分块项目示意

生态城公益性项目一览表 **表2-1**

编号	公益性项目名称	建设内容及规模	投资（亿元）
1	道路与立交工程	生态城次干道及支路	20.34
2	轨道工程	轨道交通 11 号线及 5 个站点、内部有轨电车 T1、T2、T3 线	87
3	水环境治理工程	“什湖九荡”水环境治理	15
4	水系连通、岸线治理工程	什湖水系连通、岸线治理	5
5	市政工程	产业园和居住区配套市政设施	10
6	绿化工程	干道绿化工程	12.88
7	亮化工程	干道亮化工程	2
8	生态工程	暴雨水管理系统、渗水铺装、雨水花园、污水处理、垃圾分类回收等	55
9	什湖九荡	以什湖为特色的湿地公园	21.19
10	知音大学	中法合作的特色大学	4.33
11	中法友谊园	中国街和法国街交汇的公园	0.76
12	知音文化园	以知音文化为载体，结合钟子期墓、马鞍山等景观建设知音文化主题公园	8.79
13	法式整形园	法国特色几何图案园林	1.14
14	还建住区 1	用于生态城原住民拆迁还建住区	27.8
15	还建住区 2	用于生态城原住民拆迁还建住区	21.6
16	还建住区 3	用于生态城原住民拆迁还建住区	22.2
总计			**315.03**

标准：干路（40米次干路为3000万元/公里，30米次干道为2200万元/公里）；支路为1000万元/公里；地铁为70000万元/公里；有轨电车为15000万元/公里；干路绿化为400元/平方米；支路绿化为200元平方米；干路路灯为220万元/公里，支路路灯为110万元/公里；拆迁成本为4000元/平方米，商业建筑建设成本为3000元/平方米，预售价格为12000元/平方米

生态城经营性项目一览表 **表2-2**

项目序号、名称	经营性项目								
	用地面积（公顷）	总拆迁补偿（亿元）	规划建筑面积（万平方米）	规划容积率	预计出让地价（亿元）	土地收益（亿元）	建设成本（亿元）	项目总成本（亿元）	预计开发收益（亿元）
1. 产业园 1	108.9	8.42	217.88	2	9.80	1.39	—	—	—
2. 产业园 2	85.7	14.26	128.55	1.5	7.71	-6.55	—	—	—
3. 产业园 3	61.43	4.6	92.15	1.5	5.53	0.93	—	—	—
4. 产业园 4	59.9	0.88	59.9	1	5.39	4.51	—	—	—
5. 雷诺配套园区	110.8	5.84	166.2	1.5	9.97	4.13	—	—	—
6. 生态住区 1	66.09	5.04	132.18	2	39.65	34.62	33.05	72.70	19.83
7. 生态住区 2	110.29	7.29	253.78	2.3	76.13	68.84	88.34	158.94	75.06

续表

项目序号、名称	经营性项目								
	用地面积（公顷）	总拆迁补偿（亿元）	规划建筑面积（万平方米）	规划容积率	预计出让地价（亿元）	土地收益（亿元）	建设成本（亿元）	项目总成本（亿元）	预计开发收益（亿元）
8. 生态住区 3	75.4	1.95	226.2	3	67.86	65.90	56.55	124.41	56.55
9. 高铁之心	89.38	10.04	296.61	3.32	88.98	78.94	123.98	212.96	104.05
10. 生态住区 4	79.3	11.81	158.6	2	47.58	35.77	39.65	87.23	23.79
11. 中式街	27.34	1.07	41.01	1.5	12.3	11.24	16.4	28.71	20.51
12. 法式街	40.48	2.98	60.72	1.5	18.22	15.24	24.29	42.5	30.36
13. 安纳西小镇	95.98	1.93	143.97	1.5	43.19	41.26	57.59	100.78	71.99
14. 旅游配套区 1	53.9	0	71	2	29.58	29.03	39.65	39.05	17.75
15. 旅游配套区 2	40.8	0	33.45	1.5	18.36	17.14	8.36	18.40	8.36
总计	**1105.69**	**76.11**	**2082.2**	**—**	**480.25**	**402.39**	**487.86**	**885.68**	**428.25**

标准：拆迁补偿为4000元/平方米；土地出让中产业为60万/亩，居住和公建楼面地价为3000元/平方米，游乐设施用地为300万/亩；建设成本居住按照2500元/平方米，公建低层或多层按照4000元/平方米，高层按照5000元/平方米；房屋销售中居住按照8000元/平方米，公建按照12000元/平方米。（标准综合比照蔡甸城关、汉阳区汉阳大道沿线和汉阳四新地区的房地产开发成本和收益）

法方愿景
——浪漫情怀的生态城

法方组建了以阿海普建筑设计咨询公司为首的设计团队，在39平方公里范围的基础上，又划定了62平方公里的研究范围。第一阶段为评估阶段，从2014年12月~2015年4月，法方团队对土地、经济、交通、环境、能源、水源等多方面进行了评估和初步研究；第二阶段为总体规划阶段，从2015年4~7月，通过不断地反复磋商和调整，确定总体规划建议、城市规划要素、商业计划要素、指标体系等问题；第三阶段从2015年8~10月，主要工作是深化总体规划、聚焦核心区。法国人将浪漫的情感融入对这片土地的探究，同时不断用理性和切实可行的解决方法来完善理想主义的生态梦。

如何做一个什么样的生态城？法方团队提出了这样5个目标愿景：

- 打造健康、高品质的生活圈，提升生态示范城的吸引力；
- 建立可持续发展的城市模式；
- 鼓励多样化融合的理想生活方式；
- 延续历史文脉，保护自然基底，尊重当地居民；
- 创造大武汉新的经济增长极。

这五个目标得到了大家的一致认可，成为支撑方案的灵魂。

一、充满活力的经济增长极

武汉市在第三产业经济方面严重滞后。2011年国内生产总值中服务业所占比例仅为48%，远落后于国内一线城市（北京为77%，广州为65%，上海为62%，深圳为57%），而法国和美国国内生产总值中服务业占到了78%，这样的差距从一个侧面反映出了武汉目前的发展状况，也说明武汉目前仍有较大的发展空间。

因此，法方团队提出了“将生态城打造成为具有明显国际吸引力的新中心”的目标。与传统新城以“产业”为重心的定位不同，生态城将“居民”放在发展的核心位置，通过创造高品质生态环境吸引居民，提升旅游价值。同时通过政策吸引更多企业入驻，为生态城带来高附加值服务、知识经济和创新的项目，以此产生持续的经济价值和稳定的居民群体，打造新经济模式的产城融合生态新城。

为了让中法生态城更具有吸引力，法方团队提了5个方面的建议：

- 充分融合中法特色，以“国际化”提升吸引力；
- 在产业定位上差异化发展，寻找现有经济技术开发区未覆盖的领域，形成经济类型的互补和协调发展；
- 引进前沿科技创新项目，同时提供高附加值服务，以质取胜；
- 多方向、多维度发展，综合考虑项目的价值，不以单一经济或生态标准进行衡量；
- 以人为本，将生态城的“人”置于发展的核心地位。

构建生态城经济结构的目标是确保多样化经济类型。首先通过类型学调查，对多个中心的建模，以模型反映不同的城市密度、城市形态以及不同的经济主体或目标人群。在此基础上，在生态城及周边研究区域范围内布局11个经济中心（图3-1）。除了高铁站作为一个主要经济中心以外，其他每个经济中心都应该包括办公区、商业区、酒店区、研发区和物流区等。

高铁站是区域交通枢纽中心，是影响中法生态城未来发展的最主要因素之一。其位于生态城主要入口，将带来大量的人流，周边土地价值高。同时其区位毗邻东风雷诺汽车工厂，有利于高端商务区的开发。针对该经济中心的考虑是将平面布局和房地产开发相结合，在高铁站周边打造为一个集中服务区。其规模经过初步测算，总开发面积约为80万平方米

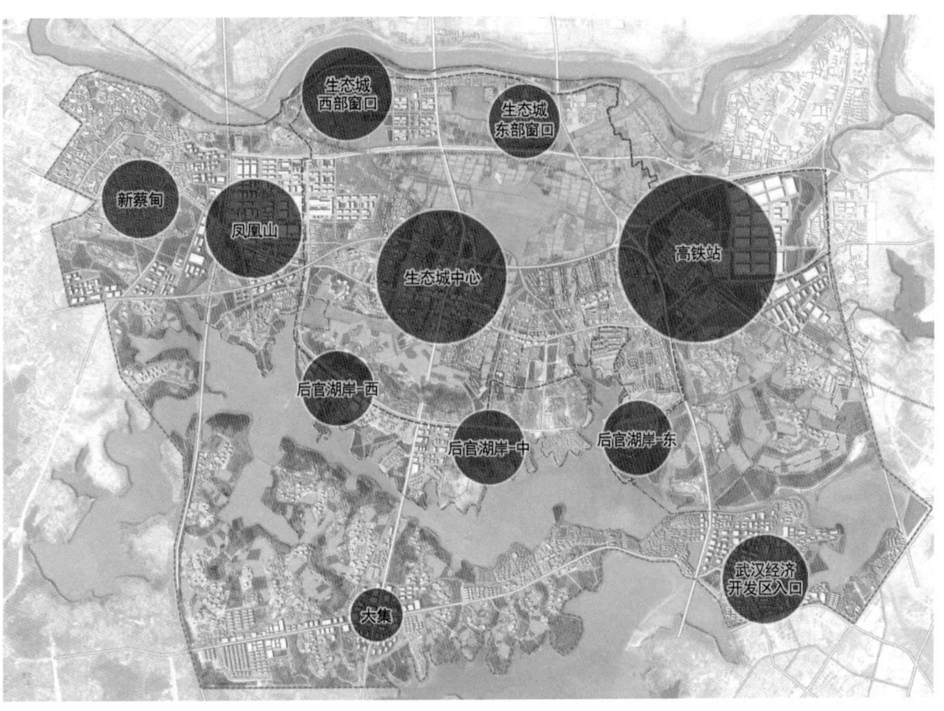

图3-1　经济活动的空间分布图

（包括50万平方米的高层办公和都市园区、6.5万平方米的中高层酒店、15万平方米的商业区），约占区域内经济活动总面积的1/4以上。

中法生态城中心经济区位于南北交界处，针对该区域的考虑主要是商业和商务中心，未来将在此处布局近20万平方米的高层办公楼和企业园区，2万平方米的研发专用面积，中、高层酒店区和15万平方米的商业街区；西部的经济中心是围绕地铁站和凤凰山工业园区的三级中心，以研发中心和服务中心（包括营销销售、后台服务等职能）为主要功能。该区域密度较低，将成为展示绿色建筑、生态示范的窗口区域；北部混合经济活动中心主要包括生态城西部、东部两个窗口，发展功能包括城市园区办公区、重点研发区、酒店和商业区等；南部低密度中心沿后官湖北岸展开，以低密度住宅区为主。同时该区域具有良好的生态景观，可适当布局生态园、科技研发中心以及发展生态农业旅游项目；蔡甸城关目前是蔡甸区内较为活跃的区域，未来随着生态城的向西扩展，新老融合，联动发展，城关将成为一个新蔡甸中心；中法生态城东南部是武汉经济技术开发区和蔡甸区接壤之处，应加强和开发区的联动发展，在该中心布局城市园区、研发中心、针对开发区的商业客户设置的酒店、商业等服务区；大集地区是乡村和城市的连接地带，该中心的定位有别于其他“都市中心”，而更多倾向于“生态田园”，保护后官湖自然区域和岸线，同时也确保开发区、常福一带的城市化连续性，这一中心的主要功能是低密度生态办公区、居住和邻里中心服务设施。

中法生态城的远景目标是发展至2030年时，能为中法生态城及周边地区提供11万～20万个工作岗位，办公及住宅空置率小于20%，第三产业占生态城生产总值达75%，当地就业率（就业岗位数/就业人口数）大于75%，生态城外资公司份额大于50%。旨在将中法生态城打造为武汉经济转型的标志。

二、可持续的城市发展模式

规划以可持续发展为原则，以混合性、渗透性为基础，参考法国生态示范城的建设模式和标准，同时满足我国相关法律法规要求，法方团队提出了中法生态城的城市模式与结构（图3-2）。

1. 空间结构

规划确定生态城市重点功能结构布局，集中建设区沿新天大道展开，南、北区域以非建设区为主。重要生态要素如什湖、马鞍山、后官湖等周围布局农田、树林等生态缓冲区域，减小建设对生态区的影响。

2. 建设密度

根据不同区域的性质确定高、中、低三种类型的建设密度（图3-3）。如生态要素周边的居住区宜以低密度为主，高铁站附近区域以及基础设施周边以高密度为主。在居住组团内部则应考虑多种不同模式的混合。密度的设置要尊重景区环境质量，同时还应综合考虑土地资源附加值等其他因素。

图3-2 法方概念阶段用地示意图

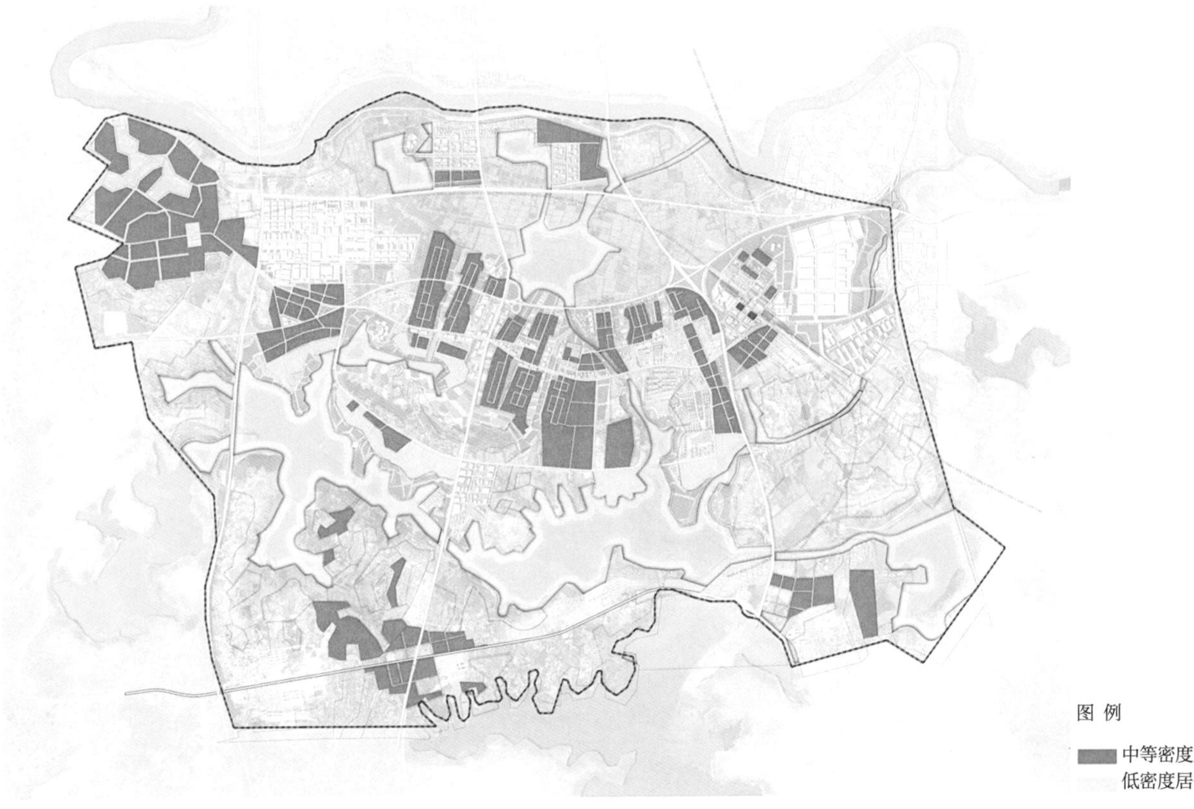

图3-3 中等及低密度居住区分布图

3. 功能混合性

在集中建设区推进混合用地是中法生态城的尝试之一。在这里不提倡严格地区分居住和第三产业功能，不仅是在平面图上混合在一起，在垂直方向上同样需要混合。法方团队和中方团队都希望在传统的规划方式之外寻求新的突破，从区域划分逻辑过渡到从功能与使用出发，让居住在其中的人们产生更加紧密的关系。

4. 交通可达性

可达性同样是生态城规划考虑的一个重要方面，为此法方团队提出了这样一些措施：增加每平方公里十字路口数量，增加道路的连接，提高人们的出行效率；打破封闭式住区对街道的限制，建立开放式居住组团，模糊私人与公共区域的界限；缩小沿街建筑连续界面，鼓励节点处布局小型商业、公共空间等，为人们提供交流场所，增加街道活力。针对居住功能，法方团队还提出了“T形岛状居住组团”的模型。一个岛状组团外围由一个T台形裙房（2~3层）和一栋高楼构成，功能不同则高度不同（比如办公楼可能是25层，住宅可能是18层）。

组团中心部分（图3-4）密度相对低一些，主要布局8层以下的住宅及相应配套，如文化中心、幼儿园等。岛状组团的末端是2~3层的裙房，作为居住或配套商业等，停车亦可设置在该区域下方，形成一个完整的组团。为保证生态城南北连通、自然渗透，主要居住片区的房屋布局都将围绕城市绿廊展开。

组团中心（图3-5）为商业街，周围建筑围绕商业街布置；邻里中心包括一个组团必需的配套设施，如小学、社区服务中心等，两侧为10~20层的住宅。这些岛状建筑群沿着连续的商业街展开，在岛状组团的中心建立环境品质较高的通行步道、公共空间及消费场所。

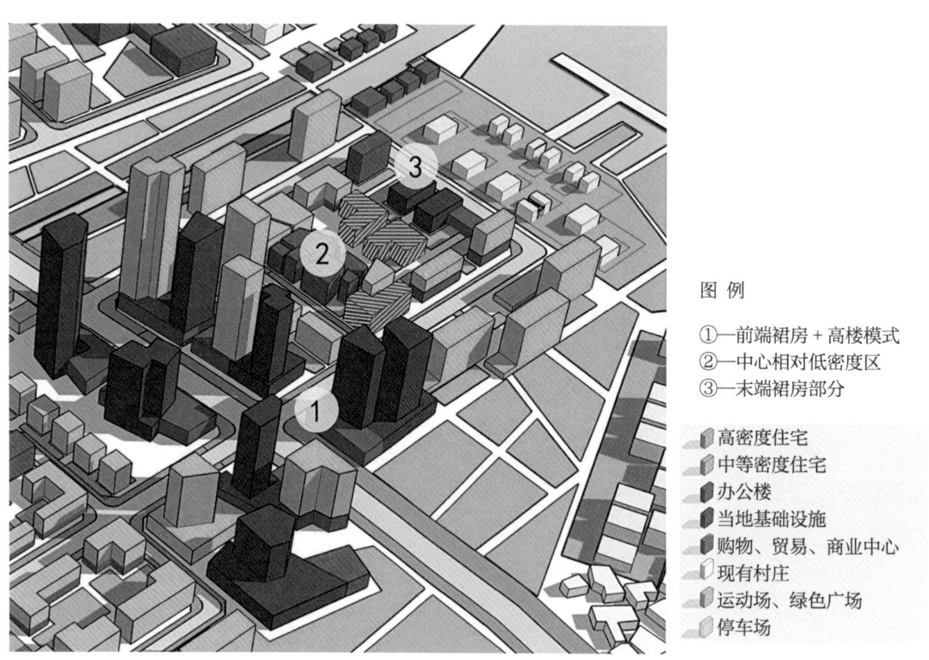

图3-4　组团布局示意图一

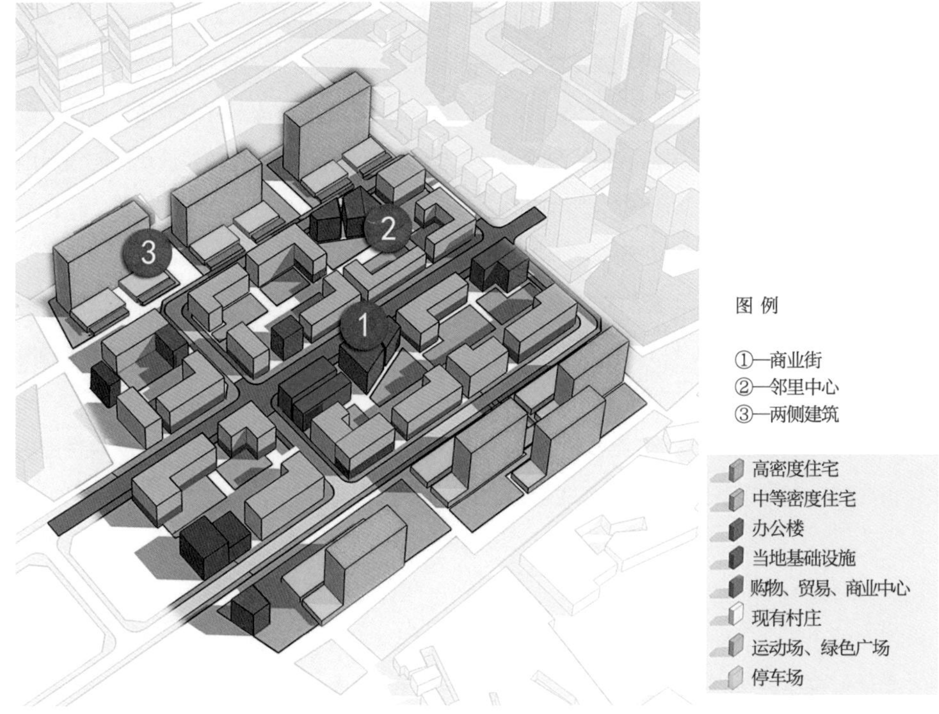

图3-5 组团布局示意图二

这些组团可以根据功能、形态的需要调节布局方式、规模大小及数量。这种居住模型布局灵活，为城市下一步发展预留了较大的空间，是一种可持续发展的城市形态。

同时，低密度组团形式的住区提供了便捷的生活服务和亲密的人际交往空间。中法生态城创造宜人尺度的楼群、建筑、小街区、密路网，并充分利用自然优势打造“自然城市”，这必然吸引更多高端人群入住；另一方面，通过市场的动态平衡，建立符合城市需求的发展方向，减少水、空气、垃圾对城市的污染，同时建立与之相适应的管理法规和条例，通过环境示范和合理管理促进可持续发展，将中法生态城打造成为高品质生活的窗口、大都市居住的典范生活区。

三、有吸引力的重大项目策划

重大项目会成为生态城区域中心，带动周边人气和经济发展，是中法生态城吸引力的重要因素之一。生态城内各个经济中心考虑以重大项目为基点，发挥中法生态城经济的杠杆作用。

1. 新媒体艺术文化中心。即文化工程和新媒体的职业中心，包括图像和视觉职业培训中心，媒体行业企业接待场所、活动场所、联合基地等，预计占地面积策划为2公顷，建筑面积3万平方米。

2. 农业和城市可持续发展国际研发中心。包括城市环境和交通培训学院、农业和食品工程培训学院、研究实验室、企业孵化基地、学术研讨中心、试验基地等。预计占地面积10公顷，建筑面积5.5万平方米。

3. 展示中心。包括市民、访客培训和交流场所、生态城展示馆、资源中心和公共交流中心等，预计占地面积0.5公顷，建筑面积1万平方米。

4. 博物馆群。博物馆群以文化为主题，挖掘传统文化，提升本土艺术价值，创造区域人文气质。建筑包括两湖书院、河流博物馆、中法文化交流中心等。其中，河流博物馆是以长江文化为主题，设置永久和临时两类展厅，包括发现之旅、大事记、空中花园等，预计占地面积5公顷，建筑面积6万平方米。

5. 中法文化交流中心。通过创作（艺术家常驻和创作工作室）、传播（展览和演出）以及资源中心提升和促进中法两国的艺术创作。预计占地面积1公顷，建筑面积1.7万平方米。另外通过策划举办艺术节、出版《生态城旅游导览》等书籍，这一系列活动提升生态城的艺术价值。

6. 体育馆及大型场馆。包括体育馆、音乐厅、会展中心等综合性大型场馆。可通过大型体育比赛，文化演出等提升生态城的知名度和吸引力。

四、赋予功能的生态空间规划

中法生态城拥有面积约7000公顷的生态和自然资源（其中2768公顷为农田，3516公顷为生态资源以及不小于411公顷的绿地和公园等），充分尊重和利用自然资源，构建生态城的安全格局和生态体系始终是考虑的重中之重（图3-6）。什湖、马鞍山构成生态城内最重要的两个生物多样性中心，汉江和后官湖是围绕在生态城周边的生物多样性中心；在现状自然资源的基础上，在生态城内部构建区域走廊、地方走廊，通过廊道连接生物多样性中心，形成生态城蓝绿交织的生态网络。蓝绿网络将自然渗透进城市，城市中人人可共享生态景观，城市和自然融为一体。

农业是蔡甸区的传统产业，基础深厚，而法国在农业研发、教育和技术应用方面在世界上处于领先地位，双方可取所长，通过科研开发丰富的、属于本地的特色产品（图3-7、表3-1、表3-2），打造生态城品牌。农业示范作为生态示范的内容之一，生态城将力图实现本地特色农产品的自给自足，由于目前种植面积有限，可引入屋顶种植、与城市绿廊共享的太阳能式农场等方式。同时，农田可结合农家乐、生态农庄等旅游开发，在布局上亦可称为绿色廊道的一部分。

农产品现状实际面积及自给自足需求面积分析 **表3-1**

产品	自给自足需求面积（公顷）	现状实际面积（公顷）	比例(%)	剩余/亏缺（公顷）
蔬菜(莲藕除外)	1162.2	570.7	22	-591.5
莲藕	129.6	716.9	28	587.3
谷物	2688.3	619.4	24	-2068.9
水果	1457.1	312.6	13	-1144.5
有机蛋白质	742.5	334.5	13	-408.0

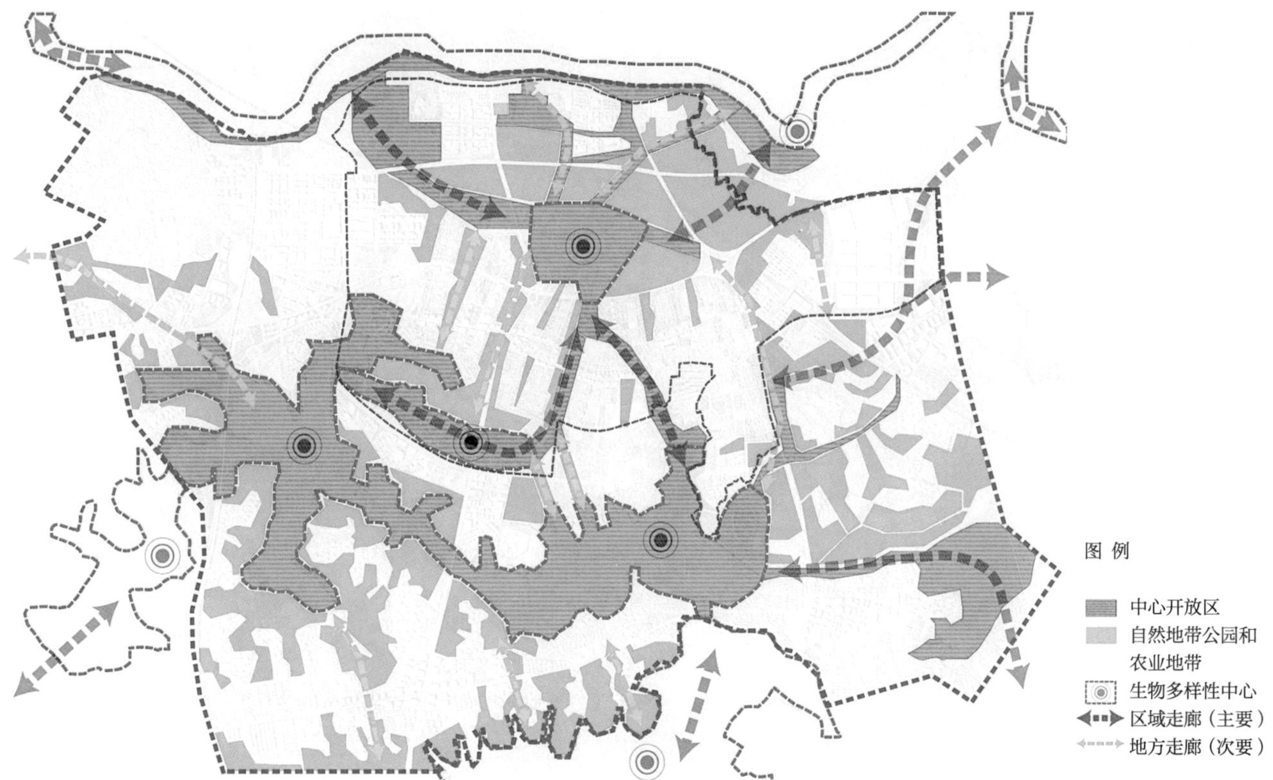

图3-6　生态体系图

图3-7　本地农产品分布图

运用新技术后农产品增产量 表3-2

技术	面积（公顷）	有效农作物的面积（公顷）	农产品（吨/年）
垂直农场	4.65	537	17865
屋顶种植	165	50	1540
太阳能共享	10	10	308
总计	**179.5**	**597**	**19713**

五、全生命周期的绿色建筑标准

绿色建筑是实现可持续发展的重要环节之一。除了在设计阶段使用节能材料，在使用阶段持续监控建筑物能耗是全寿命周期绿色建筑的关键。建筑物的能耗将与能源消耗的连续系统连接到一起（IPMVP），消耗的量应通过履行能源性能合同来保证。通过制定合理的政策和法规，保证建筑从设计阶段、建造阶段到使用阶段，均有章可循、有法可依，使绿色建筑真正达到“绿色”标准（表3-3）。

建筑能源消耗量比较 表3-3

类型 \ 指标（千瓦时/（平方米·年））		现状建筑能源消耗量	一星级建筑目标消耗量	二星级建筑目标消耗量	三星级及双重认证建筑目标消耗量
写字楼	标准质量	52	40	36	27
	高质量	63	49	44	33
旅馆、饭店	三星以下	115	89	81	60
	三星以上	116	89	81	61
卫生	高质量	141	109	99	74
	中等质量	65	50	46	34
	标准质量	57	44	40	30
文化建筑	展览中心	94	72	66	49
	影院	63	49	44	33
	图书馆	69	53	48	36
	剧场	55	42	39	29
学校	大学	22	39	35	26
	中学	12	39	35	26
	小学	13	39	35	26
	幼儿园	20	39	35	26
商业	6000 平方米以上的市场	284	130	100	90
	6000 平方米以下的市场	398			
	6000 平方米以上的超市	184			
	6000 平方米以下的超市	183			
研究与开发		80	62	56	42
体育建筑	体育场	2	2	1	1
	健身房	22	17	15	12
车站		61	47	43	32

中法生态城中的绿色建筑从主动和被动两个方面来实现。被动技术包括自然通风、自然照明优化、保温隔热等。

自然通风——建筑物设计中的自然通风整合。

自然照明的优化——鼓励自然照明，减少白天开灯的时间，这同时将增加室内温度，降低冬天开启取暖设备的频率。

保温隔热——应用隔热系统、建造性能好的玻璃屋顶等方式，系统解决封闭隔热保温问题，降低冬季长时间开启取暖设备的情况。

提升屋顶价值——通过屋顶植被绿化、阳光热能、阳光光伏效应、雨水回收系统等，发挥屋顶价值。

CVC中央系统——建议使用中央采暖、空调通风系统。通过统一控制，减少反复开关带来的消耗；这些系统可采用双通道通风，并可以回收热量，实现能源循环利用，减少能耗。同时中央控制系统为独立的系统，也更加经济实惠。

建筑物材料——鼓励使用对环境影响小的材料，包括可就地取材的、可回收再利用的以及对环境有利的建筑材料，如可透水的道路、使用SRI外墙材料等。同时，在政策上一方面强制要求生态城内建筑物均达到绿色建筑一星标准，对未达标建筑征收标签税；另一方面对达到高星标准的建筑制定经济补贴或减免费用等鼓励措施。

六、低碳生活方式的环保新技术

在能源、水、垃圾等方面，法方团队也提出了相应的目标。

1. 能源规划

至2030年，中法生态城内采暖用能源减低30%；能源总消耗控制在4500千瓦时/（人·年）以内；城区和自然环境周围空间之间的温差保持在1.5℃以内。

2. 空气质量

提升空气质量主要包括节能减排，减少内部车辆通行数量，开发电动车、新能源汽车，发展公共交通等，实现全年空气质量优良天数大于347天。

3. 垃圾管理

降低每人每天产生的垃圾废料量，从1.1千克降至0.8千克。通过引导居民进行垃圾分类，同时提升垃圾回收设备的回收效率，将回收过程专业化，达到40%的回收率。引进先进技术，通过甲烷化处理的途径将有机垃圾利用率提升40%以上。

4. 废水处理

建立雨水和废水网络分隔系统，提升地表水质。对现有的废水处理厂进行改造，新建生态废水处理厂，在布局上缩短废水收集的距离，降低收集成本；重新利用处理过的废水，如灌溉农业区等；改造提升甲烷化处理设施；在汉江、后官湖等重要湖泊周边，严禁废水排放。

双方博弈
——生态城核心问题探讨

一、构建理想的生态框架体系

（一）强调生态框架的系统性

在概念规划之初，中法双方不约而同地将视野拓展到蔡甸区乃至整个大汉阳地区等更大的范围，从宏观生态系统以及生物多样性的角度来审视生态城的生态框架。首先，从水生态系统来看，中法生态城位于大汉阳水系，其中什湖湿地是联系汉江和后官湖的重要生态要素，因此中法双方都将什湖作为整个生态城的生态核心；其次，从动物迁徙的角度来看，位于中法生态城南部的沉湖湿地和北部的府河都是重要的候鸟迁徙基地，许多候鸟都是通过南北向的通廊进行迁徙，而且基地内许多河渠都是南北流向，为确保生物多样性发展的活动通道，中法双方都十分注重南北生态系统的梳理。此外，中法生态城是主城向西发展的重要节点，既有城镇发展轴也有生态绿楔，中法生态城以汉蔡高速为界，合理划分为生态保护区和城镇发展区，确保整个生态框架的系统性。

（二）确保生态廊道的均衡性

在生态框架确定的基础上，中法生态城内通过若干生态廊道将生态空间渗透到片区、组团甚至地块的内部，确保生态绿地系统的均衡性。中方主张，在集中建设区内通过建设“街头公园、绿化廊道、综合公园”构建层级分明、功能健全的园林绿地系统，实现“1000米见园、2000米见水、山环水抱、城林辉映”的规划目标，其中人均公共绿地大于16.8平方米，人均生态用地大于100平方米，绿化覆盖率大于45%。法方提出，在生态框架所确定的系统性廊道以外，控制了许多200米左右的生态廊道，这些生态廊道主要位于规划建设区，一方面作为生态系统的一部分将生态框架延伸到地块内部，另一方面作为开放空间融合学校、托儿所、运动场地等功能，均衡服务于各个组团。

（三）实现生态空间的复合性

中法生态城在生态空间的形态上表现为“田园中有城市，城市中有田园”。原本规划的生态空间赋予了丰富的功能，集休闲、旅游、科普、生态、经济、防灾等多种功能于一体，全方位地为生态城居民服务，并体现出人与自然的和谐。法方十分注重生态农业在生态空间上的复合利用，例如巴黎郊区农业对于市区副食品供应的功能已不明显，如今农业的主要作用是作为限制城市进一步扩张的藩篱，同时用农业用地把高速公路、工厂等有污染的地区与居住区分隔开，营造宁静、清洁的生活环境。还有一些城市为市民开辟农业用地作为社会福利性质的休闲、观光场所。重视生态和社会效益是生态农业的客观要求和必然取向，也是生态城市的发展战略之一。更为重要的是，生态农业可以消化大量的城市生活垃圾，食物垃圾可作为畜、禽的饲料，其他的有机质垃圾可通过堆肥处理而成为种植业的肥料。这样既节约了农业生产成本，也缓解了城市环境的压力。从其产品来看，生态农业可向生态城居民提供更好、更便捷的绿色食品，而且生态农业是在居民“眼皮底下”进行生产作业，因此居民对生态农业产品会表现出较多的信任。因此，生态空间复合利用的生态意义不仅在于其本身的生态化，更重要的是，它是整个生态城生态系统实现良性运行所不可缺少的重要基础。总之，生态空间的主要功能在于对城市用地进行分隔，有效地改善城市环境，为居民提供接近自然的机会和场所。

二、用地高度混合的探索

（一）混合是城市的本质

行走在城市中，总能有不期而遇的惊喜，而城市的魅力正体现在这种不确定性和复杂性中。自发生长的城市天然具有混合功能的基本属性，这也正是城市丰富的内在原因。

我国自20世纪90年代确立市场经济体制后，经济高速发展带来房地产行业的兴盛。大量旧城改造和新区开发在每一个城市遍地开花，短时间、高速度、大尺度的开发建设打破了原有的城市生长规律。“中国速度”既是奇迹，也带来问题。由于城市大规模开发和管理的需要，单一功能的较大规模地块占据着城市最大的空间。对旧城的改造往往成为新建居住区对原有城市肌理的侵占，原本小尺度街区和丰富连续的城市空间被单一、封闭、排他的居住功能取代。大尺度封闭居住小区强调内部景观，对外往往是围墙和栏杆，割裂城市景观系统，让步行变得枯燥、乏味，形式上的气派取代了多样性的生活气息。人们在享受“高品质”物业管理及生活环境的同时，也失去了城市生活多样性的“烟火气”。

这种功能分区的规划模式和单一功能地块的城市布局引发了诸多问题，如街道失去活力、夜晚商务区的犯罪率上升、居住和工作分离带来的早晚潮汐式交通拥堵等问题。早在20世纪60年代，简·雅各布斯就在《美国大城市的死与生》中对这些现象进行了详尽的描述，而我们仍不可避免的走上了相同的道路。鉴于此，关注和呼吁城市混合功能声音早已有之，在欧洲和北美城市广泛的实践证明，混合功能是创造和保持具有活力和吸引力的、可持续发展的城市环境的重要方式。但是，目前在国内相关专题较少，多数研究集中在高校的学位论文中，且研究内容大多针对国外理论的介绍和国内具体问题和状况的针对性研究，当然实践更是少之又少。

目前，我国使用的是2012年制定的《城市用地分类与规划建设用地标准》，将城市用地划分为2大类，9中类和14小类。这分类方式便于管理和土地交易，但同时也导致了大量单一性质的地块出现，城市被割裂为一块块不同性质，毫不混杂的方块。尽管规定提出了一定的兼容性条件，仍难满足城市在发展中不断变化的动态过程，规划管理中也缺少明确的对于混合功能的鼓励与引导，一方面使得混合功能难以实现，另一方面也导致对控制性详细规划的调整和变更时有发生，不利于维护法律法规的严肃性。

然而，现实生活中混合功能却并不少见。往往有公寓和居民楼出租给小公司或工作室使用，满足了小公司对于租金和地段的需求，也满足了居民的消费需求。特别是随着网络的发展，在家办公成为一部分年轻人的生活方式。譬如不少网络小店并没有实体店铺，卖家的家既是居住场所，也是办公室、仓库等。

时代的浪潮推着我们前行，新时代的发展模式对我们的规划和管控也都提出了新的要求。历史和现在都在提醒我们混合功能是城市的本质之一，宜“疏”不宜“堵”。

（二）功能高度混合的用地规划模式

中法生态城试图打造的是一个具有吸引力的宜居新城，其极具魅力之处在于居民的日常生活大部分能在步行尺度内实现。步行、骑行都是激发活动、提升城市活力的交通方式，鼓励慢行交通方式的一个重要方面就是丰富的街区和街道景观，同时需要便利的城市服务设施，混合用地将很好地实现这一目标。因此在规划编制过程中，方案考虑借鉴法国的土地模式。法国的城市街区功能具有高度混合的特性，居住、办公、商业、娱乐等功能的比重相对平衡，汇流区的业态比例具有一定的代表性，居住占比32%，商业与服务设施占比21%，办公占比29%，基础设施占比18%。有的区域除了社区级的日常服务设施，如餐厅、酒吧、商铺外，还引入了如娱乐中心、演艺厅、酒店、跨国公司等城市级的功能。

国内一直在尝试推进土地的混合利用，但受限于土地出让的模式，主要停留在用地的混合上，武汉市也曾经使用商住混合用地（CR）、住商混合用地（RC）等进行用地性质的控制。生态城总体规划从编制之初就将功能混合作为一以贯之的理念融入了规划。在编制过程中，团队就如何混合、混合比例等问题开展了多方研究。混合用地的核算、统计存在诸多变数。将土地按比例拆分，核算用地比例并不可取，混合用地的用地计算不能以“用地”为对象，因为混合用地的本质是在“土地”上“空间”（用途）的混合。最终我们选择和土地密切相关的，能充分表达功能容量的载体形式——建筑量，按建筑面积比例拆分计算混合用地的比例。

团队尝试打破单一划分的居住、商业、办公等用地规划模式，除部分原有保留和少量居住区外，不再单独布局纯居住用地，代之以3种类型的混合用地，分别是商住混合用地、住商混合用地和一类居住用地，商住混合用地各功能建筑面积占比为：50%办公、20%住宅、20%商业、10%酒店，密度较高；住商混合用地各功能建筑面积占比为：65%住宅、15%办公、10%商业、10%基础设施，为中等密度混合；一类居住用地各功能建筑面积占比为：80%住宅、15%商业、5%基础设施，为低密度混合。三种类型的混合用地中居住、办公、商业、服务设施等功能按照一定比例的建筑量进行混合，实现活力街区及低碳生活。这样一方面有助于城市节点空间的多极化，街区往往可以通过公共设施的建设形成地区中心甚至城市中心，有助于促进大都市多中心、多极化空间结构的形成，提高地区活力；另一方面提供了各阶层人群混合的居住模式及各层次的就业岗位；再者，功能混合提高了服务设施的可达性和便捷性，很多服务设施布局在街坊内或住宅楼底层，使人们的日常生活出行在500米范围内，而且服务设施的出入口、通道往往成为居民相遇、交往的场所，促进了邻里关系。

（三）有重点的布局混合用地

混合用地的布局因地制宜，因需而定。重点布局混合用地的地区主要指那些用地或资源有限、对人气集聚和活跃氛围较敏感以及交通压力较大的地区。在中法生态城中，高密度混合用地主要布局在高铁站及主要干道新天大道沿线，因为公共活动中心区、客运交通枢纽地区，一方面具有敏感的地价分布特点，另一方面又有提升活力的需求，大量配置混合用地对强化节点功能、放大土地价值有帮助；中等密度主要布局在汉蔡高速以南、沿轨道交通区域，实现地区资源更高程度的开放共享，提高资源利用效率；低密度混合区则主要在沿后官湖、什湖区域，在生态城内重要生态资源周边进行低密度开发，保护生态。

同时，针对部分对混合用地的需求不那么紧迫的地区，降低混合度以维持空间秩序，如成片的工业仓储用地、行政办公及教育用地等。

（四）建立适应混合功能建设的运作机制

为实现适应混合功能建设的运作机制这一目标，必须在现有管理体系下建立一套中法生态城的城市规划体系和建设运作机制，通过行政体制与统筹协调探索一套行之有效的实现方法。在下步的实施中，生态城仍有许多待解决的问题：如建立完善高效的政府引导机制，加快制定与混合功能开发建设相适应的法律法规，对相关规划管理人员进行培训，提高政府决策能力和管理水平，探索鼓励混合功能建设机制，提倡有利于混合功能建设的社会生活方式以及在规划编制、土地拍卖和方案公示等阶段如何积极引入公众参与机制等。

城市混合功能是一个复杂的系统，涉及政治、经济、社会、文化等诸多方面的问题，城市规划领域可以分配的最重要的社会资源是城市土地开发权以及在城市土地使用关系上建立起来的各种城市空间关系。当前社会大众的觉悟在不断提高，对规划和城市发展决策对城市生活的影响也具有了更多的认知。城市的理想与现实时刻困扰着我们：每个人都知道好的城市是什么样子，每个人也都会指出现在的城市有这样或者那样的不足之处，然而“如何才能造就美好的城市”却一直没有一个明确的答案，对于理想城市的具体内容也难以达成共识。但混合功能带来的城市活力与多样性在城市发展的历程中得到了反复的验证，必能成为解决当前城市危机，促进构建和谐社会，促进城市可持续发展的有效途径之一。同时混合功能（包括混合功能的比例与结构）也不是一成不变的，城市混合功能的状态应该随着城市的经济、社会、文化等方面的不断发展，保持着动态的平衡。

中法生态城试图在这方面做出一些新的改变，为建设宜居城市，促进城市健康的、可持续的发展提供一条值得借鉴的道路。

三、坚守绿色交通发展宗旨

城市交通出行量日益增长，中法双方都认为只有采取绿色交通发展理念、功能高度混合的用地、高密度路网、发达的公交网，并控制机动车出行量，才能让生态城走上可持续发展的道路。并提出可持续交通出行目标：小汽车综合出行率≤15%，对外交通小汽车出行率≤20%，内部交通小汽车出行率≤10%；公交发展目标：布局有轨电车线路；公交站点300米覆盖率达100%，500米覆盖率达75%；打造人性化的街区尺度，实现自行车网络密度≥12公里／平方公里，步行网络密度≥15公里／平方公里。

（一）交通干道为生态发展降级

现阶段中法生态城范围内道已形成了“三快三主”路网骨架系统，区内次支路建设尚未启动，轨道4号线已形成，区内设黄金口站，可连接武昌火车站、武汉火车站（图4-1）。现状存在的问题主要有：既有干路对生态城用地的分割较明显，新天大道交通压力大且功能混杂。

生态格局是生态城发展的立足之本，但是，生态城内确立的生物多样性中心和生态廊道与多条城市道路产生冲突。为此法方提出在部分道路边缘设置隔音墙。为避免东西向琴川大道对南北向生态廊道产生的严重阻隔，甚至提出取消拟建琴川大道东延线，保证动物迁徙通

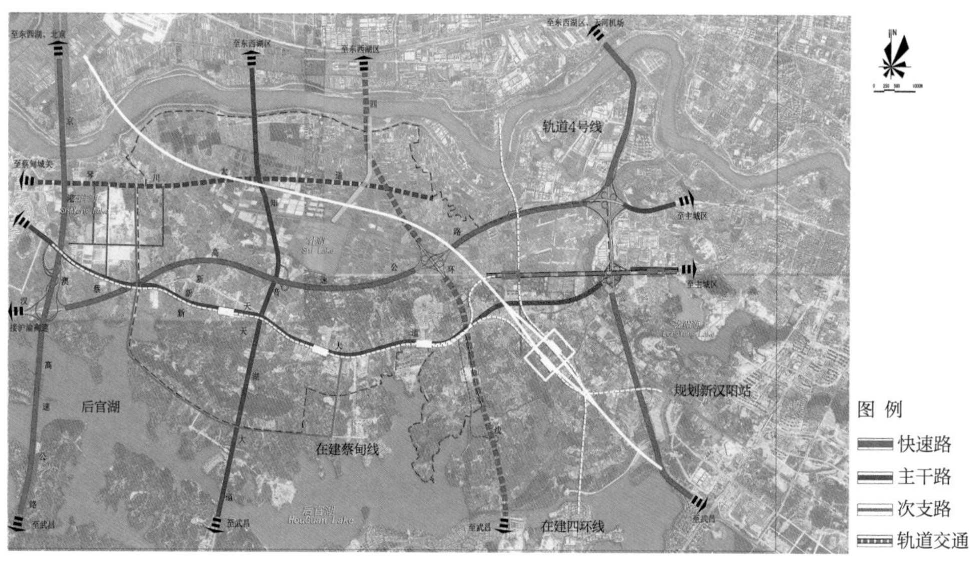

图4-1　现状道路交通条件分析

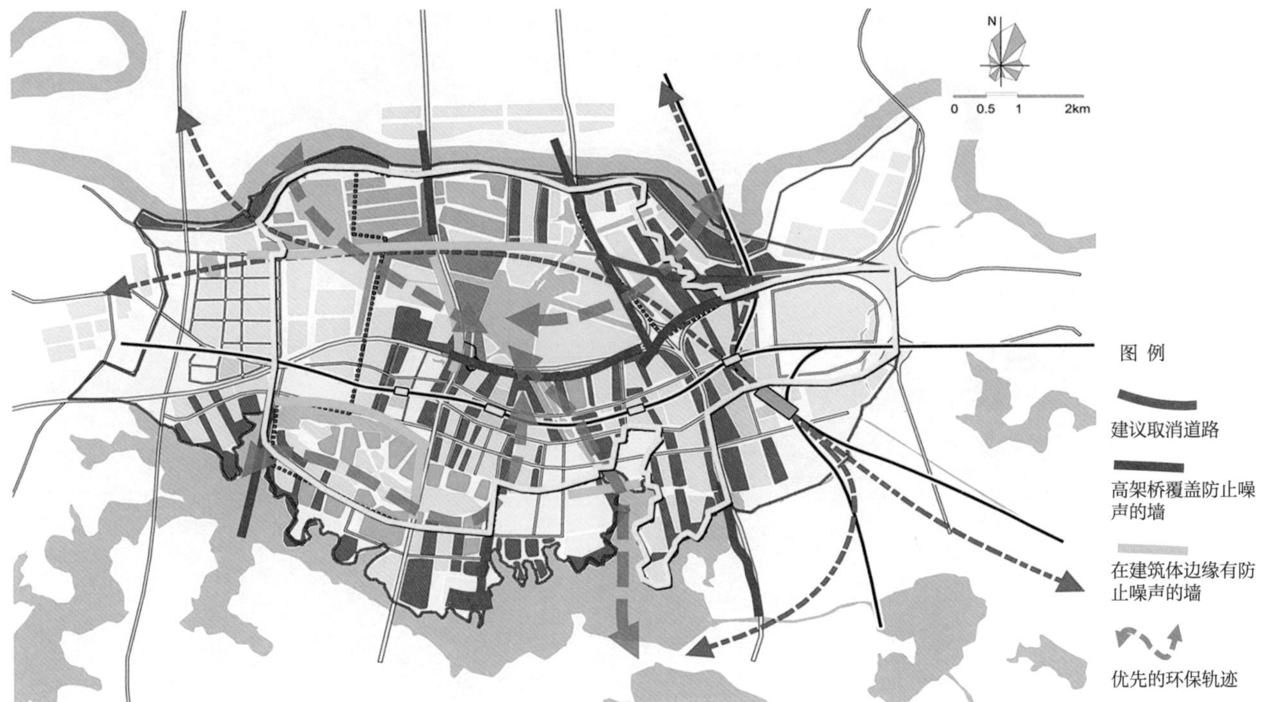

图4-2 法方提出的生态框架与城市道路

道（图4-2）。中方建议保留向东延伸与主城区连通的可能性，琴川大道西段已建成，不宜形成断头路，若就近与四环线衔接，四环线为高速公路，主要功能为货运，与琴川大道衔接反而可能给什湖地区带来过多过境车辆，甚至是货运车；若琴川大道与四环线地面辅道相接，对什湖与汉江之间的生态链接仍旧会产生影响。根据交通预测，未来汉蔡高速的交通流量非常大，仅仅承担东西向过境交通流的压力已经很大，因此中方希望能够保留琴川大道与主城区间的连通可能性，将道路机动车功能降级，定位为什湖地区的交通到发次干道，以公交、慢行功能为主。

（二）基于需求控制的小汽车停车指标

对非绿色交通方式——小汽车使用的限制，还体现在机动车停车场规划上。中方与法方在多次正式的讨论会中发生过对峙性的争论，中方认为新区建设条件好，中国目前机动车拥有量日益增长，应该按照高标准配建停车位数量，而法方则坚持生态城立足“绿色交通”发展模式，停车需求的控制是限制小汽车使用的根本。直至一次高级别的讨论会上，时任法国驻武汉总领事马天宁先生言辞恳切而又激烈地向我们陈述了法国相关发展经验，提出中法生态城若不从源头上限制机动车拥有量，那么所谓的“生态”毫无立足之地，一切都是空谈。随后，武汉市国土资源和规划局组织专家团队对停车问题进行了专项讨论研究，最终确立生态城坚持实施停车需求控制策略，从设施供给源头上限制机动车拥有量，控制机动车使用，引导绿色出行方式。

一方面严格限制机动车停车场用地规模，只在生态示范城4个出入口方向、轨道站点周边布置“P+R”大型公共停车场6个，什湖出入口预留大型机动车停车场两处，实现对来访机动车流的有效截流；其他区域不再布置机动车公共停车场；另一方面，降低住宅停车配建标准，控制小汽车拥有量，按武汉市现行停车管理规定中的低配标准（二环线与三环线之间标准）配置。

（三）“近而不进”的新汉阳站

新汉阳站的选址布局对于中法生态城的空间布局至关重要，因此前期研究阶段开展了多轮新汉阳站的线站方案布局研究。主要分为两个阶段。

第一阶段：充分考虑生态环境与用地影响的选址论证

概念规划阶段，充分考虑对生态环境、用地布局间的相互关系，遵循以下四个原则：一是按照生态城的功能定位，提出站点与生态环境充分融合理念，尽量减小对生态敏感区如现状湖泊、山地的影响；二是站点周边有一定的可利用地，可双侧设站，同时满足站点及周边地区的综合开发；三是与轨道交通11号线、4号线，武天、武潜城际铁路接驳方便；四是基本满足铁路线站技术标准要求。基于上述思考，规划提出三个站点和线路方案（图4-3）。

方案一：高罗河地下站（图4-4）。高铁站设置在高罗河绿廊，采用地下站建设方式，生态城范围内的进出线、城铁线均采用地下隧道建设方式，保留地面什湖—高罗河—后官湖的水系景观，建议站台层设在地下，站厅层仍考虑设置在地面层。该方案优势体现在，生态环境影响小，自然水系景观得到完整保留；对用地分隔影响小，有利于用地的空间布局；与

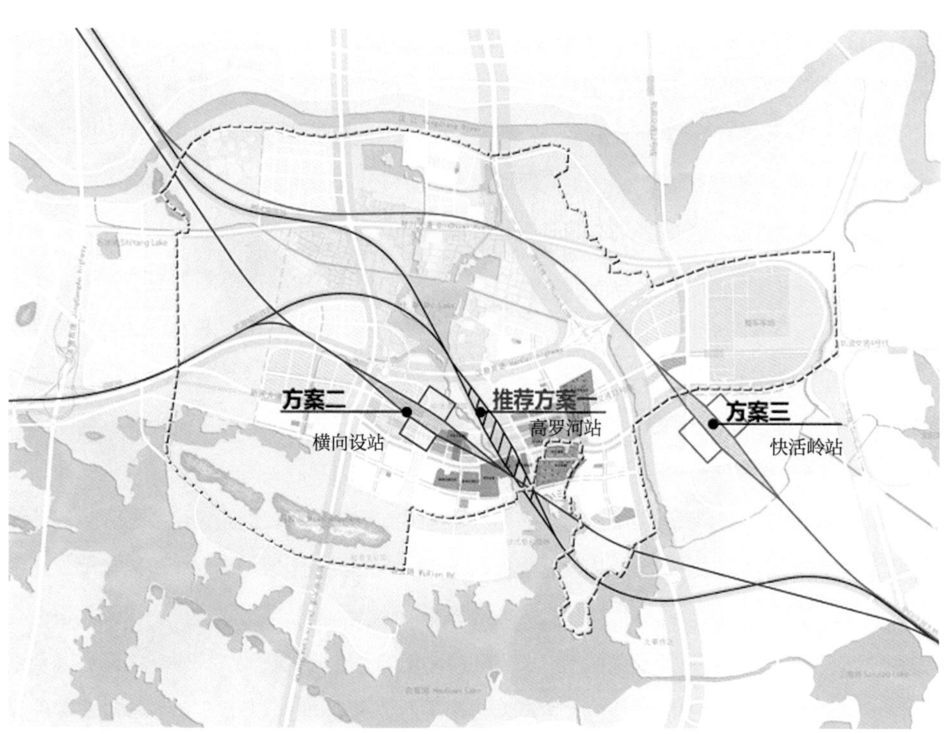

图4-3　前期研究新汉阳站选址方案

图4-4　前期研究新汉阳站布局意向

轨道线接驳顺畅。同时存在一定劣势，工程建设难度较大，投资高；与轨道站（已确定为轻轨）的竖向换乘不便；线形转弯半径不能满足过站列车线的车速要求。

方案二：横向设站方案。该方案优势体现在铁路线形充分满足车速要求。不足之处在于站点与既有干道为斜交，对建设用地布局影响很大，同时北广场可建设用地不足。

方案三：快活岭方案。该方案优势体现在铁路线形充分满足车速要求；对中法生态城的用地布局影响较小。不足之处在于站点临近城市生态底线区，周围可建设用地不足；与轨道线接驳不畅，且与中法生态城有一定距离。

这一阶段，综合考虑生态环境、用地布局影响、交通衔接等因素，因此推荐方案一，即高罗河地下站方案。意图以高铁枢纽为核心，塑造功能复合的高品质公共服务中心和生活服务中心，打造集商业商务、文化旅游、休闲娱乐于一体的站前核心区，展现中法生态城门户形象。

第二阶段：中法双方合作下的定稿方案

中法生态城总体规划之初，法方明确表态中法生态城选址于此的前提条件是紧邻新汉阳站，要求尽快稳定火车站选址布局。同时提出快活岭北站址方案（图4-5）：缩小线站规模，将快活岭站址北移，与周边用地紧密结合布置。该方案提出，根据TOD的原则进行开发的这个火车站将在城市项目的框架下进行总体整合，可由各个方向进入站区，并与各集中建设组团紧密连接。火车站位于商业中心，为最大站点，集中了全部的交通方式，可作为生态示范城的入口。

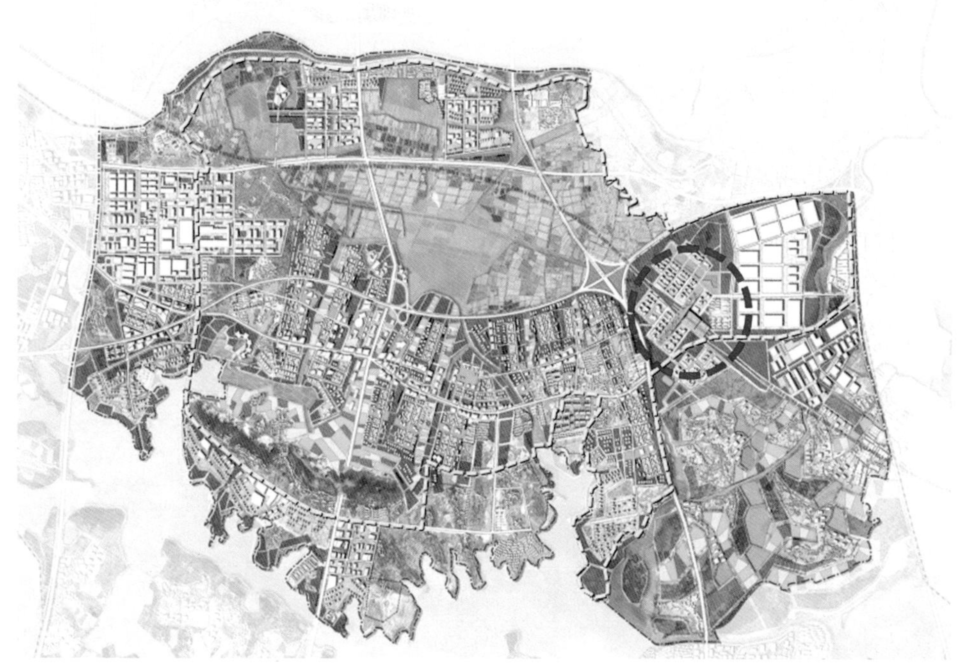

图4-5 法方提出高铁站站址方案图

与此同时，中方进一步与铁路部门深入咨询交流，铁路相关设计部门对前期研究阶段设想的高罗河地下站方案提出建设资金方面的担忧，另一方面，随着规划研究的进一步深入，我们渐渐认识到新汉阳站落址生态城核心建设区确实存在一些不利影响，站点带来的大量过境车流和人流，需要新增大量城市主、快速道路进行疏散，与生态示范城“生态、低碳”的发展理念不符；在中国目前的环境下，高铁站点带来的大量的流动人口对站点周边地区环境品质也有一定影响，因此也倾向于将选址位置调整至快活岭区域。

因法方提出站点线路规模、线路转弯半径不能满足我国相关规范要求，针对站点的具体布局方案双方曾争执不下，经过数次沟通和探讨，在既保证新汉阳站与生态城的便捷联系，又要避免对生态城的环境造成过大影响的目标前提下，更要充分考虑中国火车站高峰期客流过大的特征，保证线站设置满足中国铁路运输的需求，确保可实施性，提出以下站点布局原则：

（1）“近而不进”中法生态城；

（2）与区域铁路网衔接（基于大铁网络规划，东南、西北两端接线已基本固定线路，西北接汉丹线，东南沿白沙洲南过长江）；

（3）充分尊重现状，包括已建用地、轨道、城市干道以及地形地貌（见图4-6，选址区域已建成新天还建、董家店还建、七村一场还建等社区；现状交通：周边已形成三环线、汉蔡高速、四环线以及新天大道等城市干道，以及轨道交通4号线黄金口站）；

（4）尽量减小线站设置带来的环境影响；

（5）满足铁路线、站设置相关技术要求（站台规模：预计11站20线；站台占地面积：长×

宽大约为2800m×250m；高铁线路设计车速：350km/h；线路最小转弯半径：线路最小转弯半径R≥3000m）；

（6）充分考虑与城际铁路、轨道交通、高快速路网的衔接。

最终确定快活岭优化方案（图4-7）。

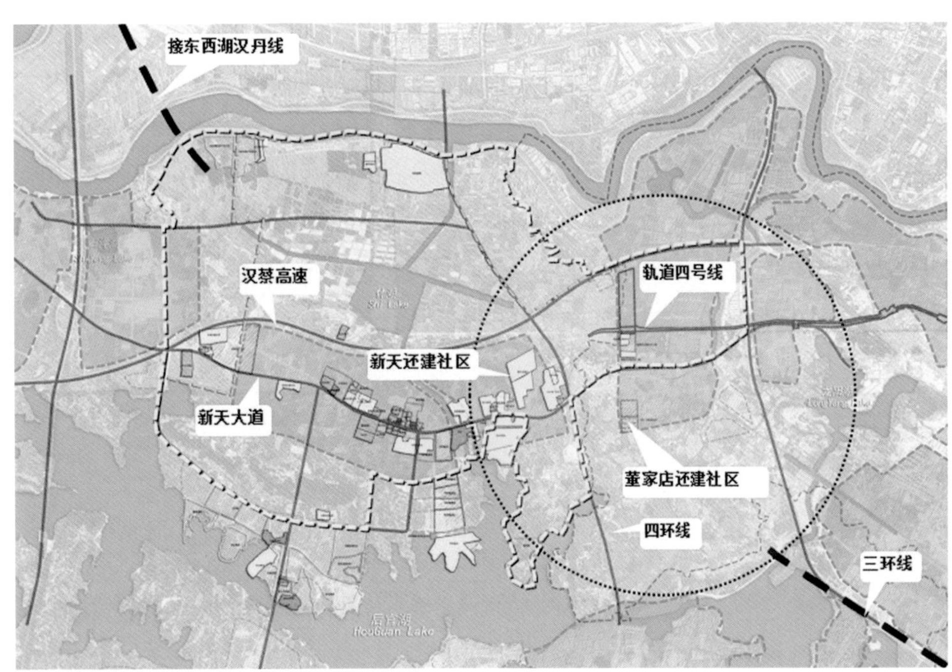

图4-6　快活岭站址选址基础条件图

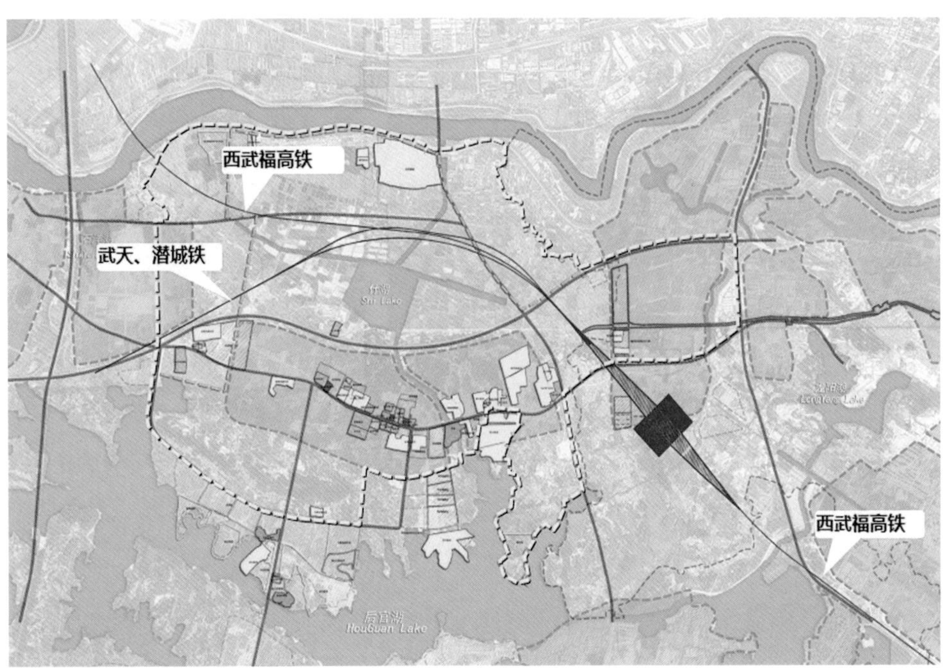

图4-7　快活岭站址推荐选址方案图

四、建立绿色的市政支撑系统

市政基础设施是城市发展的基础，是保障城市持续运转的关键性设施。通常的市政基础设施是指公路、桥梁、下水道、公用设施线路、硬质化地面等，即所谓的“灰色基础设施”，它主要由交通、给水、排水、燃气、环卫、供电、通信、防灾等各项工程系统构成。这种市政基础设施往往功能单一，建设投资巨大，运行过程消耗大量能源，且会造成人与自然的隔绝，从长远来说是非可持续发展的。作为理想的生态城，应该是与自然环境共荣共生的，应该是一个资源节约、环境友好的城市，换言之，就是能源消耗少，碳排放量小的城市。因此，生态城的市政基础设施建设应摈弃传统的灰色基础设施系统，采用绿色与灰色相结合的基础设施体系。绿色基础设施（GI: Green Infrastructure）是指一个相互联系的绿色空间网络，由各种开敞空间和自然区域组成，包括绿道、湿地、雨水花园、森林、乡土植被等，这些要素组成一个相互联系、有机统一的网络系统。该系统可为野生动物迁徙和生态过程提供起点和终点，系统自身可以自然地管理暴雨，减少洪水的危害，改善水的质量，节约城市管理成本。中法武汉生态示范城在前期研究中即注重绿色基础设施的运用，立足于开展多种生态建设的示范，旨在建立个人与自然和谐共生的城市。

（一）径流污染的合理控制示范

中法生态城应用海绵城市建设理念，推进城市雨水综合管理（图4-8）。对所有建设项目，通过采用与景观结合的渗透、过滤、蒸发、滞留、调蓄等生态化措施，达到控制雨水径

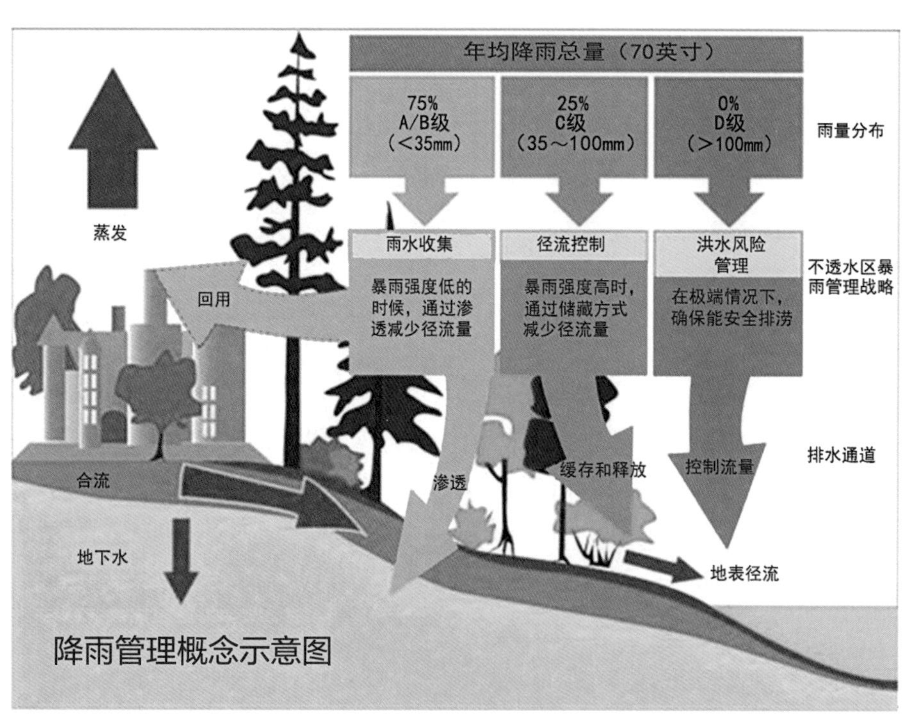

图4-8　城市雨水综合管理示意图

流的目的，最大程度减小项目开发对环境的干扰。已建小区对建筑屋顶、小区道路及地面停车场进行改造，采用绿色屋顶、渗透铺装和绿色停车场，减小雨水径流量和径流污染；新建小区建设下凹式绿地、植被浅沟、雨水花园等绿色雨水基础设施，降低综合径流系数，控制开发建设后的雨水径流量不超过开发前。

（二）物质能源的循环利用示范

物质能源的循环利用示范包括水、能源、垃圾三个方面。水方面采取低影响开发模式，推进水资源的优化配置和循环利用，通过集水、净水、亲水三阶段目标的实现，构建一个安全、高效、和谐、健康的水系统。集水就是污水集中处理，达标排放，雨水有序排除，部分收集回用，为近期需要达到的基本目标；净水就是提升污水处理水平，满足中水回用要求，同时利用人工湿地等生态工程设施进行水环境修复治理，并纳入复合生态系统格局，为中期目标；亲水就是通过水景观建设，创造宜人亲水环境，营造“水清可游、岸绿可闲、街繁可贸、景美可赏、人在城中、城在画中”的水乡风光，满足人们回归自然的亲水需求，为水系统建设的终极目标（图4-9）。

能源方面应充分利用新能源技术、绿色建筑技术及绿色交通技术，加强能源梯级利用，降低能源消耗，增强居民节能意识，提高能源使用效率；通过能源中心以及生态基础设施和建筑新能源技术的开发与应用，减少能源需求，促进高品质能源的使用，增加可再生能源、清洁能源的利用率；优先发展可再生能源，形成与常规能源相互衔接、相互补充的能源利用模式，构建安全、高效、可持续的能源供应系统（图4-10）。

垃圾方面应采用一体化、高效的资源利用与废弃物管理模式，完善废弃物分类收集和无害化处理系统，建立物质循环利用体系，在社区培养废物循环利用的文化与生活方式，通过源头减排分类、中间资源回收和终端无害处置等措施来实现垃圾的减量化、资源化和无害化，满足环境友好发展要求（图4-11）。

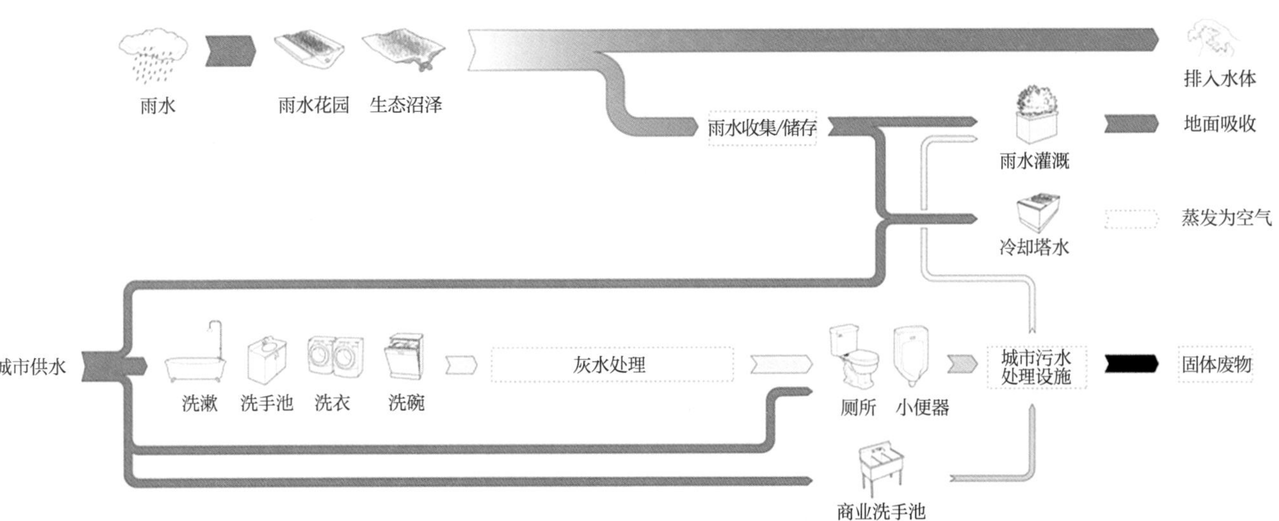

图4-9　水资源循环利用模式

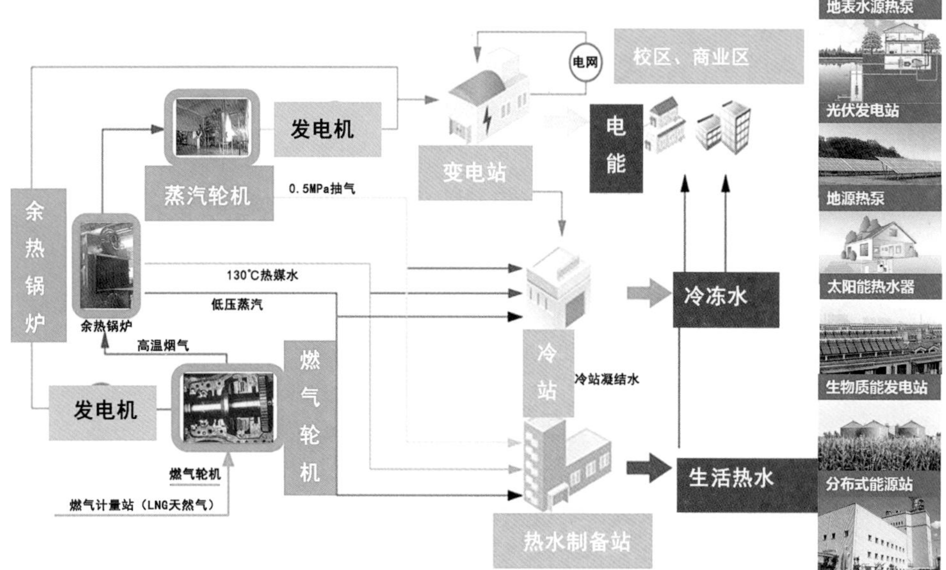

图4-10　能源可持续供应示范流程

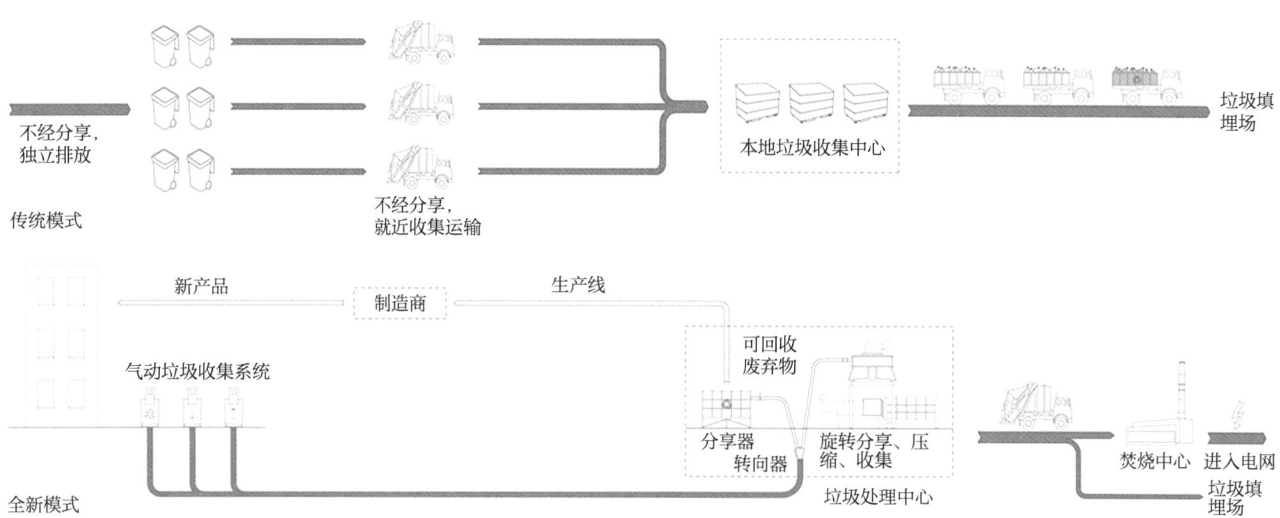

图4-11　垃圾收集与处理新旧模式对比

（三）低碳环保的基础设施示范

低碳环保的基础设施示范主要体现在两个方面。

一是绿色雨水基础设施的应用（图4-12），可分为场地、居住小区或园区、区域或流域等不同应用层次。场地层面的技术措施有绿色屋顶、雨水桶/罐、初期弃流装置、下凹式绿地、雨水花园、渗透铺装、植被浅沟等。绿色屋顶对建筑屋顶的雨水减量、截污具有多种环境效益；雨水桶/罐是收集场地雨水进行直接利用，初期弃流装置是对场地内各种源头汇水面的雨水径流截污、弃流；下凹式绿地和雨水花园都是具有景观功能的生物滞留设施，下

图4-12　绿色雨水基础设施

凹式绿地以渗透功能为主，雨水花园有渗透、净化等多种功能；渗透铺装可对多种硬化汇水面径流进行源头减量、截污，植被浅沟兼具径流输送、净化和渗透等功能。居住小区或园区层面的技术措施有绿色停车场、绿色街道/公路、小型雨水湿地、生态景观水体等，绿色停车场用于停车场的设计和改造，是渗透铺装、雨水花园和下凹式绿地等措施的组合应用；绿色街道/公路用于社区街道和城市公路的设计与改造，是渗透铺装、下凹式绿地和植被浅沟等措施的组合应用；小型雨水湿地是针对小区域的雨水集中净化的措施；生态景观水体是在小区内应用的集中调蓄措施，具有良好的景观和环境效益。区域或流域层面的技术措施有滨水生态景观带、生态走廊和生态公园、自然保护区大中型雨水塘和湿地等，滨水生态景观带是对硬化河道堤岸进行改造，具有截污、净化和景观等多种功能，生态走廊和生态公园是较大绿化区域内多种技术措施的综合应用，兼有景观、环境、生态、经济、社会等多种效益，自然保护区大中型雨水塘和湿地是对较大范围内的雨水径流进行集中调蓄、净化。

二是生态农业技术的应用。农业是蔡甸区目前的支柱性产业，以渔业禽畜养殖、莲藕蔬菜谷物种植和水果栽培为主。传统农业功能比较单一，由于施用大量农药化肥，且对禽畜粪便、农作物秸秆等农业垃圾的处置不当，会带来大量农业面源污染和其他环境污染。法国是生态农业大国，未来生态城将引进法国先进的农业生产模式，发展屋顶种植、垂直农场、太阳能共享等生产方式，同时结合中国乡村的实际情况，发展生态观光农业和休闲农业，拓宽农业上下游产业链，发展循环经济，有效利用农业废弃资源，降低农业面源污染和其他环境污染。

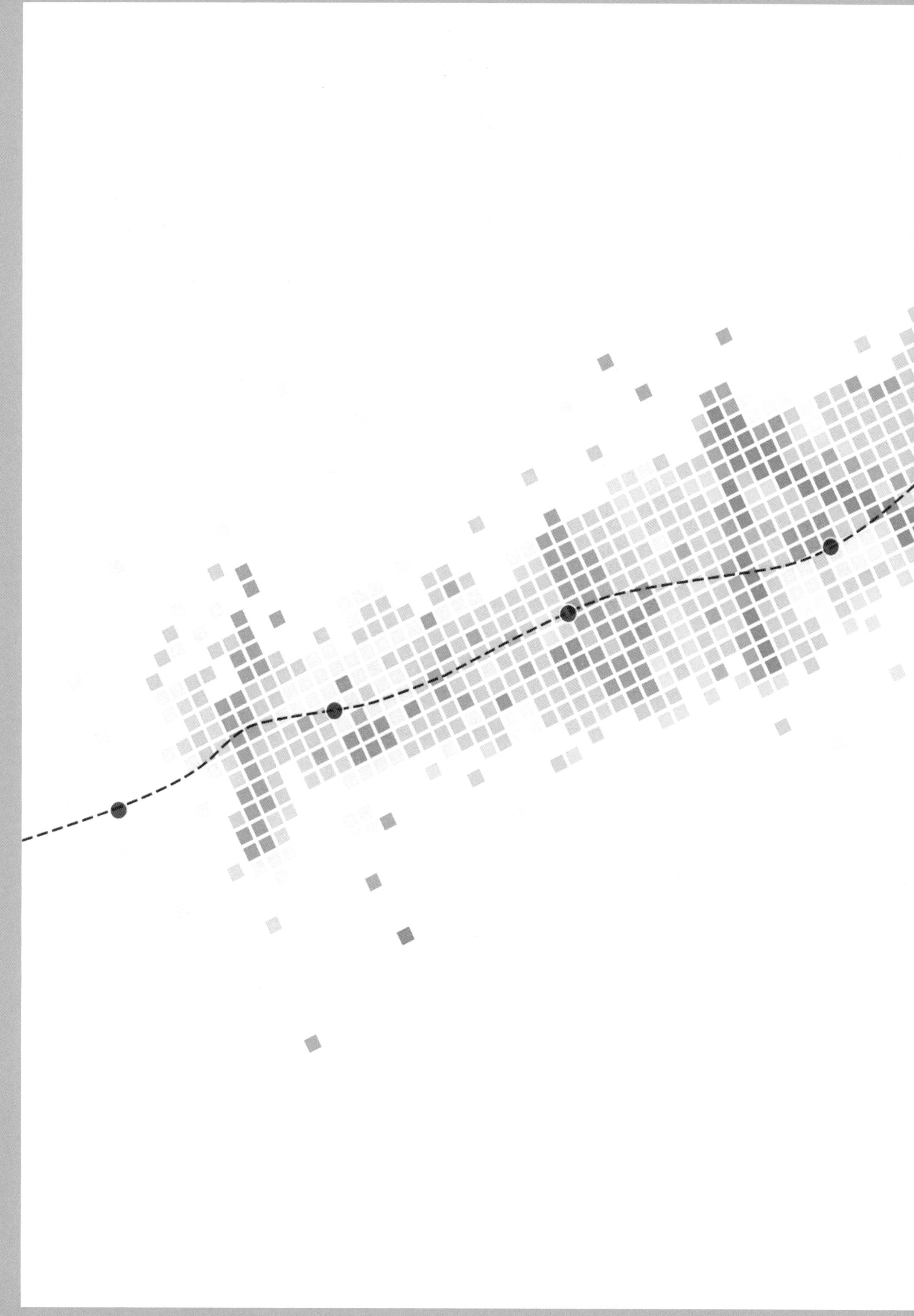

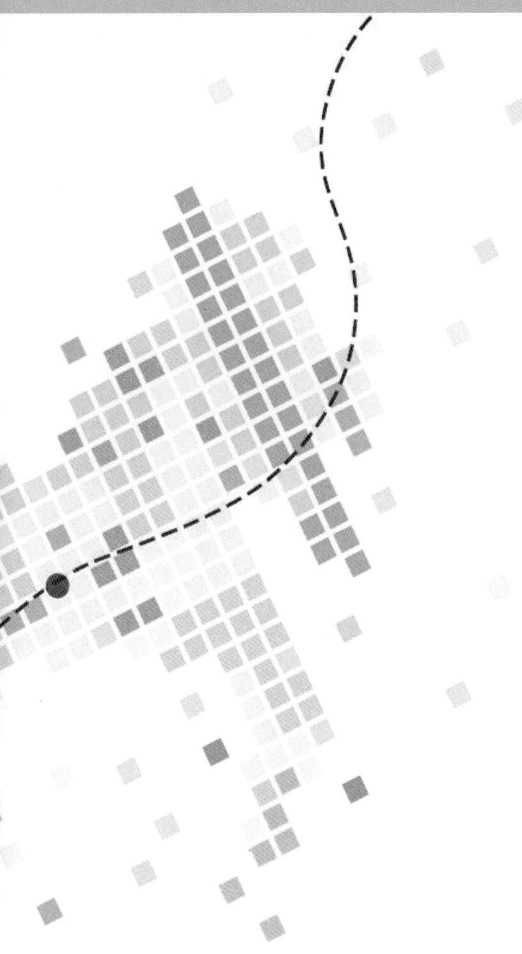

总体规划篇

Master Planning

始于京都，经哥本哈根，在巴黎相遇。中法武汉生态示范城作为发达国家与发展中国家探索解决全球气候环境问题的实践性合作项目，在巴黎世界气候大会上展现出了中法双方推行低碳理念，缔造人类命运共同体的诚意。

我们通过理念和思想的磨合，创意和想法的碰撞，利益和诉求的博弈，无数次的面对面，摈弃分歧、强化共识，走向全面而深入地融合，不断呼应《中华人民共和国政府与法兰西共和国政府关于在武汉市建设中法生态示范城的意向书》提出的“将该项目建设成为城市可持续发展方面的典范”，共同向全世界讲述一个与生态发展有关的故事。

定位与创新

——思想的共识与融合

中法双方经过了前期研究阶段的思想碰撞，通过跨国联合共同构建了多学科交叉、中法理念共融的“6+6”综合工作平台。中方技术团队由武汉市国土资源和规划局以及生态城管委会共同组建，由武汉市规划研究院牵头，共六家设计机构组成；法方技术团队由法国开发署组建，由阿海普公司牵头，共六家设计机构组成。双方形成联合工作团队，共同开展了规划、生态、经济、交通等六个方面共十个专题研究，先后开展了九次深入技术对接，分歧一点点消解，在更多的共识中形成了双方均认可的总体规划成果。因其中外合作的背景、所在的新时代和所处的区位环境，中法生态城的定位和目标在设立之初便具有一定的特殊性和复杂性。中法双方共同而明确的努力方向使得中法生态城具备了“天时、地利、人和”的条件。

2014年3月26日，在中法两国元首的共同见证下，中法双方政府代表在巴黎签署了《中华人民共和国政府与法兰西共和国政府关于在武汉市建设中法生态示范城的意向书》。意向书指出，两国政府意识到双方在城市可持续发展、环境保护和应对气候变化方面面临的挑战，鉴于中国在“十二五规划”（2011～2015年）目标中探索可持续发展城市化模式的意愿，鉴于法国正在实施能源及环境过渡计划，并于2015年在巴黎举行《联合国气候变化框架公约》缔约方会议，鉴于中国和法国在新领域，特别是在城市可持续发展领域深化合作的共同承诺，双方一致协议认为中法武汉生态示范城项目，是将中法两国在城乡规划设计、建造和管理领域的可持续发展技术和经验运用于示范城建设中，应贯彻低碳生态和产城融合发展的理念，注重可再生能源利用和生态环境技术，突出低碳交通体系和绿色建筑应用，促进发展高技术研发创新，建设中法科技谷。双方遵循上述目标和原则，致力于将该项目建设成为城市可持续发展方面的典范。

回观国内，中法生态城的发展理念与“十三五”规划提出的“创新、协调、绿色、开放、共享”五

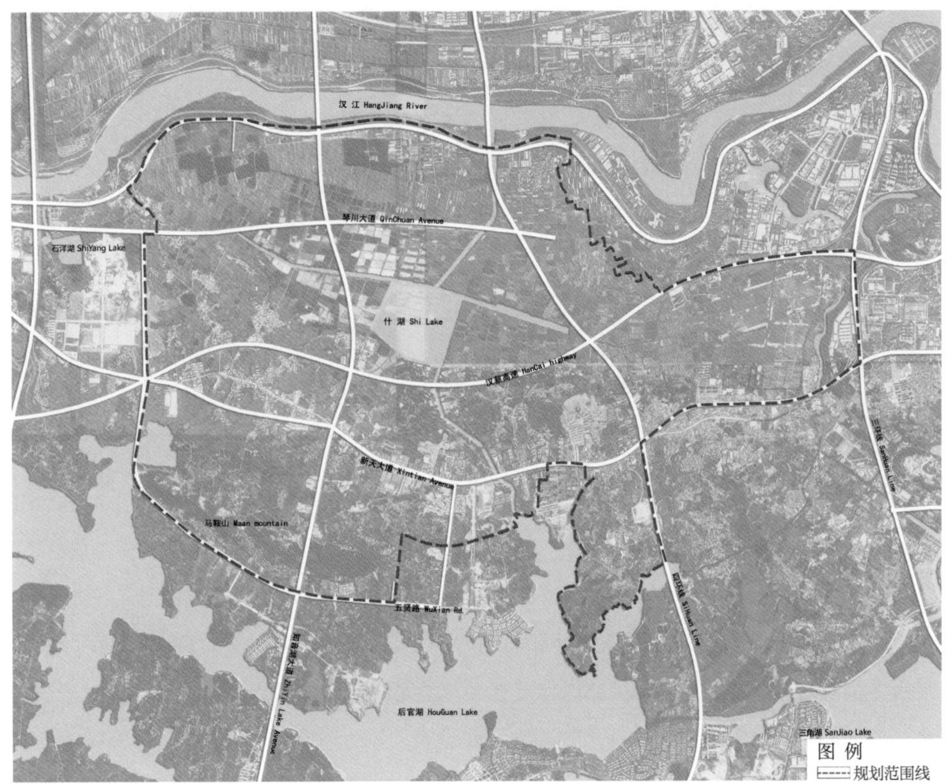

图5-1　中法生态城规划范围（中法生态城北抵汉江、南至马鞍山及后官湖生态绿楔、西达凤凰山产业园、东接三环线，总面积约39平方公里）

大发展理念高度吻合，同时也与国家大力推进的生态文明建设进程相一致。2015年12月召开的中央城市工作会议中明确要把握好生产空间、生活空间、生态空间的内在联系，实现生产空间集约高效、生活空间宜居适度、生态空间山清水秀。要强化尊重自然、传承历史、绿色低碳等理念，将环境容量和城市综合承载能力作为确定城市定位和规模的基本依据。2016年1月召开的推动长江经济带发展座谈会上再次强调，推动长江经济带发展必须从长远利益考虑，走生态优先、绿色发展之路，当前和今后相当长一个时期，要把修复长江生态环境摆在压倒性位置，共抓大保护，不搞大开发；自觉推动绿色循环低碳发展。有条件的地区率先形成节约能源资源和保护生态环境的产业结构、增长方式、消费模式，真正使黄金水道产生黄金效益。中法生态城有条件、也有必要成为“十三五规划”中的“五大发展理念”在武汉市的先行区，响应国家长江中游城市群建设、探索内陆开放合作和新型城镇化的典范，并统筹生产、生活、生态三大布局，成为提高城市发展宜居性的典范（见图5-1）。

一、四个层面定位生态城

在充分尊重《中华人民共和国政府与法兰西共和国政府关于在武汉市建设中法生态示范城的意向书》要求基础上，按照国家发展和武汉城市需求，借鉴法国的先进理念和经验，结合中法武汉生态示范城独特的区位、产业和环境资源特征，遵循创新发展、协调发展、绿色发展、开放发展、共享发展的理念，确定中法生态城的发展定位为：

发展中国家应对环境保护问题的可持续发展示范区；

我国长江经济带生态优先、绿色发展的宜居新城典范；

具有国际知名度和高吸引力，承载高附加值和知识经济的大武汉增长极；

中法技术合作和文化交流的平台。

二、五大发展理念导向的发展目标

生态城规划目标为创新产业之城、协调发展之城、低碳示范之城、中法合作之城、和谐共享之城。

（一）创新产业之城

基于创新发展理念，发展高新技术研发创新，推动产业转型与升级，并于汉江南岸打造融合中法双方理念和经验的中法生态科技谷，助力武汉市全面创新改革试验区的探索和建设。一是适应世界产业转型和升级的趋势，实现从“劳动密集型—资本密集型—技术（知识）密集型”的转变和升级；二是完善产业链，引导产业向前端研发设计和后端品牌培育的延伸，实现二、三产联动、产销和产学研协同发展；三是符合中法生态城新型产业的功能定位，强调生态产业，大力发展生态环保产业、创新及研发创意产业；四是满足产城融合、职住平衡的要求，促进产业与城市的同步发展。

（二）协调发展之城

基于协调发展的理念，重点促进城乡区域协调发展，促进经济社会协调发展。一是强化与蔡甸城关、四大板块乃至主城区空间协调发展。中法生态城位于大车都板块及大临空板块的衔接点，需融入区域体系，与蔡甸城关、沌口产业园、常福产业园及东西湖产业园等地的职住平衡、产业联动、交通基础设施一体化、公共服务设施共享化等方面形成互为补充。同时中法生态城位于大车都板块“一主两翼”发展结构中的沿汉江产城发展翼，充分发挥法国在汽车产业方面的技术优势，联动沌口汽车生产基地，有助于完善汽车产业链，提升大车都板块产业能级，优化产业结构，丰富产业类型；二是促进社会经济环境协调发展。中法合作建设生态城的宗旨就是要实现人与人和谐共存、人与经济活动和谐共存、人与环境和谐共存，运用生态经济、生态人居、生态环境、生态文化、和谐社区、科学管理的新理念，建设“社会和谐、经济高效、生态良性循环的人类居住形式”，构建自然、城市与人融合、互惠共生的有机整体，成为可持续发展的范例。中法生态城应当在土地利用、交通模式选择、生态环境保护与恢复、可持续能源和资源的开发利用、城市建设组织等各个方面进行探索，成为探索新型城市规划建设模式的典范。

（三）环保低碳之城

基于绿色发展理念，推动建立绿色低碳循环发展产业体系，并在低碳交通体系、绿色市政、绿色建筑等方面应用落实，践行美丽中国理念，主要体现在生态、绿色、低碳等三个层面。在生态层面，在充分尊重自然的基础上留足生态空间，改善生态环境，优化生态格局，实现保护与利用的相互协调；在绿色层面，提倡科技与创新，促进产业结构优化与升级，通过功能混合实现片区内的职住平衡，构建舒适高效的交通体系，实现交通绿色人性化；在低碳层面，遵循循环经济，推广新能源、新材料的利用，通过绿色建筑、绿色市政等实现低碳的发展目标，倡导以人为本的慢行交通出行方式，引导交通主体选择低碳出行。

（四）中法合作之城

基于开放发展理念，积极推动中法两国在各领域全方位的交流和合作。一是充分学习与借鉴法国先进的生态技术、方法与理念。在法国争当全球“生态先锋”的探索之路上，法国企业和研究机构在生态城市的规划和建设方面积累了珍贵的经验和专业技术。法国以发展生态低碳经济为环保战略的核心，在“经济低碳化”上走在了欧洲乃至世界前列。我国在与法国合作过程中应广泛吸纳法国涉及城市规划、建筑、交通、住房、能源效率、水务管理、垃圾处理、供热管网管理、城市照明、城市环境影响检测等多领域的新技术发展，融合中国发展特色，搭建中法国际技术交流与合作的平台。二是充分融合中法两国文化元素和人文因子。将法国文化中最典型的优雅、自由、浪漫与本地域的知音文化相结合，创造“浪漫知音、天涯比邻”的独特文化氛围。

（五）和谐共享之城

基于共享发展理念，强调建设成果人人共享，保障居民公共利益。一是完善公共管理与公共服务设施的布局，优先落实区域性、公益性公共服务设施，形成“新城中心—社区中心—小区中心—邻里中心”四个层级的公共服务中心体系，并在社区中心建设“一站式社区服务中心”，提供均衡的商业空间、原住民的就业培训设施和多样化全覆盖的配套服务，保证居民生活便捷和城市运营管理高效；二是控制大量生态区，控制一定数量公园，并保证可达的步行距离，为居民提供良好的生活环境；三是引导城市功能业态和居民的混合，塑造有活力的城市。

特立独行的个性逐渐演变成相融相洽的特色，高度融合的规划理念、方法、管控和产业经济使得总体规划在各方面均有创新，本书对主要的创新点进行梳理总结，希望能够起到更为积极而广泛的示范作用。

三、创新与特色

（一）规划理念：绿色、生态、低碳

一是以水安全格局及生态承载力为刚性约束条件，确定用地及人口规模。通过核算100

年重现期标准下排涝能力，明确建设用地规模上限；通过自然植被净第一性生产力估测法、生态足迹法以及碳氧平衡法来计算生态城的环境承载力，确定人口总量上限。确定至规划期末，2030年生态城人口达到20万人，建设用地规模为17平方公里。

二是基于生物多样性保护、地域水环境特色，形成以足量生态空间为基底的空间结构。对基地内不同的生境类型进行区划和分级，包括目标物种类型、保护区规模、功能及管治，从微观角度确定生态关键点和生物迁徙廊道；尊重既有山水资源，通过退塘还湖、水网连通及水生态修复重建等措施，构建地区良好的水生态环境，划定生态保护红线和城市增长边界，实现“两线三区”的全域空间管制。

三是量化绿色出行指标，构建高密度路网、多层次公交体系。总体绿色交通出行比例不低于90%。对外形成“高铁三轨四快”的对外交通系统；内部采取“密路网、小街区”模式，优化调整现有主、次干路功能，以公交和慢行为主；公交体系形成“轨道交通为主体，BRT为骨干，常规公交为基础，社区巴士为补充，水上公交为辅助”的高密公交网络，实现轨道、公交站点500米覆盖率分别达70%、100%。

四是构建持续高效、绿色生态的市政支撑系统。应用太阳能、地热能、水源热能、生物质能、分布式能源站等多种新能源技术，构建高效的能源供应系统；应用海绵城市理念，实现污水的资源化利用；建立基于物联网技术的垃圾分类收集系统，最大限度满足垃圾的减量化、资源化、无害化处理需求。

五是基于一体化实施的生态技术应用策略。通过性能评估和定量指标监控，制定生态城水、能源、垃圾的一体化实施路线图，保障生态技术落地。针对水循环净化、清洁能源、垃圾多效应用、生态智能循环利用、绿色建筑等提出生态技术应用建议。

（二）规划方法：混合、和谐、交融

一是探索各类用地功能高度混合的用地规划模式。按照TOD的发展模式，在生态城内安排高、中、低三种类型的混合用地，各类混合用地中居住、办公、商业、服务设施等功能按照一定比例的建筑量进行混合，实现活力街区及低碳生活。

二是从区域服务角度出发，优先落地重大公共服务设施。在满足基本公共服务设施标准前提下，优先落实包括以博物馆为主题的两湖书院，以创意和创作艺术为主题的新媒体文化中心和中法文化中心，以可持续发展为主题的中法农业与可持续发展研创中心和项目展示馆，以运动为主题的体育中心，以康体、旅游休闲为主的“法式小镇”等，作为中法合作展示的窗口及充满吸引力的活力点。

三是基本农田的永续保留及立体复合都市农业示范。生态区通过特色农作物种植、田园综合体等为生态城居民、游客提供农事体验、农产品交易、旅游休憩等活动；建设区利用垂直农场、屋顶种植和融入城市廊道之中的太阳能共享系统等，打造立体复合都市农业示范。

四是强调中法两国文化交融。将法国文化中最典型的优雅、自由、浪漫与本地域的知音文化相结合，创造“浪漫知音、天涯比邻”的独特文化氛围。

（三）规划管控：量化、复制、推广

一是构建体现武汉地域特色的生态指标体系。规划秉承“创新、协调、绿色、开放、共享”五大发展理念，提出将生态城打造为“创新产业之城、协调发展之城、环保低碳之城、中法合作之城、和谐共享之城”的总体发展目标，并以此为基础，构建体现武汉“百湖之市、森林之城”自然特征的5大类24小类生态指标体系，逐条量化总体规划目标，以有效监督城乡规划的实施，同时强化生态城的示范性意义，满足可复制、能推广的基本要求。

二是创新性提出了社会和谐指标体系。引导实现经济、社会、文化多重效益共赢，体现中法文化交流特色。

三是规划建立“建设型+生态型”分类精细化管控的土地开发管控体系。刚性强调对城市“五线”和基础设施的控制，弹性体现对生态化、人性化、高品质城市的指引。

（四）产业经济：互补、转型、循环

一是促进产业经济的优化与转型。充分突出中法生态城在区域经济发展与产业结构优化调整中的示范作用，重点发展创新型第三产业。形成以高端服务业为支柱，汽车整车制造与研发为基础，生态示范型产业为补充的产业体系。

二是产业类型强调与周边区域差异互补。既发展生态类高科技研发产业，又发展服务周边产业园区的商务金融及后台服务，同时体现中法技术合作交流，引入汽车研发、教育培训及文化创意等。

三是培育多样化科技创新空间。包括核心创新区（“校区、园区及社区”联动）、科技商务区（结合交通枢纽及大型企业布局）、嵌入式的创新空间（结合混合用地布局）。

四是强调产城融合、实现职住平衡。提供的就业岗位数与居住人口的比例为60%，本地就业率≥75%。

生态融合
——守护青山绿水

生态文明视角下的生态城需以生态空间格局保护作为出发点，尊重基地生境，考虑资源、环境承载能力，维护生物多样性，生态空间管控先行，保证足量生态空间；其次通过打通水系、构建生态廊道、梳理生态板块等方式改善生态环境，优化生态格局，构建区域生态自循环的综合体系。

一、生态文明视角下的生态融合

当前,《生态文明体制改革总体方案》给城乡规划的发展提出了新要求，落实到城乡规划领域主要是国土空间开发保护制度、空间规划体系、资源总量管理和全面节约制度、环境治理体系等四个方面。实现这四个方面的关键在于对国土开发、保护空间的刚性划定；空间规划体系的突破；对生态资源的研究、规划管控以及对生态环境的全面治理提升。规划着力于解决以下问题：

一是对国土开发、保护空间的刚性划定。通过生态环境及生态敏感性评价，划定生态保护红线、建设用地边界等刚性要求，在各层次规划中不得突破。

二是对生态资源的研究、规划落实及管控。前期规划研究中明确生态资源库，并针对长期无法实质性解决的生态问题，通过强有力的规划手段予以管控，譬如创新性地通过开展城市生态设计，将相关管控指标直接纳入控规中，避免生态文明建设的宏伟目标与中微观及规划建设实践脱节。

三是对生态环境的全面治理与提升。即通过产业、人口、用地布局、交通、市政设施、能源、垃圾、水及智慧城市等规划手段实现对生态环境的全面治理与提升，并用制度保护生态环境。生态文明建设需要各级政府以及各部门之间合作，通过更为具体的相关政策制定及决策行为准则，将其理念转化为全社会及市场的共识，协同推进生态文明建设。

结合中法生态城原有特点，在对农田的保护、水系连通、湿地修复以及土地的合理利用过程中，尽可

能地为生物生长、繁殖以及栖息提供条件，使中法生态城与其周边生态大环境融为一体、协调发展，共同组成具有丰富生物多样性的复合生态系统，为中法生态城在生态框架构建及生物多样性方面的示范性提供条件。

二、景观格局及生态适宜性分析

（一）景观格局分析

景观格局分析

对基址资料的整理评估主要是以人工实地调查和数字景观技术两种手段相结合，得出相关的现状用地分类、生态安全格局与评价指标。实地调查，记录样地的海拔、坡度、坡向、生境条件以及植被类型、群落类型、植物种类和动物栖息地及重要物种。本次研究以覆盖武汉市域的 LANDSAT-8遥感影像数据为研究的主要图件数据。以 GIS10.1为主要技术平台，以 ENVI5.0、ENVI Classic为辅助技术，对源数据操作处理生成许多衍生数据。格局指数包括三个层次上的指数：斑块水平（Patch level）、类型水平（Class level）和景观水平（Landscape level）。对该区域的评价主要选用了类型水平和景观水平的指数。利用Fragstats景观格局指数分析软件，结合栅格化的景观格局图，计算景观格局指数。通常选取景观格局空间分布特征指数（如：景观多样性指数、优势度指数、均匀度指数及斑块分维数等）和景观异质性指数（如：聚集度、破碎化指数、廊道密度指数、斑块密度指数等）等指标用于景观研究。但同时也考虑到:景观格局指数是景观几何特征在数理统计上的表达，不能完全反映出景观格局对应的生态过程，只是为了在确定了城市用地类型的现状后，指出规划现状优劣，以优化空间格局和用地形态，避免无序发展引起资源的浪费，达到引导城市区域合理有序发展的目的。故根据研究目的，对景观指数进行了筛选并结合研究区生态过程进行分析，将红线内的用地划分为十种用地类型，再通过计算得出相关景观格局指数（表6-1）：

景观格局分析统计　　**表6-1**

景观指数 类型	面积 /CA	所占比例 / PLAND	斑块数量 /NP	斑块密度 /PD	斑块面积 / AREA_MN	面积加权平均 / AREA_AM	斑块面积范围 / AREA_RA	分离度指数 / SPLIT
硬质	546.6048	17.0682%	984	30.7262	0.5555	43.3237	132.5744	433.0867
林地	590.9008	18.4513%	613	19.1414	0.9639	25.8924	71.5008	670.3272
其他建筑	358.4448	11.1927%	395	12.3342	0.9075	8.319	27.9104	3439.3778
农田	784.3136	24.4908%	201	6.2764	3.9021	38.0779	97.9216	343.4084
荒地	185.2592	5.7849%	191	5.9641	0.9699	25.8907	65.6992	2138.2052
江河	3.8416	0.12%	10	0.3123	0.3842	2.1104	2.744	1265018.275
池塘	136.4944	4.2621%	202	6.3076	0.6757	5.2965	17.248	14186.377
工厂	53.5472	1.6721%	81	2.5293	0.6611	2.7674	6.8208	69208.9719
湖泊	107.408	3.3539%	47	1.4676	2.2853	19.6332	36.3776	4863.4695
水田	431.4352	13.4719%	108	3.3724	3.9948	89.7984	188.6304	264.7217

分析计算的各个景观指数可以得出以下结论：

农田用地分为水田和普通农田用地，水田类似湿地具有一定的生态效益。农田斑块总面积为784.3136公顷，占区域面积的百分比为24.4908%；共有201个斑块组成，平均斑块面积为6.2764公顷，面积加权平均斑块面积为38.0779公顷，斑块面积范围为97.9216公顷，斑块密度6.2764个/平方公里。

CA（Total Class Area）即：斑块类型面积，PLAND（Percentage of Landscape）即：占总区域面积比。斑块总面积CA和占总区域面积百分比PLAND指标反映了农田斑块面积居多，普通农田和水田加合的面积占到整个红线范围的30%以上，硬质和建筑其次，说明该区域的农田占有较重的分量。

NP（Number of Patches）即：斑块数量，反映景观的空间格局。农田、植被、建筑斑块数量较多，根据斑块数量指数可知农田分布集中，植被、建筑比较分散，或者小斑块过多。植被的破碎化比较严重，水体的比重较小，而且该指数方面江河和湖泊的指数较小，说明水体的连贯性保持得不够完整。但是水塘的斑块数量较多且从指数来看分布还较为集中，可以考虑连通。

PD（Patch Density）即：斑块密度，反映土地利用景观斑块空间分布的均匀度。由数据可以看出硬质在区域内分布均匀度最高，江河分布均匀度最低，绿地的分布均匀度也较高，但整个的水体分布均匀度都偏低。

AREA_MN即：平均斑块面积，反映的是分离程度。农田的平均面积最大，水田的分离程度最大，在区域上最分散；湖泊其次，江河最小，说明水体斑块连贯性好，在区域内较聚集。

SPLIT即：分离度指数，从数据看，水体、建筑、植被、农田的分离度指数依次减小，某种程度上来说，分离度指数越大，分散性越大。从表中可以看出江河的分离度最高，所以江河可以考虑加强连通性，水田的分离度最低，水田分布比较聚集。

SIDI即辛普森多样性度，其指数为0.8396。该值越趋向于1则分布格局越均匀。表示的是该区域斑块类型丰富或各斑块类型在景观中呈均衡化趋势分布。景观要素的优势度越高，分布越合理，可以判断该区域的景观情况越好。

根据以上分析提出相关建议

加强农田污染防治与监督力度。随着社会和经济的不断发展，农田生产面临的环境问题越来越突出。特别是在一些工矿区附近，农田环境已经恶化到不能维持的地步，如灌溉水质超标和工矿业废物的排放，已经对区域农田基质产生危害，严重者危及当地人民的身心健康，必须进一步加大对农田污染的监测与防治力度，从根本上保护农田生态环境安全，促进农业生产的可持续发展。

不断更新和完善农田人工廊道。农田中防护林、沟渠和田间道路形成的人工廊道系统，具有较高的生态环境安全价值，不同农田之间的防护林、溪沟可以隔离不同农田地块之间虫害传播、污染源扩散和其他干扰，而且可以促进水分、养分在农田景观中的迁移。目前，农田防护林网与灌溉渠系普遍存在残缺和老化现象，不能及时维护和更新，已经影响农业生产的稳定和生态安全，需要加大投资力度，完善农田人工廊道系统，保障农田生产安全。

（二）生态适宜性分析

生态适宜性分析是生态规划的核心，是运用生态学原理方法，分析区域发展涉及的生态系统敏感性与稳定性，了解自然资源的生态潜力和对区域发展可能产生的制约因素，从而引导规划对象空间的合理发展以及生态环境建设的策略。分析指标的选择，原则上要综合考虑自然属性和社会经济因素，做到二者兼得，在分析因子的选择上应遵循综合性、主导性、差异性、不相容性、限制性、定量性等原则。

在生态适宜性评价过程中，选择了农田因子、生态敏感性因子、道路因子、山体因子、水体因子等因子，通过层次分析法将各个因子两两相互对比得出权重。运用ArcGIS软件进行栅格计算，叠加得到生态适宜性灰度图（图6-1）。

结果如图6-1所示，将按照生态适宜性分析共分为五级。颜色越深则表示越适宜生物的生存与繁衍，颜色由浅至深等级依次为1、3、4、7、9，面积计算见表6-2。

生态适宜性分级 **表6-2**

等级	各等级面积（m^2）
1	93504100
3	28661400
5	67520220
7	75930505
9	79377400
合计面积（m^2）	**344993625**

生态适宜性分析是生态规划的核心，其目标是以规划范围内生态类型为评价单元，根据区域资源与生态环境特征，发展需求与资源利用要求，选择有代表性的生态特性，从规划对象尺度的独特性、抗干扰性、生物多样性、空间地理单元的空间效应、观赏性以及和谐性方

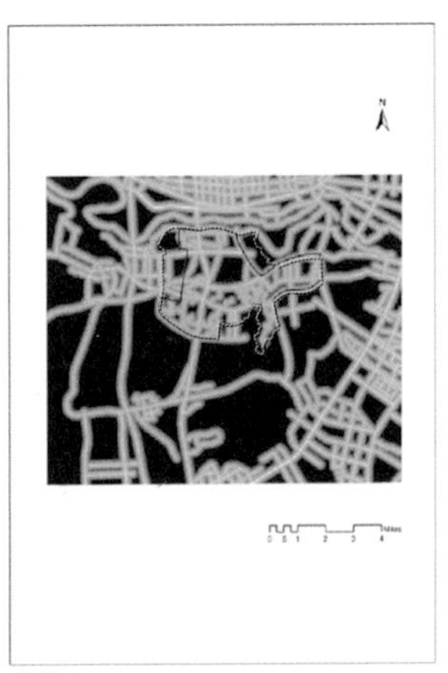

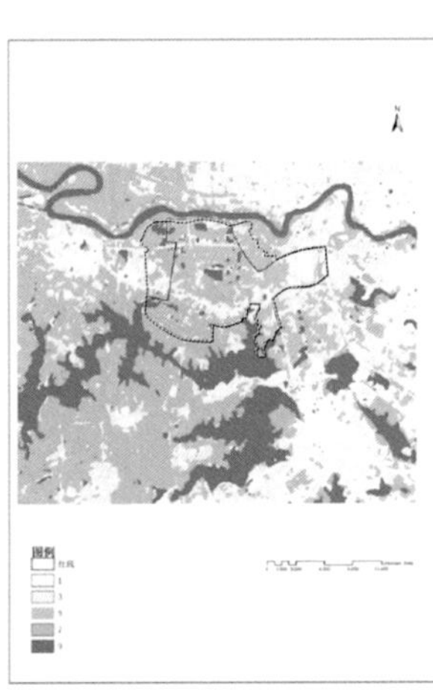

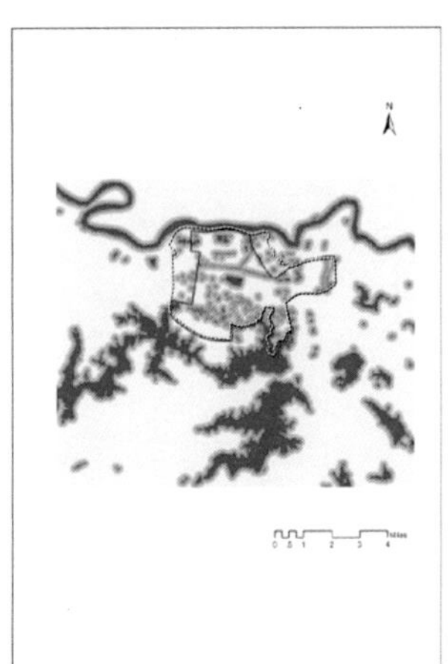

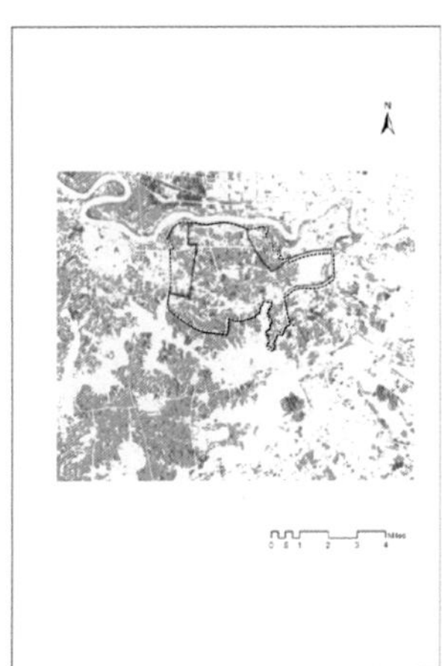

图6-1 生态适宜性评价

图6-2 生态敏感性分析图

面分析规划范围内在的资源质量以及与相邻空间地理单元的关系，确定范围内生态类型对资源开发的适宜性和限制性，进而划分适宜性等级。

生态适宜性分析是运用生态学原理方法，分析区域发展涉及的生态系统敏感性与稳定性，了解自然资源的生态潜力和对区域发展可能产生的制约因素，从而引导规划对象空间的合理发展以及生态环境建设的策略。

在生态适宜性评价过程中，选择了坡度、坡向、高程、山体缓冲、水体缓冲、道路缓冲、植被、用地敏感性、农田限制等九个因子，通过层次分析法将各个因子两两相互对比得出权重。运用ArcGIS软件进行栅格计算，叠加得到生态适宜性灰度图（见图6-2），将其生态敏感性分为5个等级的敏感区，其中一级为最敏感区。

三、生物多样性保护

调研内容包括水生态、植物生境/动物栖息地、生物物种/群落。 基于前期资料收集与数字技术分析结果，对整个39平方公里的基址进行生态保护区的分区，并依据各区在整个基址生物多样性保护网络系统中的地位与作用，对各区建立相关级别保护区的保护措施与技术系统（图6-3）。按照动物按时跨地域迁徙的生态习性及植物种子不同方式的传播，在确立

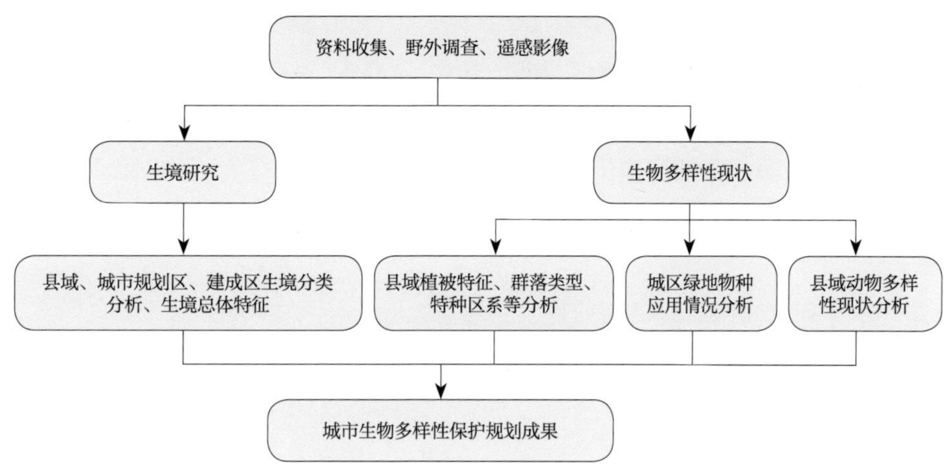

图6-3　生物多样性保护技术路线图

保护区的基础上对各区进行绿色廊道连通，并建立多个小型节点，作为小型斑块供各类生物暂时停留。这不仅需要对中法生态城内的生物多样性保护网络进行连通，还需要突破行政区划，对更大范围的生境进行连通，从而保证整个生物多样性保护网络的合理性、牢固性和抗干扰性。

（一）生物多样性评估

专题对水质水环境、生态资源，珍稀性，关键生境/栖息地，关键物种/群落，关键廊道进行了SWOT分析：

1. 优势

（1）得天独厚的生态区位

规划范围位于蔡甸区后官湖以北，在生态区位上位于武汉“两轴两环，六楔多廊”生态框架中的后官湖绿楔，是武汉市发展过程中山系水系最为集中、生态最为敏感的地域之一，是防止武汉新城组群连绵成片的组群间生态隔离区，也是确保“1+6”城市空间有序拓展的重要控制地带和关键点。而在较小的范围内，规划区域有在其周边山体轴线、水体轴线的中心地带。故生态城的区位所处地域可谓是整个生态框架中的核心区域，对其进行生物多样性保护也就势在必行。

（2）丰富的生境和栖息地

蔡甸区内存在野生动物30余种，以山禽和水禽为主。其中白鹳、黑鹳属国家一级保护动物，小天鹅、小麂属国家二级保护动物。规划范围内虽然山体仅有北侧马鞍山，但水体资源以及农田资源较为丰富，从而为生物提供了良好的湿地生境。为鸟类等野生动植物生活栖息、繁衍、迁徙、越冬提供了极佳环境，孕育了种类丰富的飞禽类、水禽类、鱼类、水生植物、浮游生物等生物。

（3）珍贵的天然林资源

区域西北侧的马鞍山林地现状较为良好，主要植被25种，其中灌木类有盐肤木、野花椒、芫花、白栋、爹木、紫藤等17种。草本类有丝茅、蕨类、藓类、葛藤等8种。主要用材树种有马尾松、湿地松、水杉、池杉、柳树、楠竹、泡桐等。主要经济树种有柑橘、银杏、梨、茶叶等，为野生动物提供广阔的生存空间。原生植被有维持本土生物的多样性、保持区域生态平衡的作用；同时还能净化空气、调节气候、涵养水分、保持水土、增强土壤肥力、减轻自然灾害等。其较高的生态价值为开展生态城的生物多样性保护提供了极其宝贵的生态基础。

（4）丰富的动植物资源和特有物种

丰富的动植物资源和特有物种为城市生物多样性建设和保护奠定了良好的基础（图6-4）。同时具有国家级保护鸟类，提高了生态城的特殊性以及对其进行生物多样性保护的重要性。

2. 劣势

（1）城市生境的破碎化

整个区域范围内的建筑较为集中，主要在汉蔡高速北侧，沿着汉阳大道进行建设与发展。但是，城市的扩张、人工硬质景观面积的扩大导致原有自然生态斑块被分割，单个斑块面积减小。人工建设严重的地段，甚至有些原有自然生境演变为出现“生境孤岛”。 小面积且分散分布的生态斑块格局严重影响生物的种类及种群的大小，加剧种群的消逝速率。

（2）湿地环境遭到破坏

规划范围内的湿地资源具有得天独厚的优势，中心地域的什湖也有着较为优越的地理位置。然而近年来城市人工水利工程的建设、居民生产、生活造成的水体污染等城市化过程中

图6-4　生物多样性栖息地分布图

严重的人为干扰现象不断侵蚀着湿地资源，使湿地面积逐渐减小，动植物栖息条件遭到破坏。例如：人工的活动以及农田的扩建使得什湖的面积不断减小且高度人工化，对水体及其周边湿地环境严重影响，还有工业排放或是生活垃圾等处理不当等原因，造成水质污染。种种破坏导致湿地面积、动植物种类、总生物量不断减少，周围湿地环境得不到较好地保护与利用，造成栖息于此的水禽、鱼类的生存面临巨大威胁。

（3）城市绿化物种不丰富、绿地植物缺乏本土特色

后官湖地区种资源丰富，生态系统多样，但是这样优厚的自然资源优势却未得到充分地利用。绿化树种较为局限，仅有一些如樟树、雪松、悬铃木等常见物种；花灌木多为外来品种，缺乏本土特色。许多具有观赏价值的乡土树种并没有引用到园林绿化中来。这些乡土物种不但适应本土环境，而且在引入城市时适应性更强。在园林绿化中使用乡土物种，不仅是对本地生态系统稳定的保护，同时也营建了独特的地域特色。

（4）绿化层次较为简单

随着社会的不断发展，区域人口和建筑面积将不断增加，平地绿化面积有限，因而充分利用攀缘植物进行垂直绿化是增加绿化面积、改善生态环境的重要途径。

（5）珍稀濒危动植物资源面临危机

珍稀濒危动植物其生活环境及自身生存条件均较为脆弱，一方面，由于发展的需要，逐步的建设使原本良好的自然生存环境受到干扰，生境破碎化严重，使珍稀濒危动植物难以生存，面临着灭绝的危机；另一方面，对珍稀濒危动植物资源的保护管理体系不完善，缺少相应的信息编目、种质资源库、动态监测等项目建设，难以满足对野生动植物信息的全面掌控，缺乏对动植物拯救的应急性防范设施。

3. 机遇

（1）良好的国家政策环境

《中国生物多样性保护战略与行动计划》（2011～2030年）已经于国务院常务会议第126次会议审议通过，明确今后20年我国生物多样性保护工作的指导思想、基本原则、目标任务和保障措施等。会议指出将生物多样性保护纳入国家和地方规划，开展生物多样性调查、评估与监测，加强科学研究、人才培养和生物多样性保护能力建设，强化生物多样性保护建设项目，建立生物遗传资源及传统知识获取与惠益共享制度，加强外来入侵物种和转基因生物安全管理等建设要求，为研究片区生物多样性保护带来了良好的国家政策环境。

（2）以建立“生态示范城”为目标的发展带来的契机

武汉后官湖地区作为中法生态示范新城的基址，为该处生物多样性的保护与发展带来了良好的契机。在各部门的极力配合下，邀请各方面专家相互协调与配合，为生态城的发展出谋划策。

4. 挑战

（1）现有保护体系存在不足

在生物多样性保护的重要区域，尚未建立严格意义上的自然保护区、种源基地、专类动植物保护公园等的生物多样性保护体系。许多重要生态敏感区未统筹纳入保护体系。此外，

管理体制也存在明显不足，主要存在多头管理、多重矛盾、责权利严重失衡；缺乏统筹保护的长远规划和明确目标，规划、管理和监测的手段落后；有关政策、法规和管理条例尚不完善；筹资渠道单一，经费严重不足；管理能力较低，公众保护意识还需加强。

（2）生态效益补偿机制不完善

区域生态环境好坏直接影响生态示范城的生存与发展。因此，生物多样性和生态环境的保护，应得到区政府、企事业单位、个人的广泛关注与支持，应建立完善的生态效益补偿机制。同时，我们需加强对生态效益补偿范围、力度、政策体系等的研究，亟待建立起一整套行之有效的生态效益补偿机制，有效地解决保护投入不足的问题。

（3）生态系统监测、科学研究和技术支撑体系建设滞后

生物多样性保护活动相对较少，缺乏系统、完整的监测研究，现有科研成果指导和应用于保护工作等方面还很薄弱，亟须建立完善的生物多样性保护的科技支撑体系。

（二）生境保护策略

1. 以保护为主的生境

以保护为主的城市生境主要有自然植被良好的山体和水体，包括了马鞍山、后官湖湖汉、大小什湖、高罗河等。主要措施包括：

设立相关法律法规，禁止任何形式的开挖、砍伐、放牧等环境破坏活动，保护山体植被的完整性；山体周边设立50～300米植被缓冲区，以减少外围人为活动对自然山体的干扰；对保护范围内山体破坏等进行生态修复，保护现有自然环境及资源。

水网连通，将什湖周边的水体进行连通活化，包括将什湖、小什湖、石洋湖、汉江、后官湖之间通过河道或沟渠进行连通，并与汉阳地区六湖连通对接；构建新型河道和沟渠系统，改造坡岸结构，修复坡岸生态系统，从而达到坡岸稳固、防渗和拦截营养的目的。

水体周边设立30～60米湿地缓冲区，建立水源涵养林和滨水防护林带，以形成水体与其他生境的自然过渡；形成滨水环状绿色网络系统，既满足防洪功能，又改善水体及周边环境条件，为动植物提供了更好生存环境；保护水体生境的水体质量不受人为破坏，主要应禁止任何城市工业、生活污水、生活垃圾向城区内排放。

2. 以优化为主的生境

以优化为主的城市生境类型主要有农田、荒地、水塘、道路等，主要通过改善生境的立地条件、增加植被的丰富度等措施来优化，具体如下：

农田——保留现有城市所需的农田规模和分布格局，通过轮作和间作方式，提高土地利用的整体水平，增加农作物的种类，增加农田生境的生物多样性。同时在农田附近构建自然林带，增加农田生境的多样性，优化因受人为耕作影响而较为单一的农田生境。

荒地——加大对城区周边荒丘、荒地和裸地的综合治理，提高土地利用的整体水平，改善周边城镇的基础设施和生态环境。在自然植被完整保留的前提下，通过乡土植被的适当补栽，帮助荒地恢复自然的生态系统，以改善荒地的立地条件，使其形成保护和提高生物多样

性的区域。

水塘——整理现有的堰塘、湿地等分散小型水体，通过水系的连通实现零星分布的湿地、沼泽贯通，形成蓝色水体网络和片区，使其更好地发挥湿地生态系统的生态功能。

道路——丰富道路绿化植物种类，增加道路绿地的宽度，使其能发挥城市重要生态廊道的作用，为鸟类的迁徙提供重要的廊道。

3. 以修复为主的生境

人工化河道与部分荒山主要以改造和修复措施为主。规划区域内新小什湖由于周边农田占用较多用地，水面面积有缩小的趋势，故需要对水体周边进行修复，完善水系的连通，为生物提供较好的栖息环境。

4. 以重构为主的生境

城市硬质广场和建筑集中区域以及工业用地主要以重构城市生境小环境，来改造均质和单一的城市生境条件，具体措施如下:

城市硬质广场——主要为城市建筑周边较大面积的硬质广场，通过植被的构建将硬质大斑块分散为小面积斑块，以形成多样的小生境，丰富小生境的生物多样性。通过植物等自然要素软化规则、生硬的斑块边界，维持生境边界的多样性。

城市建筑——主要为城市建筑密集区域，可通过庭院绿化、屋顶绿化、墙体绿化和阳台绿化增加城市生境小环境，丰富生境的环境，以提高城市生物多样性。

工业用地——对工业用地进行重新构建，在优化工业结构与建筑布局的前提下，渗透绿色斑块，以增加工业用地在生物多样性保护中的作用。

四、生态框架及空间区划管制

（一）生态保护框架

规划区内农田占了大部分面积，从而提供了很大范围的季节性湿地供生物的繁衍与栖息。结合生境的联系与渗透，以汉蔡高速以北、什湖及周围湿地组成的区域为生态核心区，结合生境的联系与渗透，构建什湖湿地生态核心区与马鞍山、后官湖、汉江等生态系统相连接的多条生态廊道，形成开放式的生态空间格局（图6-5）。

1. 生态红线保护区

什湖生物多样性湿地保护区（图6-6），包括什湖、小什湖及周围保护完好的湿地以及湿地水体周边设立30～60米的湿地控制区域，形成水体与其他生境的自然过渡地带，总计8.74平方公里。什湖中心区保护栖居在湿地和河岸地带的动物，该地区连接汉江堤岸与后官湖堤岸，属于生态核心区域。尽可能保留现有水系的自然流向与岸线，湿地水系保护线范围是保护生物多样性的重要生态区域，需要重点加强保护和管理（图6-7）。该中心区治理后将成为生态示范城的中心景观区，是动物迁徙过程中较好的停留点与栖息地，兼具生态保育和旅游、科普功能，故需要对什湖及其周边湿地加以严格保护，以确保其生态

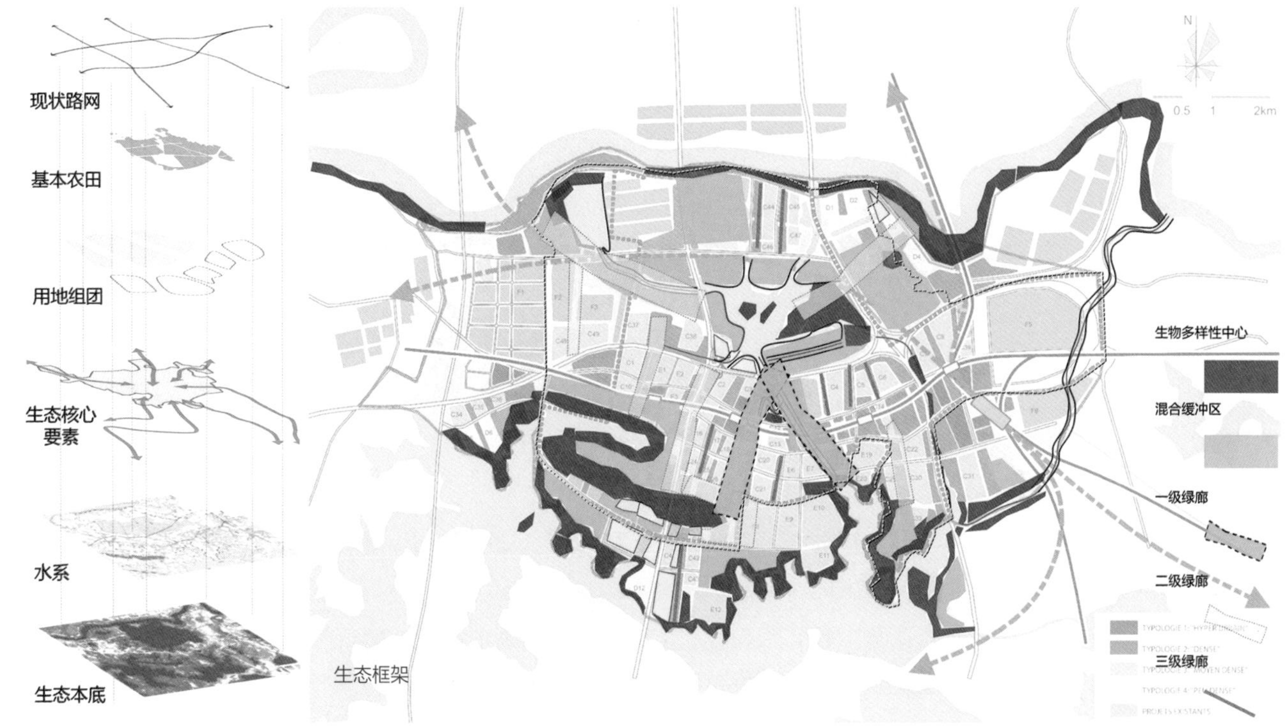

图6-5　开放式的生态空间格局

图6-6　什湖生物多样性湿地保护区

至2030年预期目标	生态治理
面积—区域化	总面积1030公顷，其中： • 什湖周边为“中心区”：这是自然湿地区，不可建造施工； • 什湖外围区域在保护基础上进行适度旅游开发利用
目标物种	• 鸟类: 黑鹳、鸳鸯、小天鹅、白鹤、灰鹤 • 哺乳动物: 水獭、獐、小灵猫 • 爬行动物: 中华鳖、草龟 • 两栖类动物：黑斑侧褶蛙
治理—管理	• 依照总规进行城市规划监管； • 功能多样性： 中心岛、高地地带、泥潭、芦苇塘； • 生态旅游基础设施开发规划

至2030年预期目标	生态治理
面积—区域化	总计 58公顷 • 不可建造施工
目标物种	• 鸟类: 黑鹳 • 哺乳动物: 水獭、獐、小灵猫 • 爬行动物: 中华鳖、草龟 • 两栖类动物: 黑斑侧褶蛙
治理—管理	• 依照总规进行城市规划监管； • 功能多样性：水塘、水利附属物、芦苇塘; • 生态旅游基础设施开发规划

图6-7　什湖及高罗河沿线生物多样性分类保护措施

状况能够保持良好并逐步提高，恢复以水生植被为主导的水生态系统结构，逐步调控水生生物群落结构，从而丰富生态示范城的生物多样性。高罗河沿线区域的生态改造将什湖与后官湖多样化的水生生物形成有效联系和保护，同时对中法生态城的南部景观有显著提升作用。

马鞍山森林保护区以马鞍山为主体，及山体本体线周围设立50～300米山体保护区，总计1.41平方公里，以减少外围人为活动对自然山体的干扰，重点加强山体的保护和管理。以不破坏生态环境为原则，保护性开发森林旅游资源，引导观光旅游业健康发展。包含了对周边的部分绿地，实行严格的生态控制，修复山体上的部分荒地，保护山体现有自然环境及资源，形成动物的生态栖息地；增加农业作物的种类，加强构建农田周边防护林带，增加农田生境的多样性，使得马鞍山森林保护区在生物多样性保护中发挥更为明显的作用。

2. 生态农业区

以基本农田为主的片区，作为分隔生态城建设组团的绿色基底，充分渗透绿地、农田、水体等自然因子，严格按照生态城建设标准进行控制落实。农业生态园保持原有的农业用地的特色，同时通过人工手段进行生态农田的优化，不仅能够对农作物、农田中的生物等起到保护作用，又成为什湖、马鞍山的天然保护屏障，对农田的保护促使生物多样性得以丰富。

3. 生态廊道

生态廊道分为三级，不同的廊道依据道路、山体、水体、农田等不同要素进行规划与构建，主要目的是为生物提供迁徙廊道，在一定范围内提供休憩及栖息场所，从而维持与提高规划区生物的多样性。其中，一级廊道3条，分别为什湖—马鞍山生态廊道、什湖—后官湖生态廊道、知音湖大道廊道，宽度一般控制在100～300米之间；二级绿廊位于居住组团之间，宽度控制在80～200米；三级绿廊则是居住小区级之间的带状绿地，宽度控制在50～100米。廊道可以结合城市公共绿地打造城市花园、生态垂直农场、生态观光旅游

预留动物迁徙廊道措施　　表6-3

降低影响的设施	说明	限制因素	应用
堤顶植被	·噪音屏蔽（降低65dB）； ·避免大小动物冲撞； ·为生物多样性提供栖居场所和景观； ·植树造林固定道路带来的粉尘污染	·土地支配	·未加高的大路沿线优先
高架桥上的防噪墙	·目标物种：鸟类和大型动物； ·降低声音干扰达65dB； ·占地较大	·透明墙体易受鸟类撞击	·高架桥优先（高速公路）
防止跨越的围栏	·目标物种：大型动物和微型动物； ·使用双层加强丝粗麻布围挡大型猎物，埋地30cm，地面周围再配备一圈，以免动物不能逃脱障碍物	·围挡的密封性	·生态和农业区优先
小动物通道	·目标物种：微小动物（两栖类，啮齿类，无脊椎类动物）； ·未加高路面； ·根据目标物种特别治理； ·有流水开口的地方保持最低高度为35cm	·通道使用频率不高	·未加高道路
内部混合通道	·目标物种：大型动物（獐（VU）），以及其他常见的大型哺乳动物； ·可建设桥梁或具备景观效果的软性路面； ·专用通道上进行点状安装； ·保持通道宽度3～40m	·如本身没有高架桥，则会增加施工成本，如果地形条件不允许亦然	·如琴川大道条件允许，可改变断面建设桥梁，保证南北向通道顺畅——连通小什湖和什湖
加高的混合通道	·目标物种：大型动物（獐），以及其他常见的大型哺乳动物； ·可建设桥梁或具备景观效果的软性路面； ·专用通道上进行点状安装； ·最佳宽度为40m	·加高的通道会加大成本，如果不具备基础设施亦然	·如琴川大道条件允许，可改变断面建设桥梁，保证南北向通道顺畅——连通小什湖和什湖

等。每条廊道各有特色，但都能在生物多样性保护中发挥出色的价值。同时，结合廊道预留动物迁徙廊道，作为生物多样性分类保护的有效措施（表6-3）。

4. 两屏障

北侧以汉水为依托的水体屏障，南侧以后官湖形成天然山水屏障。

（二）空间区划管制

根据生态适宜性分析的结果，加以相关法规的控制要求，结合生态框架将规划范围划定生态保护红线区、生态缓冲区及城镇建设区（图6-8）。

1. 生态保护红线区

该区域是需要严格保护的区域，主要以自然山体、水体以及湿地为主，包括什湖生物多样性湿地保护区、马鞍山自然山体保护区，面积11.22平方公里。区域边界保持相对固定，区域面积规模不可随意减少。除具有系统性影响、确需建设的道路交通设施和市政公用设施外，生态保护红线区内严禁任何与生态修复、湿地和岸线保护无关的建设行为。

2. 生态缓冲区

该区域位于生态保护红线区以外，具有一定的生态保护价值，合理确定城市开发边界的区域，面积10.78平方公里。区域内应进行保护性开发，并慎重研究决定建设项目的性质、规模和开发强度。

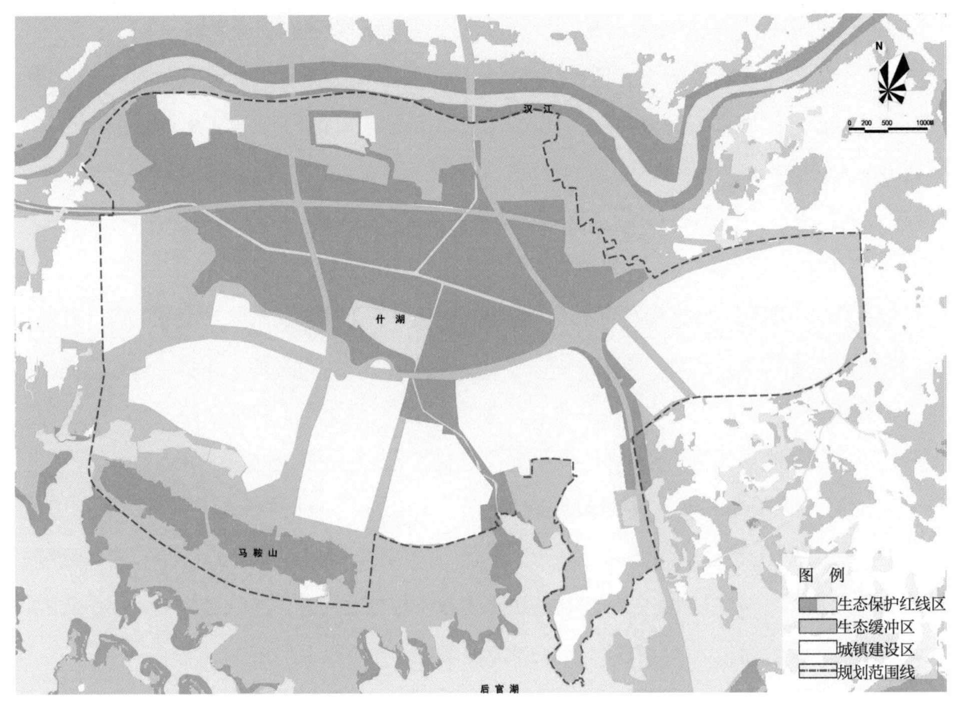

图6-8　空间区划管制图

3. 城镇建设区

该区域包括适宜开发区和实际已成片的开发建设区域，总面积约17平方公里。依据规划进行合理开发。其中，实际已成片开发建设、市政公用设施和公共设施基本具备的区域包括东风雷诺整车制造基地、新天还建区、厂房、市政设施等，面积2.63平方公里。

（三）生态框架保护建议

1. 优化区内土地利用方式

尽可能地保留区域内原有的林地、湖泊、湿地等自然生态区域，发挥森林的“碳汇”潜力，适当增加生态绿地面积，对敏感区采取预防保护（绕避敏感区）、就地保护；优化工程用地，合理布置施工区，减少对自然的影响；工程临时占地在工程结束后积极实施植被恢复（自然恢复、人工恢复）；加强保护湿地的力度，避免征占湿地，确保湿地面积；保障湿地水源，防止湿地萎缩；保障水力畅通，防止湿地分割。同时，也要保护湿地动物，特别是鸟类，保护湿地植物，建立湿地保护区，修复（或恢复）受损湿地，制定湿地保护规划。

2. 改善能源结构，大力提倡节约能源和资源

减少对煤炭、汽油、柴油等高碳排放燃料的使用；进行技术创新，尽量开发风能、太阳能、生物能等各种无碳的绿色能源，如使用混合燃料汽车、电动汽车、氢气动力车、生物乙醇燃料汽车、太阳能汽车等低碳排放的交通工具，选用隔热保温的建筑材料，合理设计通风和采光系统，选用节能型取暖和制冷系统等；因地制宜地取舍各类生态技术、资料和设备，并有机地整合在一起，合理使用资源，采取可持续利用对策。

3. 拒绝高耗能、高排放的工业项目

对于高耗能、高排放的工作项目打造优势产业采取拒绝态度，讲究生态城市的产业培育。生态城产业的培育不仅要创造足够就业岗位，还要与我国优势新兴产业的发展相结合。更重要的是把服务业、信息产业、创意产业、现代农业交叉综合发展。同时要吸取日本生态城的经验，在同一个生态城镇里，企业之间能够相互利用彼此废料，组成产业经济的循环链。

4. 制度的创新和政策法律体系的支持

要完善管理机制，制定勉励政策；建立绿色交通体系，规划完善公共交通站点，开设区域内快捷的交通系统，实现公交与绿色交通（自行车交通、步行交通）双赢。优化交通的可达性，改善公共财务状况，增加社会就业，倡导高密度使用土地，实现节能减排。制定国家低碳经济发展战略低碳领域的技术创新机制，从制度上为企业节能减排创造条件。

5. 唤起全民生态意识，提倡低碳生活

加强对温室效应及其环境影响的宣传，增强市民的环保观念；要养成低碳消费、适度消费、科学消费的好习惯，反对欲望消费、铺张浪费，将生活方式、消费结构向绿色、低碳转型，多采用公交、自行车、步行等出行方式，从各个环节上做到节能减排。

五、基于排涝安全保障的建设规模预测

城市建设规模对排涝安全最直接的影响体现在对径流系数的控制上，建设规模越小，则绿地、山体和水系在用地中占的比例就越大，城市的硬质铺砌少，径流系数小，排涝安全越有保障；反之，则绿地、山体和水系在用地中占的比例就越小，城市的硬质铺砌多，径流系数大，排涝安全越没有保障。在排水流量计算三要素（综合径流系数、设计暴雨强度、汇水面积）中，综合径流系数值最小，对排水流量的影响却最为显著，综合径流系数的略微降低，即可引起排水流量的大幅减少。同时，按照国家海绵城市的建设要求，要推广和应用低影响开发模式，优先利用自然排水系统，建设生态排水设施，充分发挥城市绿地、道路、水系等对雨水的吸纳、蓄渗和缓释作用，使城市开发建设后的水文特征接近开发前，有效缓解城市内涝问题、削减城市径流污染负荷、节约水资源、保护和改善城市生态环境。因此，合理确定城市建设规模，减少城市硬质铺砌，对于建设海绵城市，改善生态环境，保障排涝安全具有重要意义。

基于排涝安全保障的建设规模预测就是在一定排涝标准下，核算地区的降雨量、蓄水量，从而得到在保障排涝安全的前提下，地区能达到的最大综合径流系数，而综合径流系数是由各类用地径流系数加权平均得到的，利用城市建设用地与综合径流系数的这种相关性，可由最大综合径流系数反算得到城市最大建设用地规模，其基本工作思路和工作内容如下（图6-9）：

1. 边界条件认知

中法生态城北临汉江，南接后官湖，基地现状水网丰富，汉江、后官湖、什湖、高罗河、香河等湖泊水系串联成网，汉蔡高速、四环线、琴川大道和知音湖大道围合的区

域大部分为什湖、养殖水面和水田，总面积为3.2平方公里，其中什湖面积仅为38公顷（图6-10）。基地南北高，中间低，地面平均高程为21～25米，汉江沿线建有防洪堤，堤顶标高在30米左右，最低处位于什湖周边仅为19米，汛期基地雨水需通过雨水泵站抽排出汉江。

2. 排涝标准确定

根据《室外排水设计规范》GB 50014—2006，中法生态城属于武汉市新城，应用特

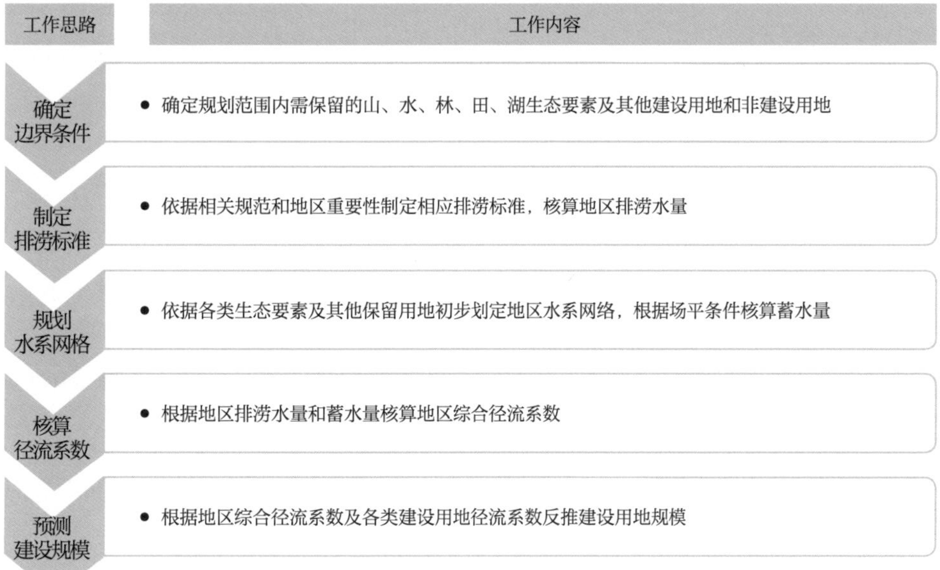

图6-9　基于排涝安全预测规模的工作思路和内容

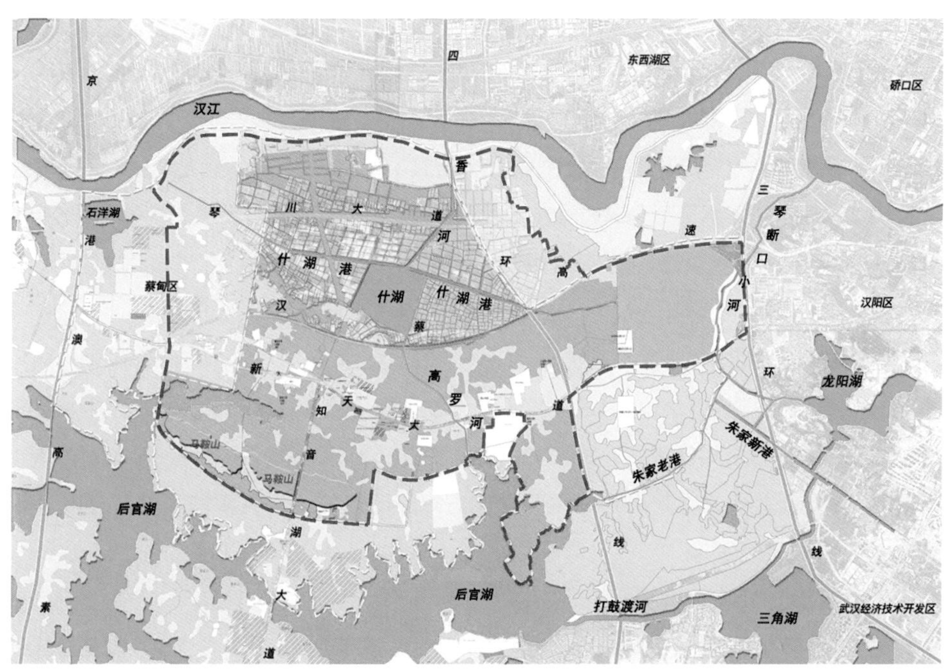

图6-10　基地水系分析图

大城市排涝标准，可采取高低两个内涝防治设计重现期（表6-4）：低标准为50年重现期，对应日降雨量303毫米，即1182万立方米；高标准为100年重现期，对应日降雨量344毫米，即1326万立方米（表6-5）。

规范规定内涝防治设计重现期标准 **表6-4**

城镇类型	重现期（年）	地面积水设计标准
特大城市	50 ~ 100	1. 居民住宅和工商业建筑物的底层不进水； 2. 道路中一条车道的积水深度不超过 15cm
大城市	30 ~ 50	
中等城市和小城市	20 ~ 30	

武汉市不同重现期对应降雨量一览表 **表6-5**

频率 \ 雨量	日降雨量（mm）	小时降雨量（mm）
100 年一遇	344	104.3
50 年一遇	303	91.6
30 年一遇	273	84.1
20 年一遇	249	78.3
10 年一遇	205	68.5
1 年一遇	95	34.0

3. 水系网络规划

基于地区水网现状，将什湖、小什湖、汉江、后官湖之间通过河道或沟渠进行连通，并与汉阳地区六湖连通对接。通过退塘还湖，扩大什湖水域面积至4.72平方公里，小什湖0.22平方公里，其他湖泊港渠及鱼塘藕塘面积约2.44平方公里，规划范围内总水域面积达7.38平方公里，生态水面面积率为19%（图6-11）。生态城湖泊水系常水位为18.65米，地区最低建设地面标高21米，按地面超高0.8米考虑，调蓄水深可达到1.55米，故生态城蓄水能力为1144万立方米。

4. 核算径流系数

由于武汉市汛期降雨基本为长历时降雨，本次核算径流系数增加30%的增容水量。按照50年重现期标准，对应日降雨量增加为1537万立方米，测算地区综合径流系数为0.74；按照100年重现期标准，对应日降雨量增加为1724万立方米，测算地区综合径流系数为0.66。

5. 预测建设规模

为了保障汉江流域排涝防洪安全，需要严格控制建设用地规模和开发强度，降低地区综合径流系数，保证地区蓄水能力满足相应排涝标准下雨水不外排，以与其他建设区在汛期错

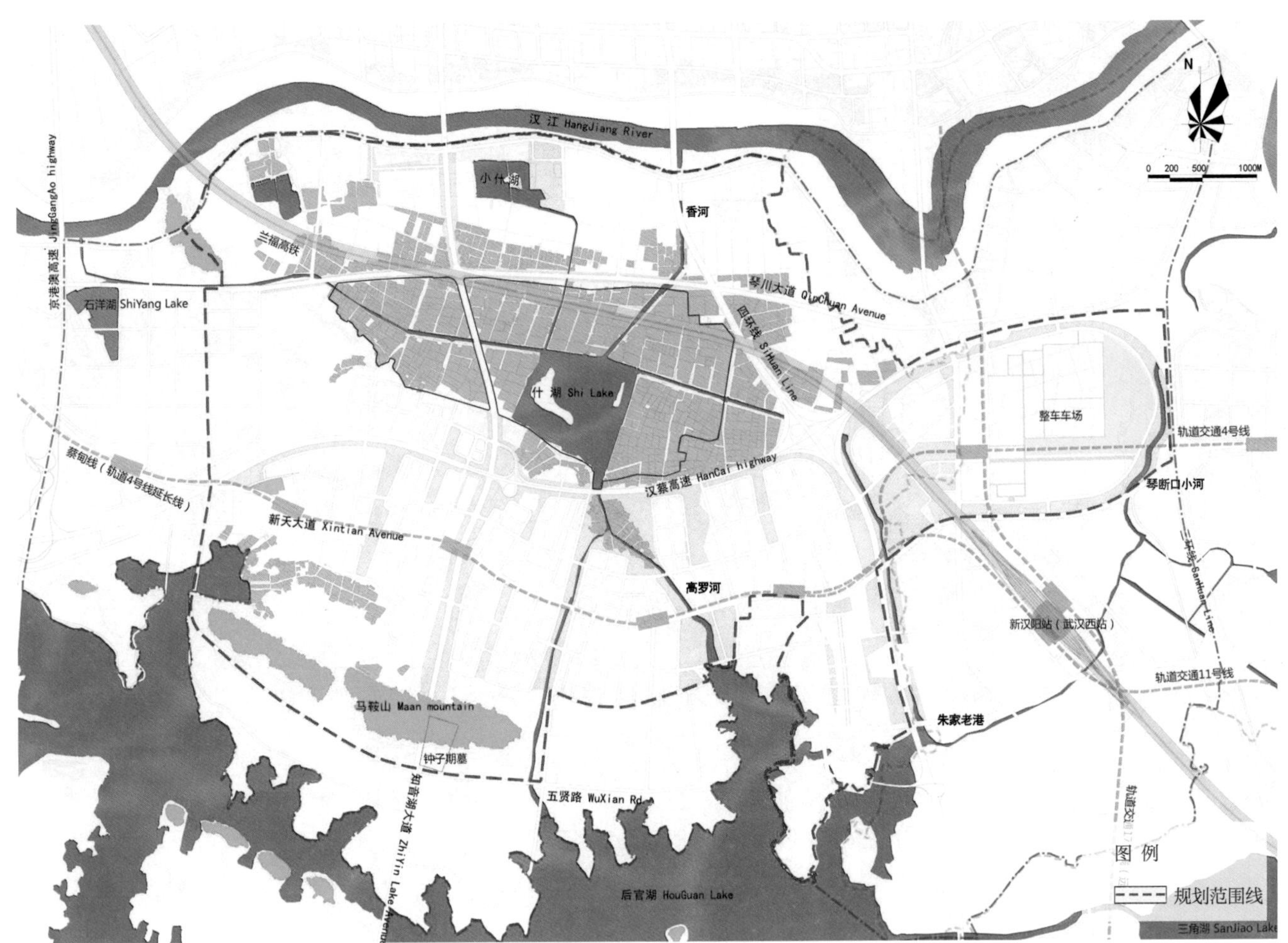

图6-11　地区水系规划图

峰排放，不增加汉江河道的行洪负担。根据地区综合径流系数反算建设用地规模，对应50年重现期标准，规划范围建设用地规模可达到28平方公里（表6-6）；对应100年重现期标准，规划范围建设用地规模可达到22.5平方公里（表6-7）。

50年重现期对应各类用地规模　　**表6-6**

序号	代码	用地性质	用地面积（hm^2）	百分比（%）	Ψ
1	E1	水域	737.95	18.92	1
2	H	其他建设用地	301.7	7.74	0.7
3		非绿化建设用地	2250.00	57.69	0.8
4	G	绿地及广场用地	562.50	14.42	0.25
5	E2	农林用地	47.85	1.23	0.15
总计			3900	100.00	0.74
建设用地规模（不含其他建设用地）			2812.5		

100年重现期对应各类用地规模　表6-7

序号	代码	用地性质	用地面积（hm^2）	百分比（%）	ψ
1	E1	水域	737.95	18.92	1
2	H	其他建设用地	301.7	7.74	0.7
3	E3	其他非建设用地	1800.00	46.15	0.8
4	G	绿地及广场用地	450.00	11.54	0.25
5	E2	农林用地	610.35	15.65	0.15
总计			**3900**	**100.00**	**0.66**
建设用地规模（不含其他建设用地）			**2250**		

六、基于生态承载力的人口容量控制

早期生态承载力的研究，多基于生态系统对承载对象的容纳能力，体现为一种平衡的状态。从种群生态学视角，在食物供应、栖息地、气候、竞争等因子共同影响下，生态系统中任何种群的数量均存在一个阈值，生态系统亦存在维持和调节系统能力的阈值，超过此阈值，生态系统将失去平衡，以致遭到破坏。随着复合生态系统理论的提出和完善，生态承载力研究越来越强调人类的主导能动作用，在生态系统结构和功能不受破坏的前提下，生态系统对外界干扰特别是人类活动的承受能力，表现为生态系统的自我维持、自我调节能力、资源与环境子系统的供容能力及其可维育的社会经济活动强度和具有一定生活水平的人口数量。生态承载力概念的诞生，可以说是对资源与环境承载力概念的扩展与完善。

人类的可持续发展必须建立在生态系统完整、资源持续供给和环境长期有容纳量的基础上，人类的活动也因而必须限制在生态系统的弹性范围之内。换句话说，就是人类的活动不应超越生态系统的承载限制。因此，生态承载力的概念可概括为：生态系统的自我维持、自我调节能力，资源与环境子系统的供容能力及其可维持的社会经济活动强度和具有一定生活水平的人口数量。生态承载力理论与方法研究是可持续发展理论的重要组成部分，生态承载力的不断提高是可持续发展的必要条件，对生态承载力的概念和评价方法的研究也有利于可持续发展科学的发展与完善。

近年来，生态承载力研究主要从两个角度开展：一是压力角度，即用种群数量、环境污染强度、人口数量等指标来表征承载力；二是支持力角度，即以资源供给量或环境容量指标直接表征。具体测度又分为两类：绝对指标，即从定义出发根据可利用资源的多少和环境容量的大小来确定可支撑的人口和社会经济发展规模；相对指标，即将承载力无量纲化，用综合指数来衡量，确定其是否在合理阈值内。综合国内外相关研究，中法生态城主要运用的方法有生态足迹法及碳氧平衡法进预测。

生态足迹理论是由加拿大生态经济学家William和Wackermgel提出的，指在一定人口与经济规模条件下，维持资源消费和废物消纳所必需的生物生产性土地面积。生态承载力则是一个区域能提供给人类的生物生产性土地面积的总和，生态足迹的计算结果比生态承载力小，则出现生态盈余的现象，表明人类对自然资源的使用以及对生态环境带来的影响处于生态承载力范围内，生态环境保持的较好；反之，就会出现生态赤字，表明该地区人类对自然资源的使用和开发量超过了生态系统能够承受的范围，生态环境状况较差，呈现不可持续状态。生态足迹是衡量城乡生态服务功能，提供城乡人口生产、生活和吸纳人类产生废物所需的生物生产性土地的一个综合性指标。人类的生态足迹反映了对自然的索取，它将人类所消费的各种物质、能源折算成生物生产性土地面积，从而架起人类社会经济活动与生态环境的桥梁。生态足迹法易于理解，通过计算维持现在的生活方式所需要的土地，能够清楚地表明社会活动对环境的影响。

碳氧平衡法是计算区域生态系统的释碳耗氧与固碳释氧的能力差异，进而预测保证区域碳氧平衡所需要的生态用地数量。城市环境中，空气的碳氧平衡是在不断调整绿色植物和各种耗氧关系基础上进行的，其平衡能力的大小对城市发展的可持续性有潜在影响。研究二氧化碳与氧的消耗与供应关系及分配特征，有助于通过城市绿地系统规划，保证近地大气层中耗氧与制氧因子的良性循环。为城市绿地系统规划提供决策依据。我国有多个城市，如上海、厦门、石家庄、郑州都采用了碳氧平衡法来计算生态用地需求。其计算原理是：在原规划区红线区域外一定范围内圈定一大块用地，将规划区囊括其中，由碳氧平衡法计算大区域用地需求，再由面积比例分配后，得到规划区所需绿地面积。

规划生态承载力研究中由遥感影像得到以下结论：大范围面积为180.87平方公里，其中，耕地4195.73公顷，林地3995.64公顷，水域3291.44公顷。大区域内人口由大区域总面积除以蔡甸区人均用地面积得到。考虑到生态城低排放特点，综合确定合理开发面积17平方公里，绿地面积最低（折算成林地）需要达12.17平方公里，可承载20万人口。

基于排涝安全保障、生态承载力分析，并结合经济总量发展趋势、职住平衡测算等多种方法的预测，生态城总体规划确定至规划期末（2030年），规划城市建设用地面积17平方公里，规划总人口20万，人均城市建设用地面积控制在85平方米。

结构与布局

——协同并进的方向

一、基于生态框架建立组团式空间结构

总体规划从四个方面考虑中法生态城发展要素。一是区域的整体格局。中法生态城位于武汉市主城区向西辐射的主要轴线上，在汉阳区和蔡甸城关之间。按照武汉都市区轴向组团拓展的发展模式，未来中法生态城应主要沿东西向进行拓展。二是宏观生态角度。中法生态城汉蔡高速以北均处于生态敏感区，境内有大面积湖泊、湿地、耕地、鱼塘等大小水体散布其间。此外北部汉江是重要的饮用水源，南部后官湖是重要的调蓄、景观水体，未来中法生态城应依托什湖生态核心，通过既有的香河、高罗河等水系，强化南北向生态通廊，打造区域一体化的生态格局。三是产业发展趋势。中法生态城南接武汉经济技术开发区、北临武汉临空港经济技术开发区，是武汉市重要的现代制造业基地，而且范围内有东风雷诺整车厂区，应重点培育现代服务业等高附加值、低能耗、集约化的产业类型，提升中法生态城的吸引力和影响力。四是既定要素。规划的兰福高铁将在东风雷诺厂区南部设置新汉阳站（武汉西站），而且轨道4号线延长线（蔡甸线）将沿新天大道延伸至蔡甸城关，并在中法生态城内设置5个站点，未来中法生态城可采取TOD开发模式，依托高铁站点和轨道站点实现高强度开发和组团式发展。

综合考虑四个发展要素基础，结合中法生态城未来发展定位、生态框架、产业发展趋势、可建设空间分布和土地利用情况，规划期内，其建设用地空间应以新天大道为主要发展轴，各功能片区沿轴线布局，强调产城融合和功能混合。总体布局结构以体现“生态低碳”特色，切实保护宏观生态格局为原则，实现各功能组成部分有机联系和互补，逐步实现高效城市运营与和谐的城市发展共赢的局面。由此确定中法生态城“一轴、一心、多廊、多组团”的总体空间结构（图7-1），实现城市建设与生态环境相互融合，构筑生态型新城。

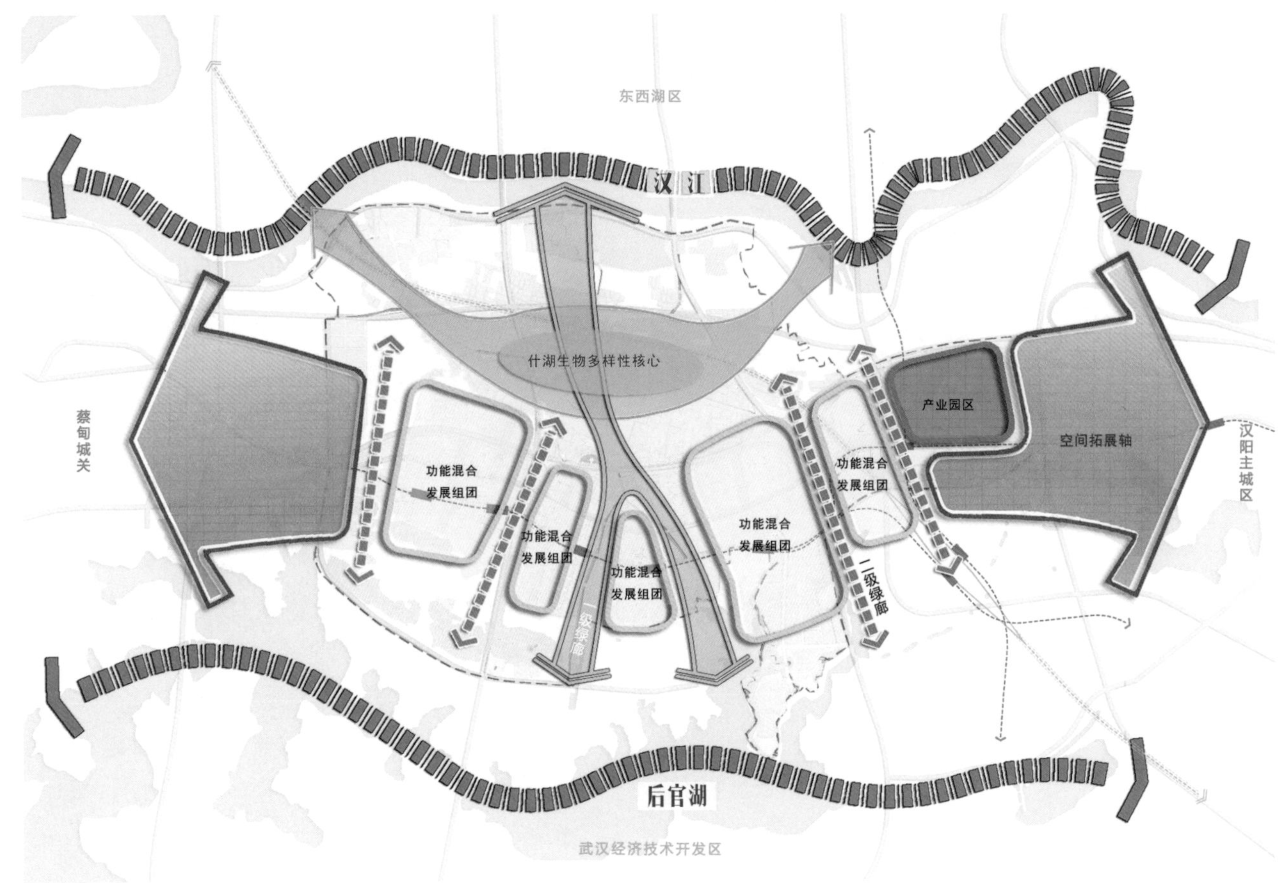

图7-1 规划结构图

总体空间结构中，“一轴”即新天大道空间拓展轴。主要依托新天大道、轨道4号线延长线（蔡甸线）形成的综合交通走廊，打造中法生态城东西向空间拓展主要轴线，主要的城市功能和建设用地集中在该条轴线上；“一心”即什湖生物多样性核心。主要依托什湖及周边湿地，打造中法生态城生物多样性中心区，确保预留足量的生态空间。“多廊”即多条生物多样性的生态廊道，为保证南北向的生态联系和景观的渗透性，结合香河、高罗河等水系和城市主要道路，打造以南北向为主的多条生态廊道，确保什湖与后官湖、汉江、马鞍山等生态要素的连通，构建区域整体生态框架，并将建设用地划分成适宜尺度的片区，包括产城融合发展区之间的生态廊道和内部生态廊道。“多组团”即多个功能混合的产城融合组团，依托既有的生态框架，采取组团式发展模式，沿新天大道空间拓展轴布局若干产城融合的组团，组团内部以混合用地为主，强调功能的混合，减少内部的交通。

二、融合中法构想的用地规划布局

结合TOD模式，形成用地混合、产城融合、城绿咬合的用地方案（见图7-2）。用地布局体现在以下特点：一是保留现状大型工业用地、近期建设的居住用地及马鞍山周边农村居民点；二是结合中法科技谷预留一定量科技研发用地；三是落实有明确意向的大型文化设施用地；四是结合TOD模式，在生态城内创新性设置高、中、低三类混合用地。

中法生态城城市建设用地分类和代码按《城市用地分类与规划建设用地标准》执行，建设用地分为七大类，其中为强调用地和功能的混合，增加混合用地（BR和RB）类型，规划各类建设用地面积和比例详见表7-1。

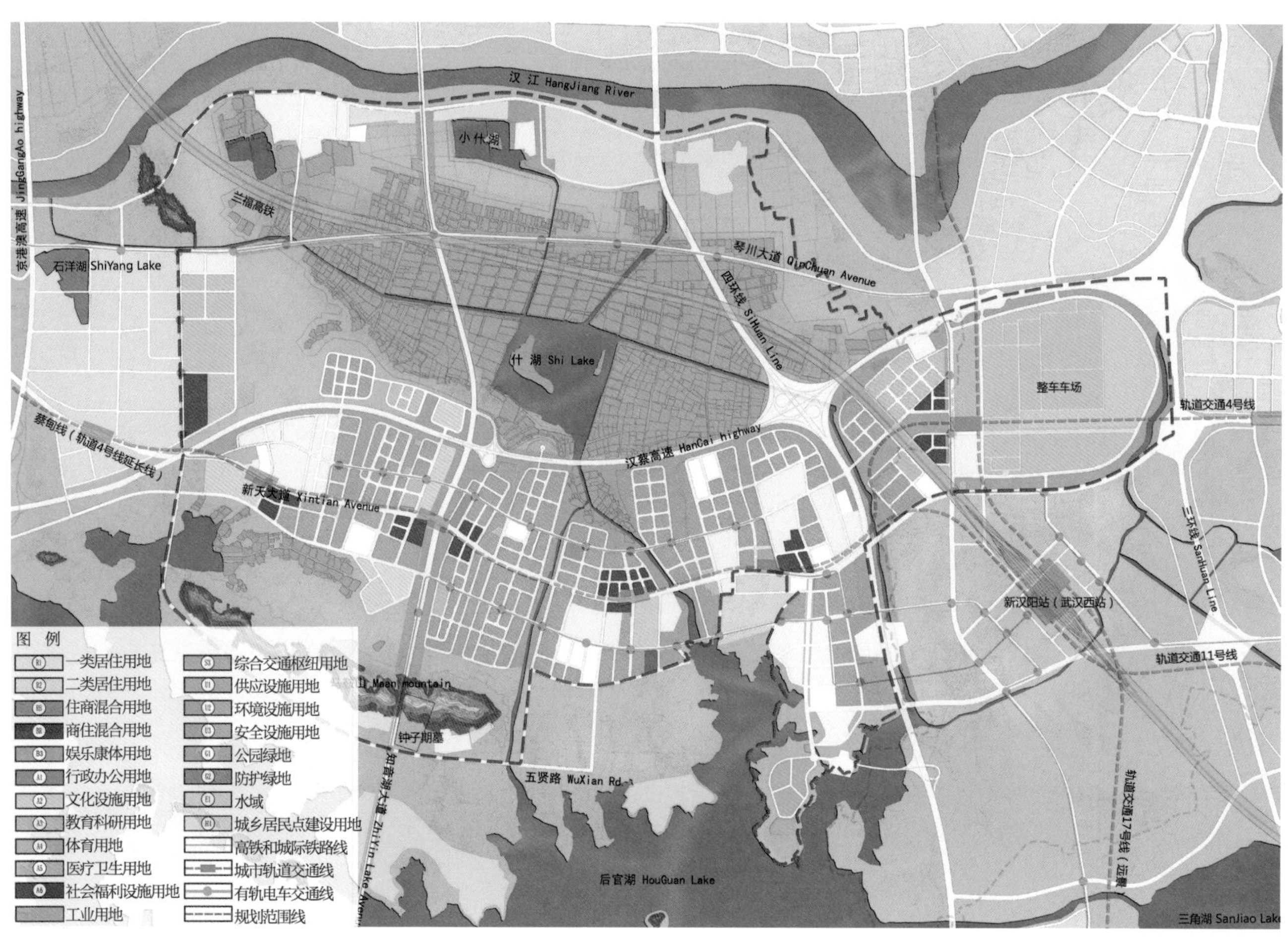

图7-2 规划用地图

规划用地平衡表 表7-1

序号	代码	用地性质	面积（ha）	比例（%）	人均（m^2）
1		混合用地	413.47	24.32	20.67
	BR	商住混合用地	49.99		
	RB	住商混合用地	363.48		
2	R	居住用地	193.48	11.38	9.67
	R1	一类居住用地	27.48		
	R2	二类居住用地	166		
3	A	公共管理与公共服务用地	150.83	8.87	7.54
	A1	行政办公用地	5		
	A2	文化设施用地	38.57		
	A3	教育科研用地	91.38		
	A4	体育用地	3.48		
	A5	医疗卫生用地	10.1		
	A6	社会福利设施用地	2.3		
4	B	商业服务设施用地	19.30	1.14	0.97
	B3	娱乐康体用地	19.30		
5	M	工业用地	255.94	15.06	12.80
6	S	交通设施用地	293.21	17.25	14.66
	S1	城市道路用地	260.59		
	S3	综合交通枢纽用地	23.9		
	S9	其他交通设施用地	8.72		
7	U	公共设施用地	7.67	0.45	0.38
	U1	供应设施用地	2.35		
	U2	环境设施用地	3.42		
	U3	安全设施用地	1.9		
8	G	绿地及广场用地	366.10	21.54	18.31
	G1	公园绿地用地	336.4	19.79	16.82
	G2	防护绿地用地	29.7		
9	城市建设用地总计		1700.00	100.00	85.00
10	H	其他建设用地	291.97		
	H1	村庄建设用地	55.27		
	H2	区域交通设施用地	185		
	H3	特殊用地	51.7		
11	E	非建设用地	1908.03		
	E1	水域	737.95		
	E2	农林用地	1170.08		
12	总计		3900.00		

三、“蓝绿产城”主导功能分区

依据生态城建设区空间布局形态，结合生态框架、交通条件和制约因素，将功能布局（图7-3）确定为八片产城融合发展区（即生态城生活和生产服务的重点地区：包括知音产城融合发展区、友谊产城融合发展区、马鞍山产城融合发展区、左岸产城融合发展区、印象产城融合发展区、新天产城融合发展区、黄金口产城融合发展区和蔚蓝海岸产城融合发展区）、一片中法科技谷、一片整车生产与研发集聚区、一片农业生态区、一片湿地公园与旅游服务区、两片生态公园控制区（即知音文化生态公园控制区和中法友谊生态公园控制区）。

（一）产城融合发展区

产城融合发展区包括知音产城融合发展区、友谊产城融合发展区、马鞍山产城融合发展区、左岸产城融合发展区、印象产城融合发展区、新天产城融合发展区、黄金口产城融合发展区和蔚蓝海岸产城融合发展区，主要沿新天大道建设发展轴布局，是为生态城生活和生产服务的重点地区。

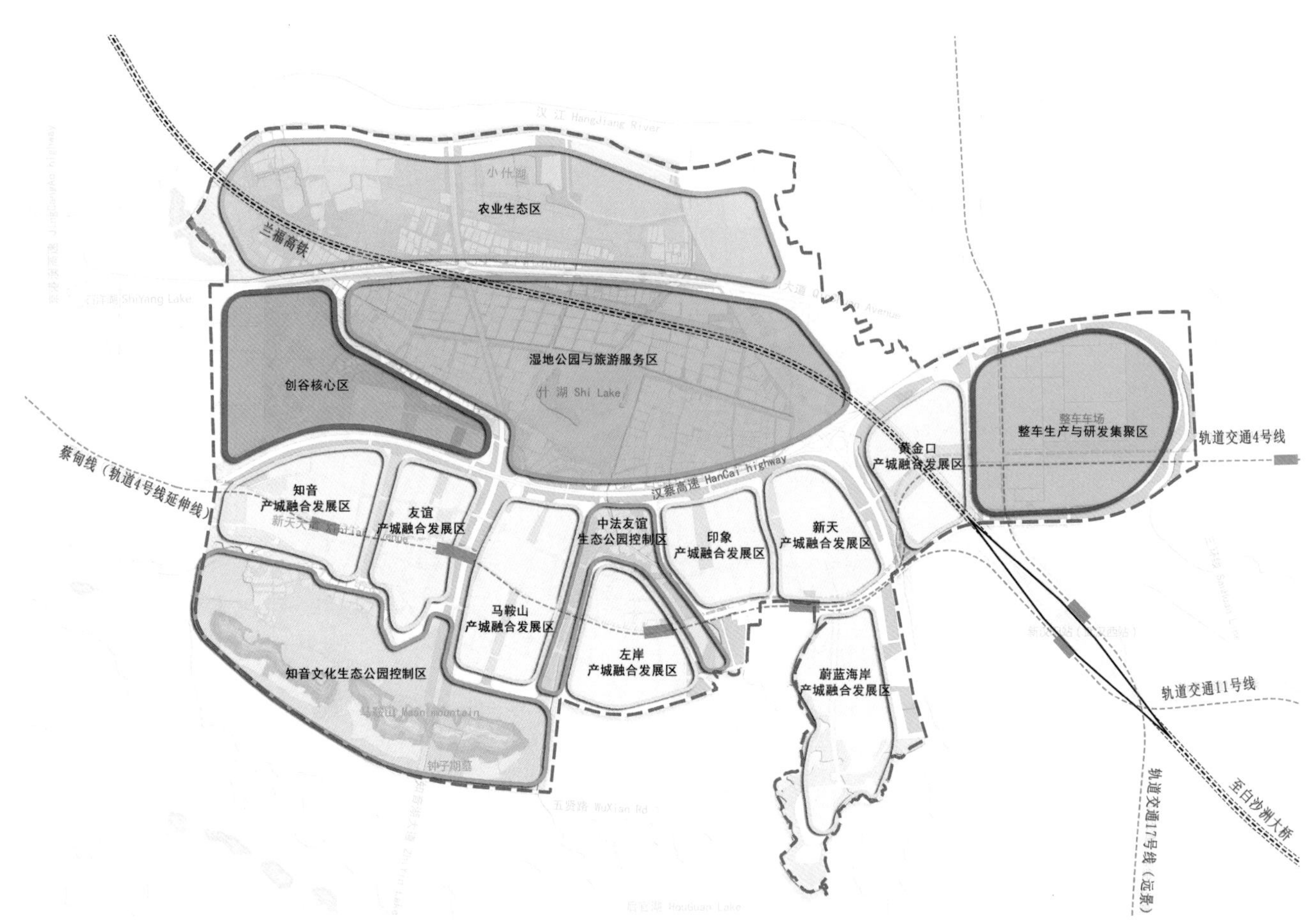

图7-3 规划功能分区

知音产城融合发展区

包括新天大道和汉蔡高速交叉口处的新天大道两侧用地，面积约1.3平方公里。主导用地性质为二类居住、商住混合、住商混合、区级文化设施和公园绿地。该发展区作为生态城启动区进行建设，围绕轨道站点沿知音湖大道布局商住混合用地和区级文化设施。

友谊产城融合发展区

包括知音湖大道以西、汉蔡高速以南用地，面积约1.2平方公里。主导用地性质为商住混合、住商混合、二类居住、区级公共管理与公共服务设施和公园绿地。该发展区作为生态城启动区进行建设，围绕轨道站点沿知音湖大道布局大型公共服务设施，为生态城先期对外形象展示区。

马鞍山产城融合发展区

包括知音湖大道以东、新天大道两侧用地，面积约1.7平方公里。主导用地性质为商住混合、住商混合、行政办公和公园绿地。该区域内行政办公设施与友谊产城融合发展区内公共服务设施共同构成生态城综合服务中心。

左岸产城融合发展区

包括高罗河以西、新天大道两侧用地，面积约1.3平方公里。主导用地性质为商住混合、住商混合、二类居住和医疗卫生。该区域结合轨道站点打造较为密集的商业办公服务区，其外围以高标准住宅为主。

印象产城融合发展区

包括高罗河以东、新天大道北侧用地，面积约1.1平方公里。主导用地性质为住商混合、二类居住和公园绿地。该发展区以高标准住宅为主，混合有部分商业和办公用地。

新天产城融合发展区

包括四环线以西、新天大道北侧用地，面积约1.1平方公里。主导用地性质为商住混合、住商混合和二类居住。现状还建楼盘较多，建筑品质较低，配套公共服务设施较为缺乏，应提高建设标准，完善该区域公共服务配套设施体系，建设高标准住宅，加强空间景观和环境设计。

黄金口产城融合发展区

包括四环线以东、新天大道北侧用地，紧邻东风雷诺产业园，面积约1.5平方公里。主导用地性质为商住混合、住商混合、教育科研和防护绿地。该发展区以研发为主、居住为辅，中部被高铁控制线所分割，需处理好高铁线两侧功能的联系以及与高铁线的关系。

蔚蓝海岸产城融合发展区

包括四环线以西、后官湖北岸用地，面积约1.4平方公里。主导用地性质为住商混合、一类居住和娱乐康体用地。紧临后官湖，生态条件较为敏感，因此主要控制为高品质低密度住宅区、商业服务和文化旅游区。

（二）中法科技谷

中法科技谷包括琴川大道、汉蔡高速和知音湖大道所围合用地，面积约2.8平方公里。主导用地性质为教育科研、住商混合、一类工业和二类居住等。中法科技谷由凤凰山工业园区和中法大学园区共同构成，主要产业包括教育培训、低碳生态技术、文化创意、农业观光示范产业等。对凤凰工业园现有产业用地进行升级和优化，在孵化、企业、金融、人才、智慧等服务领域建重点平台，为创业者提供工商服务、产品研发、项目融资等完善服务，并在汉蔡高速以北引进法国的先进办学理念、宗旨、模式，与武汉地区的现有教育基础结合，开设国际教育学校，打造中法两国青少年共同学习和交流的平台。

（三）整车生产与研发集聚区

整车生产与研发集聚区包括三环线以西、汉蔡高速南侧用地，面积约2.7平方公里，主导用地性质为工业和公用市政设施。主要依托东风雷诺整车制造基地，利用法国在清洁能源汽车配件生产上的先进理念与技术，引进并发展清洁能源汽车研发产业，打造武汉地区清洁汽车配件产业研发基地，并积极拓展省外市场。

（四）农业生态区

农业生态区包括琴川大道北侧全部用地，面积约7平方公里。该区域除已建的约45公顷二类居住用地进行保留外，其发展建设需满足以下准入条件。可以准入风景名胜区、湿地公园、森林公园、郊野公园的配套旅游接待、服务设施、生态型休闲度假项目、必要的农业生产及农村生活服务设施、必要的公益性服务设施以及其他经规划行政主管部门会同相关部门论证，与生态保护不相抵触，资源消耗低，环境影响小，经市人民政府批准同意建设的项目。应进行保护性开发，并慎重研究决定建设项目的性质、规模和开发强度。

（五）湿地公园与旅游服务区

湿地公园与旅游服务区包括知音湖大道、四环线、琴川大道和汉蔡高速围合的区域以及知音湖大道以西的局部区域用地，面积约5.6平方公里，主导用地性质为生态湿地、水域和生态，为生态城绿心。主要利用优良的生态环境及周边优越的农业生态景观及湿地资源，发展休闲观光旅游及其配套服务业，推动当地旅游业的发展。同时，以蔡甸正发展崛起的有机农业为产业基础，在新城范围内发展生态有机示范农业，实现生态有机示范农业的示范效应。

（六）生态公园控制区

生态公园控制区包括知音文化生态公园和中法友谊生态公园控制区。其中：

知音文化生态公园控制区包括马鞍山及其周边用地，面积约4.2平方公里，主导用地性质为山体、水域和生态。该区域主要依托马鞍山自然资源优势和现有的钟子期墓，发展以

“知音文化”为主题和以自然体验为主体的风光旅游业，除必要的旅游服务设施外禁止开发建设。

中法友谊生态公园控制区包括马鞍山、左岸、印象三片产城融合发展区之间控制的两条南北向一级生态廊道，面积约0.9平方公里，主导用地性质为公园绿地和水域。该区域主要依托优良的生态廊道和水体资源，发展以“中法友谊”为主题和以自然体验为主体的风光旅游业，除必要的旅游服务设施外禁止开发建设。

产城融合
——打造幸福家园

基于创新发展理念，发展高新技术研发创新，促动产业转型与升级，并于汉江南岸打造融合中法双方理念和经验的生态科技谷，打造产城融合、职住平衡的中法武汉生态示范城。

一、合作共赢的产城融合目标

（一）中法产业融合的模式

中法双方共同探讨了产业融合发展的三种可行模式，包括一个平台、一个生态特区和一个合作加速器。

搭建可持续发展国际平台，推进中法两国国家层面的城市可持续发展和环境领域的全过程合作；共建可持续发展生态特区，建设具有中法文化特色街区和中法共建生态示范社区；形成以技术为先导、以文化为载体的创新型中法绿色经济合作推进器，形成国际化的可持续发展研究示范及推广中心，中法文化艺术交流、研究及示范推广的区域中心。

（二）中法产业融合的方向

中法产业融合立足于生态城的本地产业特色，在充分挖掘法方优势及可引进产业的基础上，中法双方认为在汽车、文化创意、物流、食品加工、都市农业等产业方向和领域有条件得到充分融合。

1. 汽车产业

在蔡甸区汽车制造业产业链初步形成的基础上，生态城引进汽车制造业强国——法国先进的、高端的汽车制造技术，结合法方人性化设计基点、前卫的理念及汽车空间设计等拉动汽车创意设计产业的发展，以此带动区域汽车制造业进一步发展。此外，法方在汽车新能源、洁净及节能汽车的研发领域，也已拥有较成熟的核心技术和自主创新成果。中法双方可在汽车产业新能源及节能研发等方面共同交流和合作，促使汽车产业的可持续发展。

2. 创意产业

未来生态城发展可以借鉴法国创意产业发展思路及理念，以“文化艺术”“科技”“时尚”为主题，以政府为主要引导，传承蔡甸“知音文化”注重交流的本质，发展商业艺术演出、音乐唱片事业、出版业、影视业、制造业、科技文教业等创意教育研发产业；同时引进与融合发展法国发展较好的香水及化妆品、时装和葡萄酒等创意产业。

3. 旅游业

以法国“通过营造舒适多样的旅居环境、建设现代化高品质的旅游交通网络和提供优质的旅游服务”的经营手段为依托，借鉴阿尔卑斯山、黄金海岸及法国对乡村和历史遗迹保护、开发和经营模式的成功案例，结合蔡甸丰富的湿地景观、农业景观、健康休闲项目、商务旅游平台、文化艺术底蕴等，发展休闲观光旅游业、休闲度假旅游业、运动赛事旅游业、商务会谈旅游业和科技文化旅游业等，同时发展高端旅游住宿产业以及和旅游相关的服务产业。

4. 物流产业

运用法国在货物运输方面先进的高速铁路货运技术，在欧洲独占鳌头的数字通信及EDI（电子数据交换）的优势，引进其在物流装备技术方面的先进技术，结合蔡甸优越的地理位置——距离武汉天河机场仅44公里，新城内将建设武汉市第四个高铁站和规划的高铁线路、高速公路等，并利用具有一定辐射作用的便利交通条件，为货物的集散与积聚构筑更加便捷的渠道，发展依托高铁站点和线路的三维综合、技术高端、效率卓越的高铁物流中心。

5. 食品加工业

研究法方在高度发达的食品加工机械部门的管理经验，引进新原理、新技术、新工艺、新材料，结合蔡甸区已有的食品加工产业基础，采用动力、燃料及水消耗少的食品加工机械和利用率高的食品加工原料，并注重借鉴法国在产品品种创新、食品包装创新和采购、销售渠道创新几个方面的创意构思和成功经验，实现规模效应，推动自身可持续发展。

6. 都市农业

法国在理性农业、标准化农业方面具有多位一体的农业循环模式示范，中方可以借鉴其在农业生产中推广的科研成果及创新的理念，结合蔡甸拥有的丰富的土壤生物类群，尤其是已形成的莲藕、优质西甜瓜、藜蒿等名特水产、精品瓜果蔬菜正规化基地，以及规划区内（主要分布在汉蔡高速公路以南的区域，少量分布在知音湖以北）有机质含量高的肥沃土壤，充分发挥其现代都市绿色农业良好的发展基础，发展高科技含量、高附加值、农业效率高的都市有机农业，并可建设相关农业技术的交流及研究推广应用中心。

二、职住平衡的规模控制要求

中法生态城的产城融合，核心是促进居住和就业的融合，即居住人群和就业人群结构的匹配，促进产业与城市的同步发展。产业结构决定城市的就业结构，而就业结构是否与城市的居住供给状况相吻合，城市的居住人群又是否与当地的就业需求相匹配是是否形成产城融合发展的关键。职住平衡规模控制包括比例和用地布局，从我国合理的城市职住比大约在0.5～0.7。发达国家和我国相关成功产业园区的经验显示，职住平衡比例超过60%就基本实现这个目标。

根据生态城的产业发展目标和规划各类用地的面积，按照合理的容积率和人均建筑面积推算，生态城办公区就业岗位5.8万，酒店餐饮业就业岗位0.8万，商业就业岗位1.5万，教育研发就业岗位2.0万，高端制造业就业岗位0.5万，现代农业提供就业岗位0.5万，其他行业就业岗位1.3万，总就业岗位12.4万。

从就近平衡就业和居住的角度，按照就业住房平衡指数（生态城居民中在本地就业人数占可就业人口总数的比例）60%计算，本地居民中可就业人口14.2万。按1：1.4的带眷系数推算，本地居住人口20万（表8-1）。

不同业态就业人口分布一览表　　　　**表8-1**

<table>
<tr><th>序号</th><th colspan="2">经济功能</th><th>就业人口比例（%）</th><th>就业人口（万人）</th><th>建筑面积（万m^2）</th></tr>
<tr><td>1</td><td colspan="2">办公区：决策总部／中心、支持</td><td>47</td><td>5.8</td><td>90 ~ 140</td></tr>
<tr><td rowspan="3">2</td><td colspan="2">酒店餐饮及商业</td><td>19</td><td>2.3</td><td>50 ~ 90</td></tr>
<tr><td rowspan="2">其中</td><td>酒店餐饮</td><td>7</td><td>0.8</td><td>10 ~ 20</td></tr>
<tr><td>商业</td><td>12</td><td>1.5</td><td>40 ~ 70</td></tr>
<tr><td>3</td><td colspan="2">文化创意、教育研发</td><td>16</td><td>2.0</td><td>40 ~ 100</td></tr>
<tr><td>4</td><td colspan="2">高端制造</td><td>4</td><td>0.5</td><td>140 ~ 170</td></tr>
<tr><td>5</td><td colspan="2">现代农业</td><td>4</td><td>0.5</td><td>—</td></tr>
<tr><td>6</td><td colspan="2">清洁，能源，健康等其他行业</td><td>10</td><td>1.3</td><td>—</td></tr>
</table>

三、优特并举的产业选择方向

（一）中法生态城产业选择思路

在产业选择思路上，基于蔡甸的经济基础及未来发展的趋势，中法产业合作有三种能级产业。

基础类产业：预期投入较低，短期见效，实施性强；以面向大众消费的产业为主，对拉动税收和经济的增长有一定作用，但对产业提升作用有限。基础类产业立足当前，依托蔡甸现有的产业基础，契合当前市场发展需求，积极引入较为成熟的产业。

提升类产业：预期投入较高，但中短期见效，实施性较强；不仅能促进经济增长，且对产业发展有持续拉动和提升作用。该类产业在现有基础上，引入法国较为成熟且具有一定带动意义的新型产业、技术，促进产业提升。

机遇类产业：预期投入大，周期长，具有较强的不确定性和风险性；目前对经济增长的贡献有限，但成长性很高、对地区或城市产业的整体升级具有很强的先导性。机遇类产业可面向未来，以国家策略及世界潮流为导向，引入风险与效益并存的战略性项目，助推蔡甸区乃至武汉市产业的跨越式发展。

对法国优势产业进行预期投入、起步周期和战略意义三个方面的评价，初步筛选适合中法合作的产业类型（表8-2）。

法国优势产业分析表 **表8-2**

		预期投入		起步周期		战略意义		综合评价结果
第一产业	生态有机农业	2	较低	1	短	5	高	基础类
第二产业	汽车装备制造及配套产业	2	较低	1	短	1	低	不适宜发展
	清洁能源产业	4	较高	3	中	5	高	机遇类
	先进生态加工业	2	较低	1	短	4	较高	提升类
第三产业	旅游业	2	较低	1	短	3	较高	基础型
	文化产业	2	较低	3	中	5	高	提升类
	时尚产业	5	高	5	长	5	高	机遇类
	创意产业	5	高	5	长	5	高	机遇类
	职业教育产业	4	较高	4	中长	3	中高	提升类
	健康产业	4	较高	3	中	4	较高	提升类
	高端服务业	5	高	2	较短	5	高	提升类
	通信与信息产业	4	较高	3	中	3	中高	提升类
	技术创新与研发业	5	高	3	中	4	较高	机遇类
	物流业	4	较高	3	中	1	低	不适宜发展

注：表格中预期投入数值1-5依次是由低到高，起步周期数值1-5依次是由短到长，战略意义数值1-5依次是由低到高。

法国优势产业中适合在中法武汉生态示范城发展的产业有：生态有机农业、清洁能源产业、先进生态加工业、旅游业、文化产业、时尚产业、创意产业、职业教育产业、健康产业、高端服务业、通信与信息产业、技术创新与研发产业。

（二）中法生态城具体产业类型

综合考虑蔡甸基础情况和法方优势，确定最终一、二、三产业类型（图8-1）如下：

1. 第一产业为生态示范农业、观光示范农业、农业种植等

依托生态新城得天独厚的山水生态优势，以蔡甸正发展崛起的有机农业为产业基础，在新城范围内发展生态有机示范农业，实现生态有机示范农业的示范效应。

提高农业科技化水平，增加观赏性花卉苗木的种植。利用都市生态有机农林业，形成城市生态景观保育区。引进景观作物种植模式，结合休闲旅游发展都市农业相关产业链，提升旅游服务，发展生态都市示范农业及观光农业。

2. 第二产业包括汽车整车制造、新能源汽车研发、智能装备研发等

汽车整车制造：鉴于现状的二类产业用地位于生态城东侧，面积约217公顷，是东风雷诺的整车制造基地，该项目年产60万辆整车，近期规模为年产30万辆，投资约70亿元。

清洁能源汽车研发：依托东风雷诺整车制造基地，利用法国在清洁能源汽车配件生产上的先进理念与技术，引进并发展清洁能源汽车研发产业，打造建设武汉地区清洁汽车配件产业研发基地，并积极拓展省外市场。

智能装备研发：依托汽车制造，研发具有感知、分析、推理、决策、控制功能的制造装

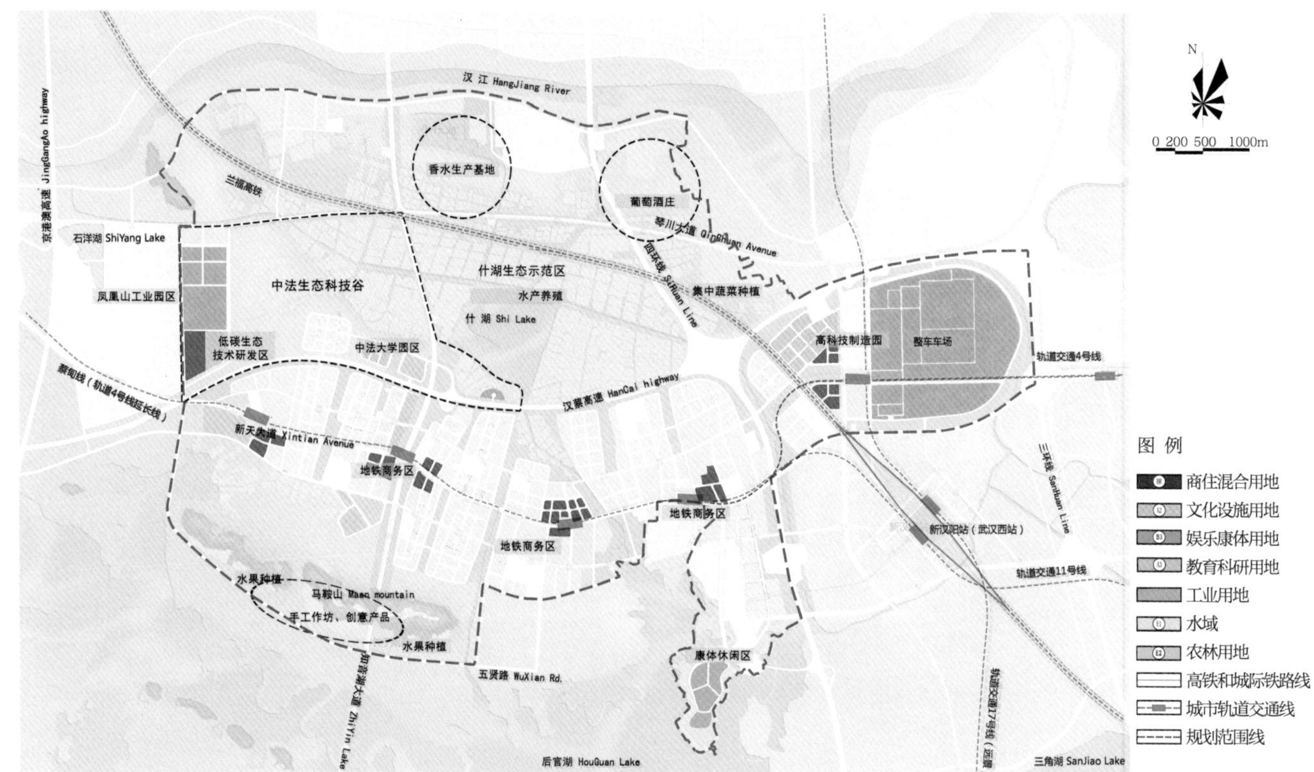

图8-1 产业用地布局图

备，集成和深度融合先进制造技术、信息技术和智能技术。

3. 第三产业包括高新技术研发、低碳生态技术、文化创意、教育培训、生命健康、商务金融等

高新技术研发：通过中法交流的契机，学习法国在生态城市、智慧城市建设方面先进的信息、生物、节能环保材料等技术，引进和推广生态城市、智慧城市建设的高新技术，旨在建立武汉地区的高新技术研发产业基地。

低碳生态技术：发挥生态城的高科技低碳生态技术带动示范作用，以中法科技文化交流为契机，依托法国先进的低碳生态技术理念，积极发展低碳生态技术产业。包括低碳生态可持续发展技术研发及服务、湿地水资源综合技术、有机观光都市农业技术服务。

文化创意：蔡甸区自身文化底蕴深厚，有“知音文化”故里之称。可以通过开设演艺表演厅和书画博物馆，举行代表本地文化的演艺表演和书画展示活动来展示本地区历史资源、知音故事、民俗传统等文化特色。建设具有本土特色的文化设施及配套设施的现代服务产业。利用中法文化交流契机，建设围绕文化与时尚的创意产品设计与生产的文化产业基地。包括生活艺术方面，如旅游、奢侈品、美食等；中法文化设施方面，如表演、博彩等。

教育培训：依托中法文化交流及科技交流平台，推广以酒店管理、法式厨艺、影视表演艺术、影视制作艺术、工艺美术为主的法国职业教育。引进法国的先进的办学理念、宗旨、模式，与武汉地区的现有教育基础结合，开设中法两国青少年共同学习和交流的平台。

生命健康：依托后官湖山水交融的生态资源和同济医院的技术支撑以及“武汉·中国健康谷”项目，大力发展养老服务、康复中心、健康养生保健、健身运动等项目。借由中法合作的契机，引进国外先进的健康养老模式，发展国际特色养生、家庭式养老、旅游休闲等医疗健康产业。

商务金融等服务：依托生态城轨道沿线的良好交通优势，重点发展包括商务办公、商务服务、金融服务等高附加值的商业。

居住区和老年人休闲疗养中心发展以社区超市、综合超市为主的零售商业。依托生态城内的各个旅游片区和旅游项目发展服务于游客的旅游服务商业。

四、完善共享的公服设施体系

（一）大型公共服务设施

从区域服务角度出发，优先落地重大公共服务设施，包括以博物馆为主题的两湖书院，占地15公顷；以创意和创作艺术为主题的新媒体文化中心和中法文化中心，分别占地4.6公顷和2.5公顷；以可持续发展为主题的中法农业与可持续发展研创中心和中法文化中心，总占地面积5.5公顷；还有以运动为主题的体育中心，以康体、旅游休闲为主的“法式小镇”等，作为生态城对外展示的窗口（图8-2）。

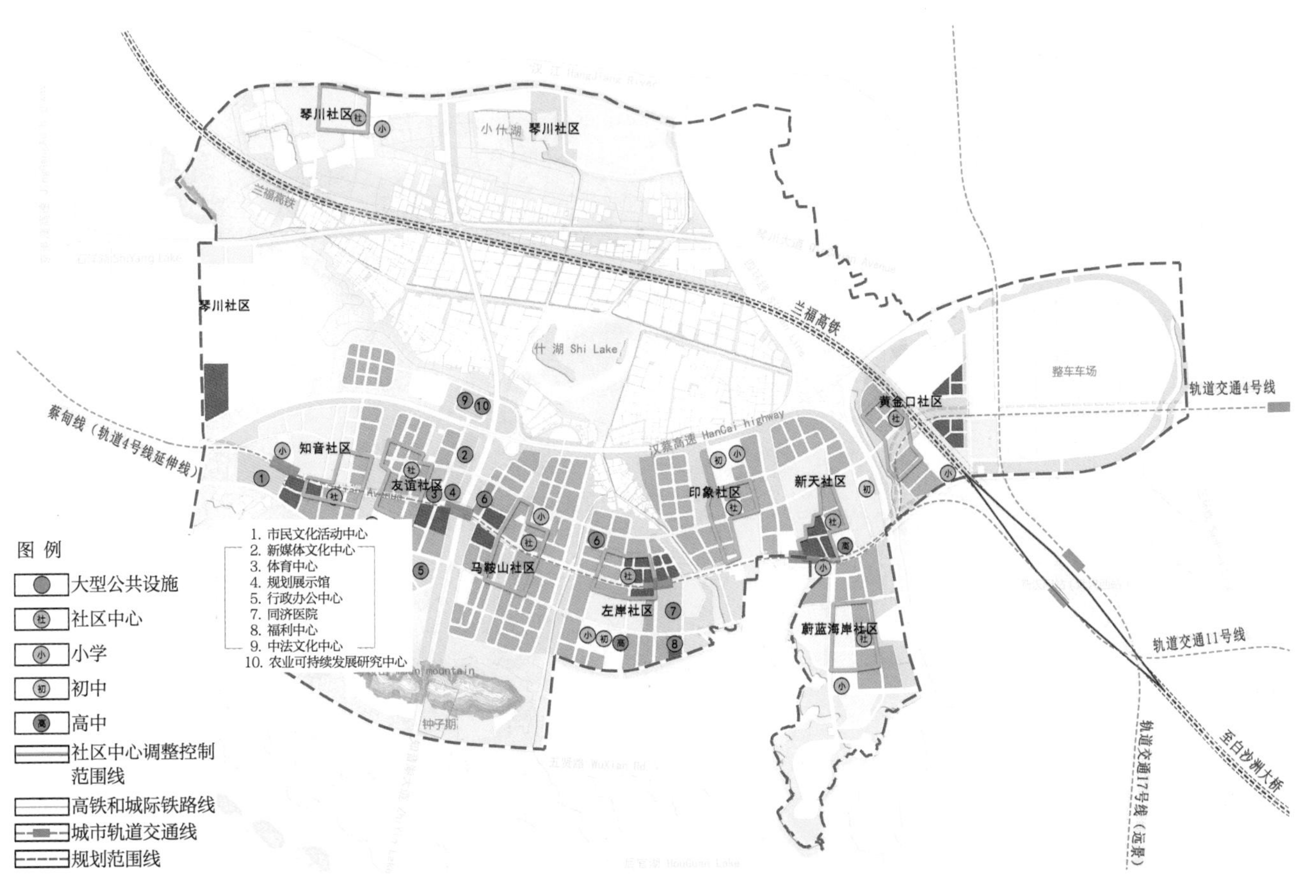

图8-2　公共服务设施分布图

（二）多层次的公共服务设施体系布局

结合用地布局，按照不同的服务半径，打造“新城中心—社区中心—小区中心—邻里中心”四个层级的公共服务设施体系（图8-3、表8-3），确保居住和就业人群享有更加完善的公共设施服务。

新城中心：围绕知音湖大道和新天大道交叉口，结合轨道站点配建一处生态城综合服务中心，规划建设商务办公、商业零售及大型体育、文娱、展示和综合性市民中心等设施，服务于生态城及周边区域。

社区中心：每个生态社区内配建一处社区中心，建筑面积2.5万平方米，共9处，主要结合社区内商住混合用地和住商混合用地进行混合布局，服务半径400~600米，服务人口1.5万~3万，其出行应控制在步行8~15分钟、自行车3~5分钟距离内。主要为居民提供餐饮、超市等十多项基本生活服务，建设“一站式社区服务中心”，为居民提供医疗卫生、商业服务、文化娱乐、体育活动、社会保障、中小学等公共服务。

小区中心：每个生态小区配建一处小区中心，建筑面积5000平方米，服务半径200~300米，服务人口0.7万，生态城内共配建小区中心28处。社区中心内配建商业零

图8-3　社区及小区中心体系图

售、文化活动站、卫生服务站、体育活动站、托老所、幼儿园，并包括居委会办公场所。

邻里中心：每个邻里中心建筑面积200平方米，作为社区居民的娱乐、交流场所，结合实际需要，可推出儿童托管等特色服务，由开发商配建并提供。

城市中心及社区中心配套设施一览表 **表8-3**

<table>
<tr><th>类别</th><th>序号</th><th colspan="2">项目</th><th>用地 / 建筑面积</th><th>数量</th><th>备注</th></tr>
<tr><td rowspan="7">新城公共服务设施</td><td>1</td><td colspan="2">行政办公中心</td><td>5 公顷</td><td>1</td><td></td></tr>
<tr><td>2</td><td colspan="2">项目展示馆</td><td>3.7 公顷</td><td>1</td><td></td></tr>
<tr><td>3</td><td colspan="2">新媒体文化中心</td><td>4.6 公顷</td><td>1</td><td></td></tr>
<tr><td>4</td><td colspan="2">中法文化中心</td><td>2.5 公顷</td><td>1</td><td></td></tr>
<tr><td>5</td><td colspan="2">两湖书院</td><td>15 公顷</td><td>1</td><td></td></tr>
<tr><td>6</td><td colspan="2">体育中心</td><td>4.0 公顷</td><td>1</td><td></td></tr>
<tr><td>7</td><td colspan="2">综合医院</td><td>10 公顷</td><td>1</td><td>同济医院</td></tr>
<tr><td rowspan="8">社区中心</td><td>1</td><td colspan="2">社区文化中心</td><td>4.5 万平方米</td><td>9</td><td rowspan="5">以建筑面积控制，结合社区内商住混合和住商混合用地混合布局</td></tr>
<tr><td>2</td><td colspan="2">社区体育中心</td><td>4.5 万平方米</td><td>9</td></tr>
<tr><td>3</td><td colspan="2">社区卫生服务中心</td><td>4.5 万平方米</td><td>9</td></tr>
<tr><td>4</td><td colspan="2">一站式行政服务中心</td><td>4.5 万平方米</td><td>9</td></tr>
<tr><td>5</td><td colspan="2">社区福利中心</td><td>4.5 万平方米</td><td>9</td></tr>
<tr><td rowspan="3">6</td><td rowspan="3">中小学</td><td>高中</td><td>8.7 公顷</td><td>2</td><td>适龄入学人口 3200。以 50 人 / 班计，需设小学 64 班。以 30 班 / 校计，需设 2 所高中</td></tr>
<tr><td>初中</td><td>12.7 公顷</td><td>4</td><td>适龄入学人口 4800。以 50 人 / 班计，需设小学 96 班。以 24 班 / 校计，需设 4 所初中</td></tr>
<tr><td>小学</td><td>30.8 公顷</td><td>9</td><td>适龄入学人口 10000。以 45 人 / 班计，需设小学 222 班。以 24 及 30 班 / 校计，需设 9 所小学（其中有一处结合恒大绿洲现状扩建）</td></tr>
</table>

交通融合
——示范低碳出行

在现代城市里，说起交通，人们首先想到的便是机动车运输。直观感受上，“交通”就是要快，要消耗能源，要人为建设许多改变自然的构筑物，是灰色的水泥路或高架桥，会产生环境污染、噪声污染等。而“生态”崇尚充分尊重自然，更多的是保留自然，是低碳环保节能的，是绿色“慢生活”的一种表现载体。正是因此，交通运输与生态发展之间似乎总是容易产生矛盾。如何在“交通”与“生态”之间找到一个合适的平衡点，是中法生态城必须解决的问题，也是首先要明确的交通发展方向。

“交通”运输的本质是实现人或物两点之间的位移，百余年前，公众出行以步行为主，或骑“宝马”、乘轿辇代步，彼时，蓝天白云，空气清新。伴随着科技的发展，生活节奏日益加快，机动车交通迅猛发展，以车为主的交通发展模式导致环境污染、拥挤低效、能源过多消耗等种种不可持续的人类发展问题。一座“生态”城，在城市发展语境中的内涵是“在保持现代城市经济活力的同时，对环境和资源的消耗最小”。“绿色交通”正是充分融合了“生态”发展理念的一种新型交通发展模式。它抛弃以往的车行世界，将交通问题回归到“人”本身，返璞归真的将步行、自行车、公交等低能耗、低污染出行方式提升到最高地位，在生态环境容量准许的范围内适度发展机动车交通，以此为基础建立可持续发展的交通体系，将生态城发展过程中的交通环境污染降到最低。正是因此，在规划之初便毫不犹疑地确定了“绿色交通”发展宗旨，立足建设环境友好、资源节约、服务高效、出行距离合理、出行结构可持续的综合交通体系。

一、良好的“交通基因”是一把“双刃剑”

中法生态城先天具有良好的对外“交通基因”，地区干路网发达，铁路轨道线站集聚，但反过来考虑则“生态基因”并不好，对外交通条件优越是一把双刃剑，一方面交通区位优势明显，对外交通条件优越；

而另一方面，多条过境通道穿越区域，对生态环境存在影响，这也是交通与生态之间最突出的空间矛盾，这是贯穿在整个交通规划布局中的一个问题。

（一）优越的交通区位条件

中法生态城有着优越的交通区位条件，位于武汉西四环与外环之间，紧邻武汉主城区。同时，交通可达性较高，依托三环线、外环线，能够快速通达武汉三镇，快捷联系省市政府、武汉领事馆区（规划）等职能机构，以及机场、火车站等城市交通枢纽，距离天河机场30分钟车程，距离三大火车站50分钟车程；依托四环线、汉蔡高速、新天大道、知音湖大道等快速通道，能够实现与黄金口产业园、东风雷诺汽车厂、蔡甸城关等周边重点地区的无缝衔接（图9-1）。

中法生态城对外铁路交通资源丰富，紧邻规划“新汉阳站”，有西武福高铁与武天、武潜城际铁路过境。“新汉阳站”是新一轮《武汉市铁路枢纽总图规划》确定的汉阳地区新增的重大客运枢纽，与目前的武汉站、汉口站、武昌站共同构成武汉三镇铁路主枢纽系统，该地区将打造成为武汉西南地区重要的交通枢纽和标志性门户，以铁路车站为核心，集长途客运、公交枢纽功能为一体的综合型客运枢纽。“新汉阳站”将为生态城带来经济、人流、物流活力，但同时，交通引导不好也易造成过境交通对生态城的干扰，带来负面的城市环境影响。

（二）旺盛的交通发展需求

1. 现状交通运行情况

中法生态城道路公交网络已具雏形，形成了“三快三主”路网骨架系统，区内次支路

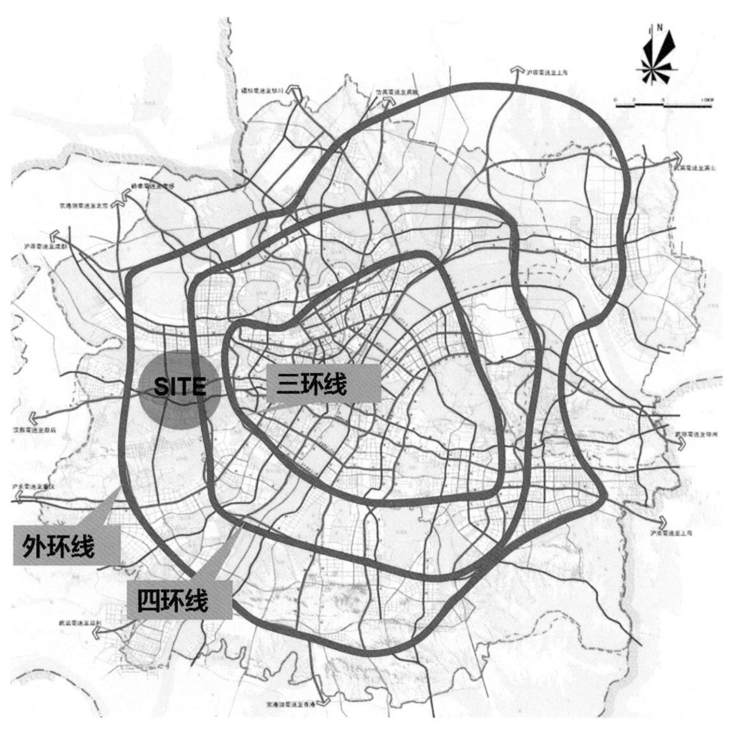

图9-1　交通区位图

建设尚未启动，现状路网密度为2.3公里／平方公里。从现状交通流量分布情况来看，新天大道与汉蔡高速共同承担东西方向上与主城区的区间交通联系，其中汉蔡高速运行情况良好，服务水平A级（A级是指交通流处于自由流状态，交通量小、驾驶者能自由或较自由地选择行车速度并以设计速度行驶），容量尚有较多富余；新天大道则在高峰时段时有拥堵。从现状流量的构成来看，汉蔡高速行经车流均为过境型交通，新天大道约60%为过境型交通。

2. 交通需求预测

我们预测未来中法生态城在与周围各个方向的交换交通量中，与主城区的交换交通量最大，每日可达约8.82万人次；其次是与蔡甸城关的交换交通量，每日可达约6.85万人次。换言之，中法生态城的内部交通量约占比63%，对外交通量约占比37%。

总体而言，生态城未来交通需求旺盛，东西向为主要交通流向，过境交通、到发交通混合；南北向交通需求尚处于发展培育期，以过境交通为主，到发交通为辅。

（三）突出的交通与生态矛盾

中法生态城内，高铁站、城际铁路、轨道交通以及快速路交会于此，铁路、道路资源优势集中。依据交通预测，区域内穿城过境交通需求明显，加上新汉阳站（武汉西站）的选址落户，生态城低碳环保、宁静和谐的目标受到挑战。我们需要处理好过境交通与到发交通的关系，协调好大区域与小区域的交通关系。同时，既有干路穿城而过，明显分割了生态城区，需要协调好交通与生态发展之间的关系（图9-2）。

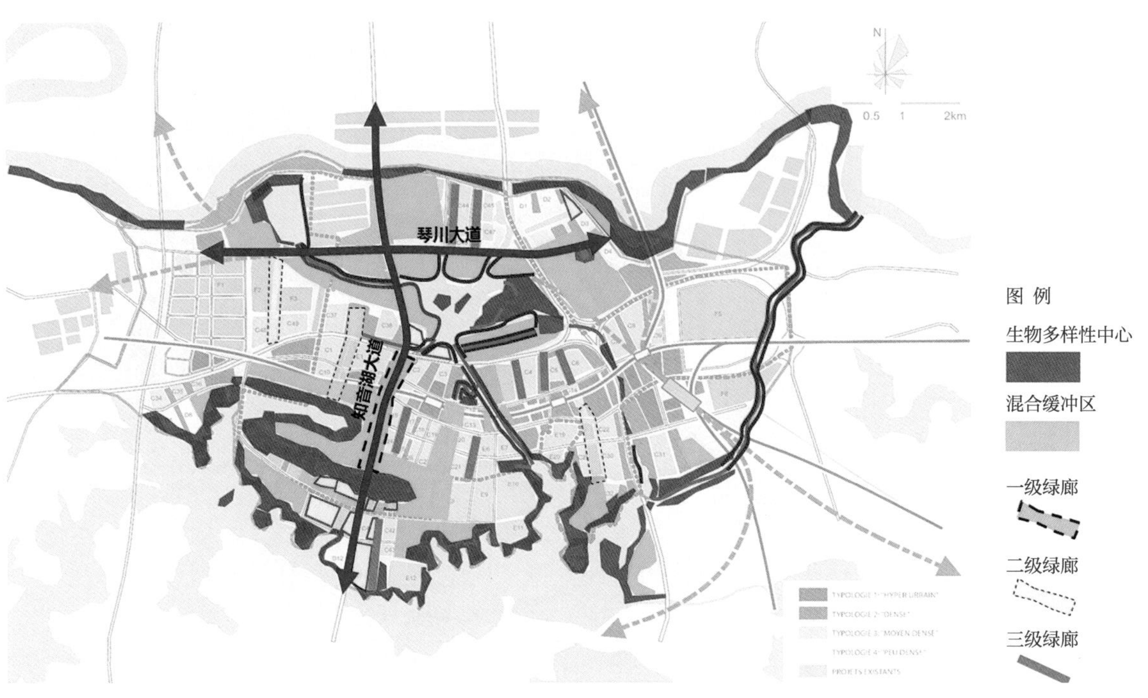

图9-2 交通干线网与生态环境的关系图

二、回归交通出行本真

以往“以车为本”的交通规划思路立足于机动车出行顺畅，城市交通规划的目的就是“不堵车”。早先，交通规划师诞生的最初使命便是“治堵”，为城市、为区域搭建交通模型，始终偏重于测算道路通行能力，预测车流量，在车容量和车流量之间找关系，意图通过不断提供高容量的车行道路条件来解决城市交通问题，着眼点全在于“车”。然而很多欧洲发达大城市如伦敦、巴黎的交通发展经验证明，以往的快速道路先行的模式容易引发小汽车交通的无序发展，终究无法实现城市交通的可持续发展。

交通发展的目的是解决“人”的出行问题，而不是解决“车”的出行，城市规划的初衷是让大家的生活舒适、便利、愉快。近年来，国内一线城市也都在逐渐转变交通规划思路，例如上海新一轮城市总体规划对于交通发展的策略便更多聚焦于“人”，综合考虑交通与生活、就业、出行之间的关系，提出“聚焦优良人居环境建设，提高人民群众的获得感和幸福感，让人民群众生活得更舒心。打造15分钟社区生活圈，优化社区生活、就业和出行环境，社区公共服务设施15分钟步行可达覆盖率将达到99%左右。”

在中法生态城的交通规划中，我们尝试回到“人”的出行本身，站在城市综合发展角度考虑全方位交通问题，不只是就交通问题谈交通，而是从交通与用地、交通与生态、交通与生活等多方面的关系协调角度去营造具有生活本真的交通空间、城市活动空间，提出“引导总体绿色交通出行率不低于90%，公交站点500米服务半径覆盖率100%，300米服务半径覆盖率不低于70%，3公里完成80%以上的各类出行”的发展目标。

（一）交通与用地：协同发展，从源头上减少机动车交通出行需求

在“绿色交通”体系中，最高层次的规划目标在于削减交通量而非以“绿色交通方式”应对交通需求，国内外先进的生态城市如巴西的库里蒂巴和天津中新生态城都非常强调交通与用地的协调发展，库里蒂巴通过追求高度系统化的规划方式，实现了土地利用与公共交通一体化的巨大成就，尽管城市有50万辆小汽车，但目前城市80%的出行依赖公共汽车，其使用的燃油消耗是同等规模城市的25%，每辆车的用油量减少30%，尽管库里蒂巴人均小汽车拥有量居巴西首位，污染却远低于同等规模的其他城市，交通也很少拥挤。因此构建交通友好型的城市土地利用结构、减少交通出行需求是生态城交通规划的首要策略。

中法生态城通过多中心组团布局、混合用地功能以及TOD模式等多方面进行了规划实践。一是采取多中心、混合功能的组团式布局，职住平衡比不低于60%。土地作为城市活动的空间载体，本质上应体现城市活动的多样复合特点。对于交通而言，土地高度混合的最大益处便是尽可能地减少了交通出行，尤其是机动车交通出行，能够从源头上解决交通问题。中法生态城提出的“多中心、混合功能”的小组团式布局，实现日常生活出行均可以在1公里半径的组团范围内解决，高标准的职住平衡比保障了80%的全方位出行都可以在3公里范围内得到解决。小范围的交通出行不仅缩短了交通出行距离，削减了交通出行量，同时更利于引导步行、自行车等绿色交通方式的选择。二是采用TOD布局模式，突出体现公共

交通在区域扩展中的引导作用。TOD布局模式可以很好地改善各组团之间的交通联系，引导城市沿轴向扩展。组团中心围绕新天大道沿线的4个地铁站点进行布置，跨组团的长距离出行依靠轨道交通更为便利。传统的商业金融中心推崇沿车行主干道布局，机动车的增长无止境，交通量大的商业中心区拥堵也就永无止境。倡导TOD模式，重要功能沿地铁、有轨电车站点布局，而不是围绕车行交通布局，才有可能破解交通出行难题，引导可持续的交通发展。

（二）交通与生态：生态基底优先，共生共赢

绿色交通的核心是“绿色”，而非“交通”。然而，中法生态城基地不是一张白纸，如若保存现有的快速路优先发展模式，必然与生态发展目标有冲突；如若粗放式的拆除现有交通格局，将基地视为一张白纸进行蓝图描绘，不仅不现实，建设资源的浪费也与大生态理念背道而驰。项目开始之初，通过多次研讨形成了一致共识：高快速路的穿越确实影响生态环境，但是对现状的大拆大建却更不生态。中法生态城不是一般的城市发展新区，它作为生态示范城区，在交通与生态的发展关系上，找到了适合自身的发展模式：即生态基底优先，交通与生态发展共生共赢。

与生态环境相关的交通布局中，秉承“大生态”理念，尊重既有干道事实，不做大拆大建，坚持生态基底优先，在现有道路骨架基础上，不再新增高级别穿越生态区的道路，充分挖掘和利用现状干道设施，以“功能转换”为主要手段，引导道路功能向绿色交通方向转换，以适应生态城的发展需要。例如，充分挖掘现状汉蔡高速富余空间，将横贯生态城的汉蔡高速改为城市快速路，使过境交通成功转移至高、快速路，提高交通效率，降低交通影响，同时释放新天大道、琴川大道等横向干道的机动车空间，逐步向绿色交通方式转换；穿越“什湖”生物多样性中心的琴川大道调整为以公交和慢行功能为主的次干路。同时，在一些必要的干道上规划动物迁徙通道，以保证正常的生态流动。新汉阳站选址考虑“近而不进”生态城，在满足交通衔接基本要求的前提下，充分尊重现状，包括地形地貌、已建用地等，尽可能减小站线设置带来的环境影响。

在这个策略中，表面上交通为生态发展做了许多“退让”，然而即使单从城市交通的角度来看，交通与生态的和谐发展实际也是为交通出行创建了更高级的整体交通环境，只有将交通出行回归到“人”的视角，才会意识到“人”的出行需要更优质更自然的环境，从而在规划上予以更全面的考虑。

（三）交通与出行：限制小汽车，鼓励公交和慢行

20世纪90年代，Chris Bradshaw 提出了绿色交通体系，将绿色交通工具进行优先级排序，级别最高的是完全使用人力、太阳能、风力、畜力等可再生能源的各种出行方式，包括步行、自行车等，接下来依次是公共交通、共乘车，级别最低的是单人驾驶的私人小汽车。中法生态城在交通出行策略上，坚定鼓励公交、自行车、步行等低能耗低污染绿色出行，限制高能耗高污染小汽车出行；同时转变传统以“车”为主要服务对象为以“人”为服务对象。

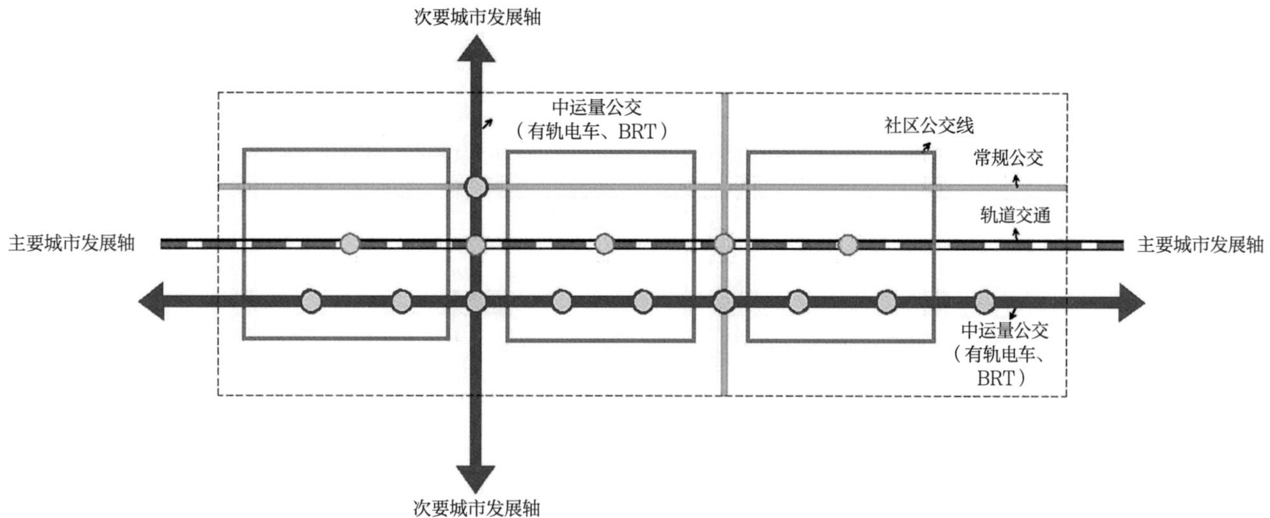

图9-3　中法生态城公交体系布局模式图

引导绿色出行方式，首先必须将绿色交通相关设施做到足够好，足够有吸引力，提高公交、慢行基础设施建设比例，提升绿色交通出行率。一是扩展公共交通网络，促进公交优先。构建多层次、多方式公交体系，扩展大、中运量公交网布局（图9-3）；大力发展常规公交，保证公交对道路资源的优先使用；注重发展旅游、水运等特色公交，提升休闲旅游品质。二是丰富慢行交通内涵，创建以人为本交通发展模式。生态新城内部充分体现慢行交通主体地位，根据用地功能和开发强度的不同构建慢行分区和分级体系，在慢行活动强度高的区域强化慢行交通的主导地位；扩展慢行交通功能，打造什湖交通零碳区，构筑与市域绿道融合的绿道网络；加强慢行交通与其他交通方式的接驳，打造以轨道站点为核心的组团内"慢行+轨道+慢行"模式。三是整合多种交通资源，实现一体化发展。整合"铁路+航空"资源，围绕新汉阳站（武汉西站）打造枢纽中心，成为生态示范城对外门户，形成辐射全国的对外交通体系；整合公路与城市道路资源，充分利用汉蔡高速、四环线等既有条件，实现资源的合理配置，完善对外交通体系。

三、先知先觉的"小街区、密路网"实践

2015年4月，中法双方正式合作开展生态城总体规划，方案伊始便提出"小街区、密路网"规划理念，并得到各方领导和专家的认同，2016年初，国务院发布《中共中央国务院关于进一步加强城市规划建设管理工作的若干意见》，明确提出"推广街区制，并树立窄马路、密路网的城市道路布局理念"，中法生态城的"小街区、密路网"发展理念可谓与之不谋而合，甚至可以说是先知先觉。"小街区、密路网"对于城市经济、社会文化、交通各方面都具有重大意义，可以说是中法生态城"绿色交通"发展的基石，为慢行交通环境的营造、常规公交的高密度布局提供了最基础的硬件条件。

参考交通规划学术专家杨涛教授的见解，“小街区、密路网”的重大意义不仅仅在于缓解交通拥堵，首先在于其经济意义，可以促进城市土地高效利用、提高土地利用效率和效益，繁荣城市商贸服务，保障公共财政的可持续能力。其次在于其社会意义，有利于构建更多尺度宜人、开放相容、邻里和谐的生活街区，提高城市活力、品质和民众互动交流的机会。第三才是交通意义，通过提升公交线网的通达性和站点服务覆盖率，缩短慢行交通距离，提高慢行可达性，全面减少机动车出行，从根源上解决城市交通拥堵问题。对于机动车交通而言，也可以均衡道路交通流分布，改善微循环交通组织，提供多路径选择，提高交通可靠性等。

（一）形成差异化街区尺度，根据用地功能进行路网密度控制

我们通过对纽约、伦敦、上海等国内外城市研究发现，不同用地功能区域，对应适宜的交通发展模式不一样，所对应的路网要求亦不一样。影响路网密度的主要因素为用地性质及开发强度，其中，办公、商业类用地对路网密度要求最高。用地开发强度越大、路网密度越高，越容易形成“公交+慢行”的合理化出行模式。例如：以商业办公为主的城市核心功能区，开发强度高，轨道站点密度高，公共交通发达，以“轨道+慢行”模式为主，小汽车通勤比例控制在20%以内，公交通勤比例应占80%以上，路网密度16～20公里／平方公里，且慢行功能为重要考虑因素。一般的居住组团区，开发强度中等，小汽车通勤比例控制在25%以内，公交通勤比例应占75%以上，路网密度8～10公里／平方公里，公交与慢行功能为基本考虑因素，兼顾小汽车功能；产业园区，普遍开发强度较低，以内部慢行出行为主，对外采用公共交通，小汽车通勤比例控制在10%以内，路网密度6～8公里／平方公里。从当前的生态城实践中可以看出，一般街区最小单元在70m×70m到100m×100m之间，基本单元在200m×200m到400m×400m之间，在此区间内的街区尺度，基本能够满足城市开发建设和交通、活力、视觉、心理等方面的需要。

中法生态城为了贯彻落实绿色交通理念，创建了人性化街区尺度标准，路网整体布局采用组团式“小街区、密路网”模式，全口径平均路网密度（包含慢行通道、公共通道）不低于15公里／平方公里。同时，中法生态城意图创建适度规模、与地块功能强度相适应的差异化街区尺度：商业办公聚集的轨道站点周边形成高密度街区，路网间距50m×100m～100m×100m；一般居住组团形成中密度街区，路网间距控制在100m×200m～200m×200m；少量科研和教育组团形成低密度街区，路网间距200m×400m～300m×400m（图9-4）。

（二）保持既有骨架路网体系，实施干道功能置换

骨架路网体系主要承担生态示范城对外联系和片区内部的联系功能。布局的总体原则是在充分尊重现状的基础上，结合上位交通规划以及新汉阳站（武汉西站）具体选址，进一步完善区域与快速路系统的衔接，同时融合绿色交通理念，进行道路功能调整，使地面道路更多为公交、慢行等绿色交通功能服务，形成由汉蔡快速路、新天大道、龙阳湖南路西延线及三环线、快活岭路、四环线、知音湖大道组成的“三横四纵”骨架路网（图9-5）。

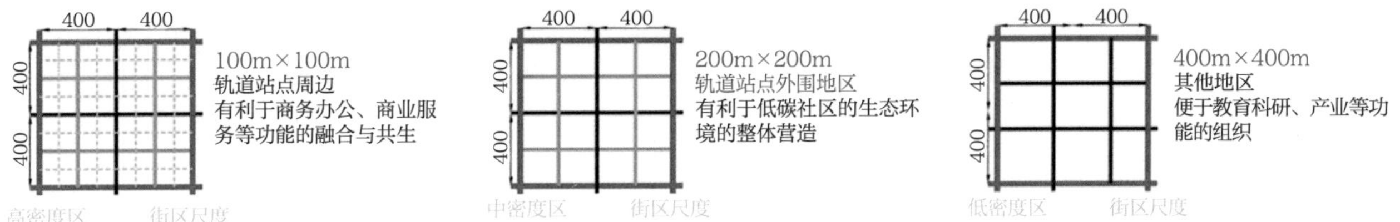

图9-4　差异化街区尺度模式图

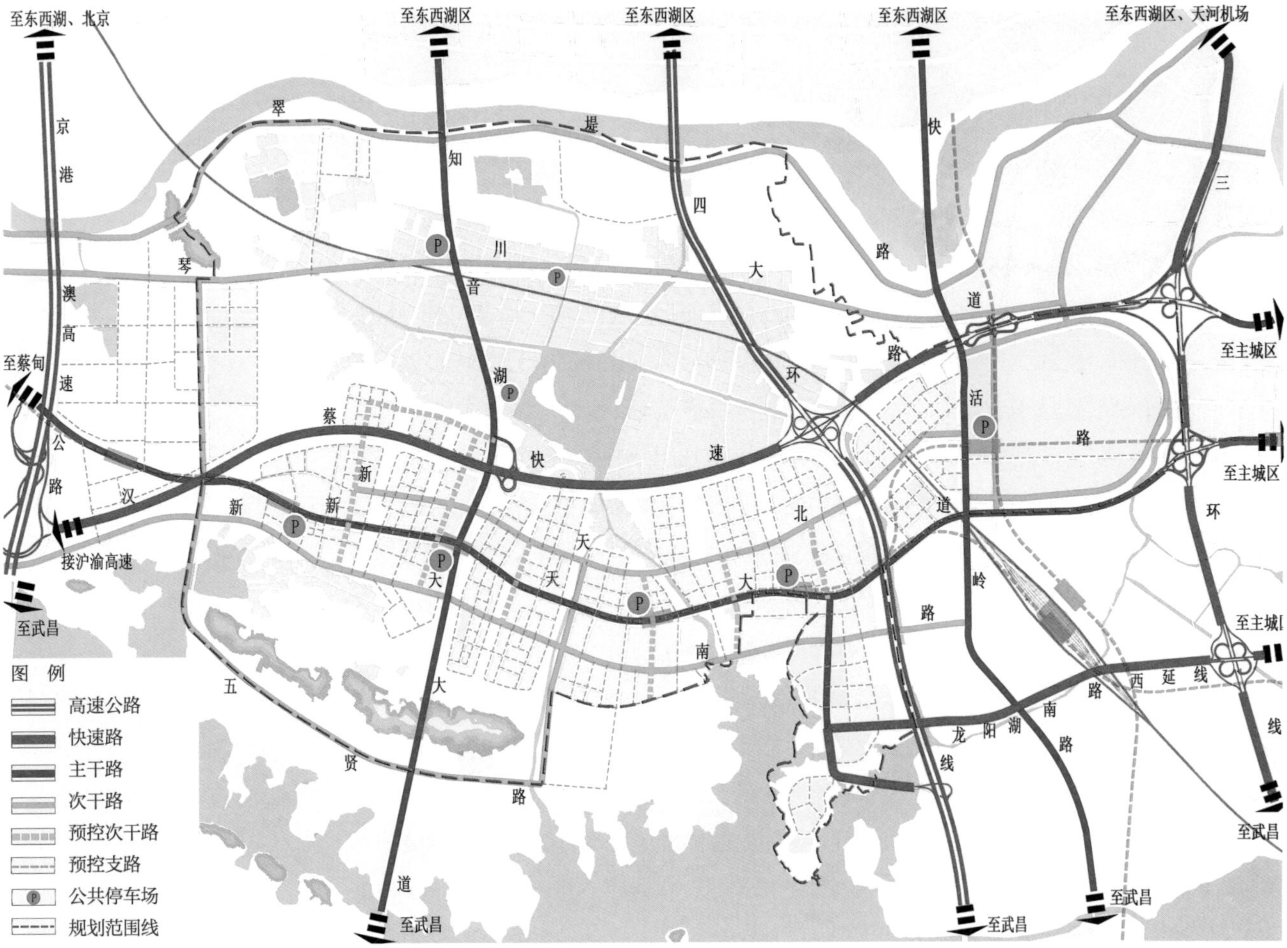

图9-5　中法生态城道路系统规划图

一方面，完善快速路系统，分离区域过境交通与到发交通。汉蔡高速生态示范城段（三环线～外环线）取消收费后，由高速公路调整为城市快速路。汉蔡高速连接三环线、四环线与外环线，是武汉市总体规划确定的“五环十八射”中东西向射线之一。根据交通需求预测，2020年生态示范城东西向高峰过境交通流达5500辆／小时。为有效疏解这一部分过境交通，应充分发挥汉蔡线的快速交通功能，将更多过境交通流引入汉蔡线，分流现状新天大道上的长距离交通流，缓解其交通压力。为完善新汉阳站（武汉西站）周边快速路系统，将快活岭路由上位规划的“L”形优化为倒“T”形两条路，东西向道路东接四新地区龙阳湖南路，与三环线相交优化为全互通立交，向西则延伸至与四环线出入口的道路相接，形成新汉阳站（武汉西站）周边“环形快速路+十字形地面干路”的干路网系统。同时，结合汉蔡高速的功能调整进一步优化雷诺立交，新增知音湖大道立交出入口，加强生态示范城与汉蔡快速路的衔接。

另一方面，优化调整地面干路功能，由现状机动车占主导功能调整为绿色交通占主导功能。新天大道由交通性主干路调整为生活性主干路，弱化小汽车为主的交通功能，强化公交功能，布置公交专用道，结合轨道交通打造横贯生态示范城的公交廊道。北部生态区内琴川大道由现状主干路调整为规划次干路，重新进行路权分配，缩窄小汽车道，重视慢行交通通行环境，大力提升道路绿化率和绿化景观质量，减小生态影响，打造生态示范城北部地区的Parkway（漫步道）。

（三）以交通流为导向构建次支路系统，为绿色交通可达性搭建硬件基础

根据交通主流向确定不同类型支路功能。生态城呈东西轴向发展，在新天大道两侧平行布局两条次干路主轴线——新天北路和新天南路，分流新天大道交通，横向串联各组团，也是次要公交走廊。而次要交通流呈南北方向向新天大道轨道线汇集，汇集距离1.0公里左右，因此规划重点提升纵向支路的自行车交通功能，布局高标准自行车专用车道，加强地铁站与南、北地块利用自行车交通的贯通联结，从而更好地引导“轨道+慢行”出行方式；横向支路、末端支路则以交通进出功能为主，按常规一般支路布置。

由于“小街区、密路网”与传统路网格局差别较大，对于次支路系统而言，在下一步的规划设计中可能会出现一些矛盾和问题：一是目前国内交叉口信号控制水平不高，过密的交叉口间距给干路的交叉口控制带来困难；二是国内目前的交叉口设计方法导致路口仍为车行尺度，慢行交通通行不便；三是按照国内现行的相关规范要求，地块出入口设计、公交停靠站的布置与交叉口的间距都难以满足规范要求；四是城市道路和管线设施成本加大等。建议下一步的规划和设计中，创新建立真正以人为本的街道设计方法，例如缩小路缘石转弯半径、采用单向交通组织、布局自行车过街横道等；对于交叉口控制、交叉口拓宽、地块出入口间距以及公交车站的设置等，鼓励突破现有规范要求；对于道路断面设计，应抛弃传统道路断面，研究适合公交、慢行出行的断面布局模式，将更多路权让给绿色交通方式；对于整体供地的内部道路，更多考虑地块本身相关利益，不能严格按照城市道路标准来要求和控制，包括管线布置，地下车库连通使用等，这样才能真正实现“小街区、密路网”益处的最大化，保证新型道路格局的落地。

四、与“车行交通平权”的慢行交通

（一）构建面向多种服务对象的“多层次、多方式”公交体系

早在20世纪60年代，巴西库里蒂巴就确立了公交导向式的城市开发规划，坚持以公共交通为导向，给予公共交通优先权，并且发展多层次公交体系满足多样化出行要求，区别于其他城市依赖于小汽车的发展模式，正是由于早期的远见才使得库里蒂巴走上低成本的可持续发展道路，便捷的公共交通让城市的居民们养成了公交出行的习惯，2/3的市民每天都在使用公共交通，小汽车出行每年减少2700万次。

中法生态城构建快、干、支、微、辅五个层次的公交体系，形成以“轨道交通为主体（快）、有轨电车为骨干（干）、地面常规公交为基础（支）、社区巴士为补充（微）、水上公交为辅助（辅）”的多方式、高密度的公交线网（图9-6）。提倡绿色、中运量公共交通方式，围绕新汉阳站，布置3条有轨电车线路作为轨道交通的补充，联系周边区域：T1线主要连接东西湖区—新汉阳站；T2线主要连接武汉经济技术开发区—新汉阳站（武汉西站）；T3线主要连接汉阳主城区—新汉阳站（武汉西站）—生态城。按照“万人公交拥有量不小于14辆，公交线网密度不低于4公里／平方公里，公交站点总体覆盖率达100%”的高指标要求布局常规公交系统。新天大道设置公交专用道，主、次干路公交停靠方式以港湾停靠站为主。同时在组团内部运营社区巴士，提供电动微公交租赁，灵活运营。结合生态城丰富的水系网络，规划水上公交线路，形成以“什湖—高罗河—后官湖”为主的游线，与主城区汉阳六湖连通水上旅游系统贯通，并结合沿岸重要公共设施、轨道站点设置水上码头。根据《2017武汉共享单车出行报告》发布的研究结论，“轨道+自行车”的交通模式可以将轨道站点服务半径拉长至2000米，规划建议结合各个轨道站点布置大型共享单车投放点和公共停车场，轨道站点覆盖率近期即可提升至100%。

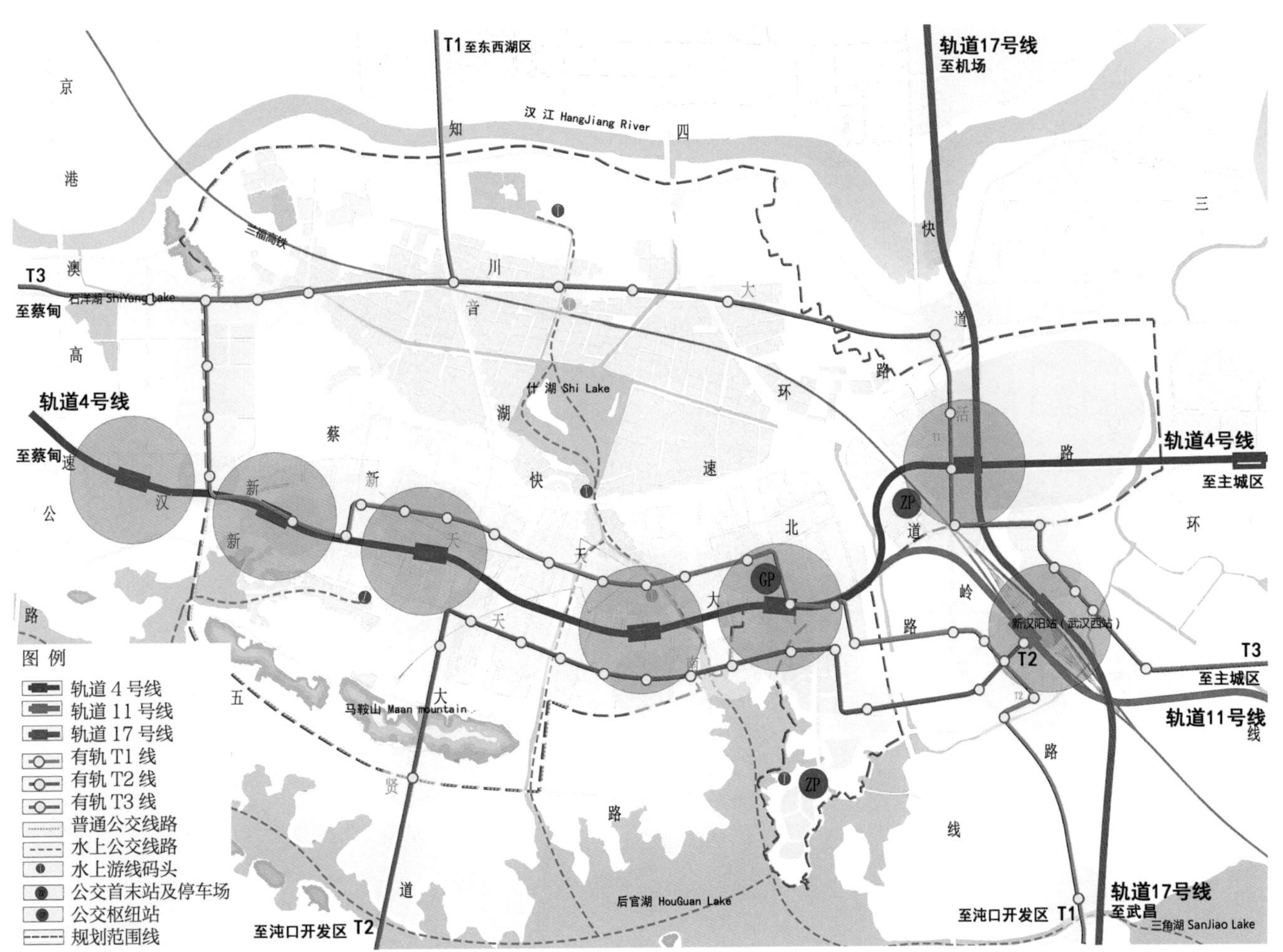

图9-6　中法生态城公交系统规划图

（二）创建“分区+分级”的慢行网络，营造依山傍水的漫步空间

中法生态城内集中建设区主要位于汉蔡高速以南，形成了以轨道站点为核心，高密度、高标准的“通勤慢行”网络，对通勤慢行系统进行分区和分级规划，并提出相应的建设要求。分区的目的是体现城市不同区域之间的慢行交通特征差异，规划与之相适应的慢行网络，提出差异化的规划设计要求。例如：慢行Ⅰ类区为慢行活动密集区域，人流密集的地铁站点、商业中心、大型公共设施周边区域，步行道密度应在14～20公里／平方公里，自行车道密度应在14～20公里／平方公里，步行道平均间距100～150米；其他慢行Ⅱ、慢行Ⅲ类区密度和间距要求则相对较低。而分级的目的则是明确不同类型慢行道的功能和作用，体现慢行道路级别与传统城市道路级别之间的差异性和关联性，提出差别化的规划设计要求。例如将通达性较好的新天北路、新天南路均定位为一级自行车道，并提出“自行车道宽度不小于3米，应采取物理隔离的建设要求”，下一步可落实到相应的断面规划中，保障慢行交通的用地空间，确保绿色交通方式的路权（图9-7）。

近年来，武汉市非常重视城市绿道系统的规划与建设，全市将规划形成“一心、六楔、十带”绿道网络格局，其中，位于中法生态城南侧的后官湖绿楔和北侧汉江绿道分别是“六

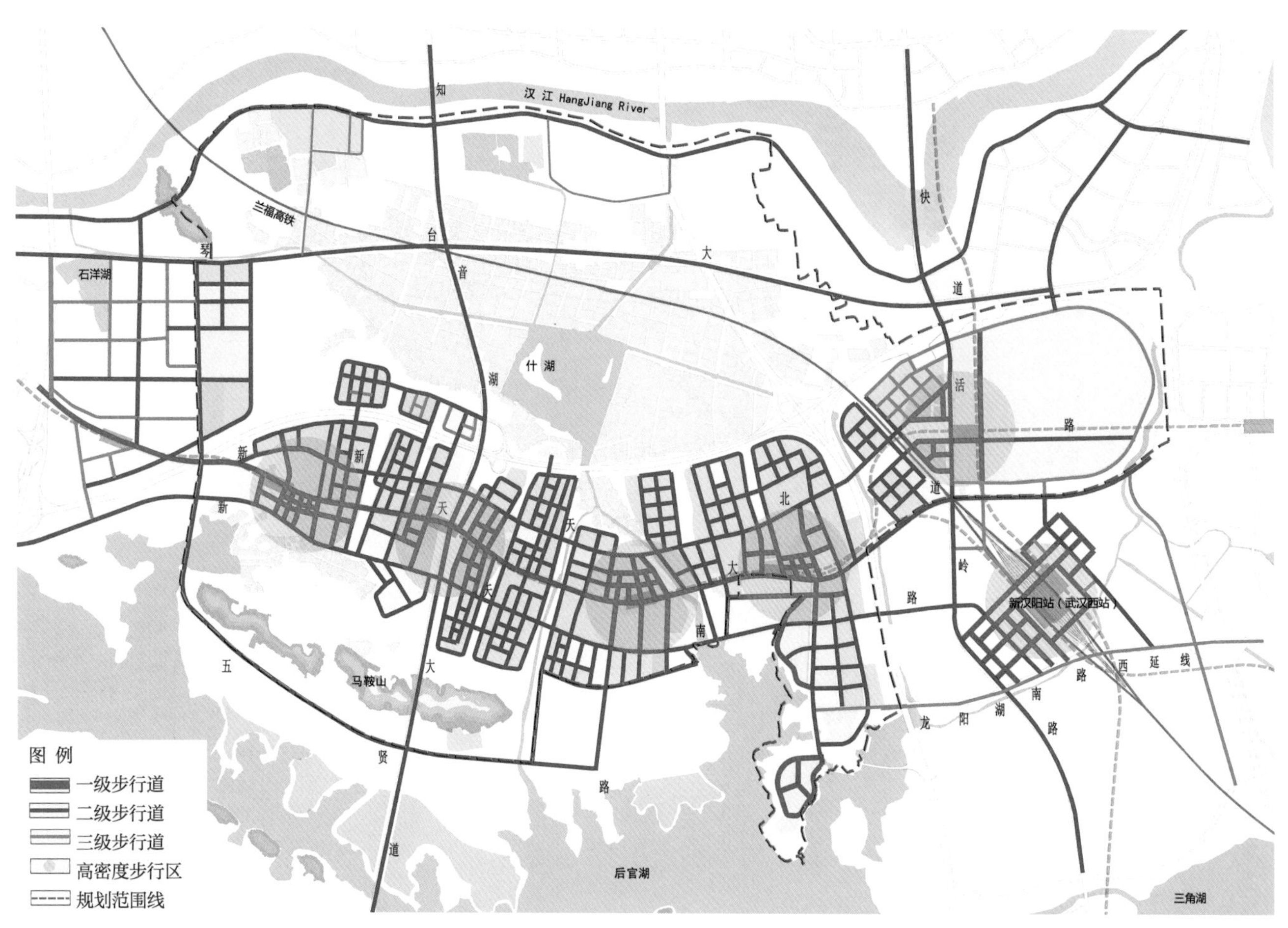

图9-7　中法生态城步行系统规划图

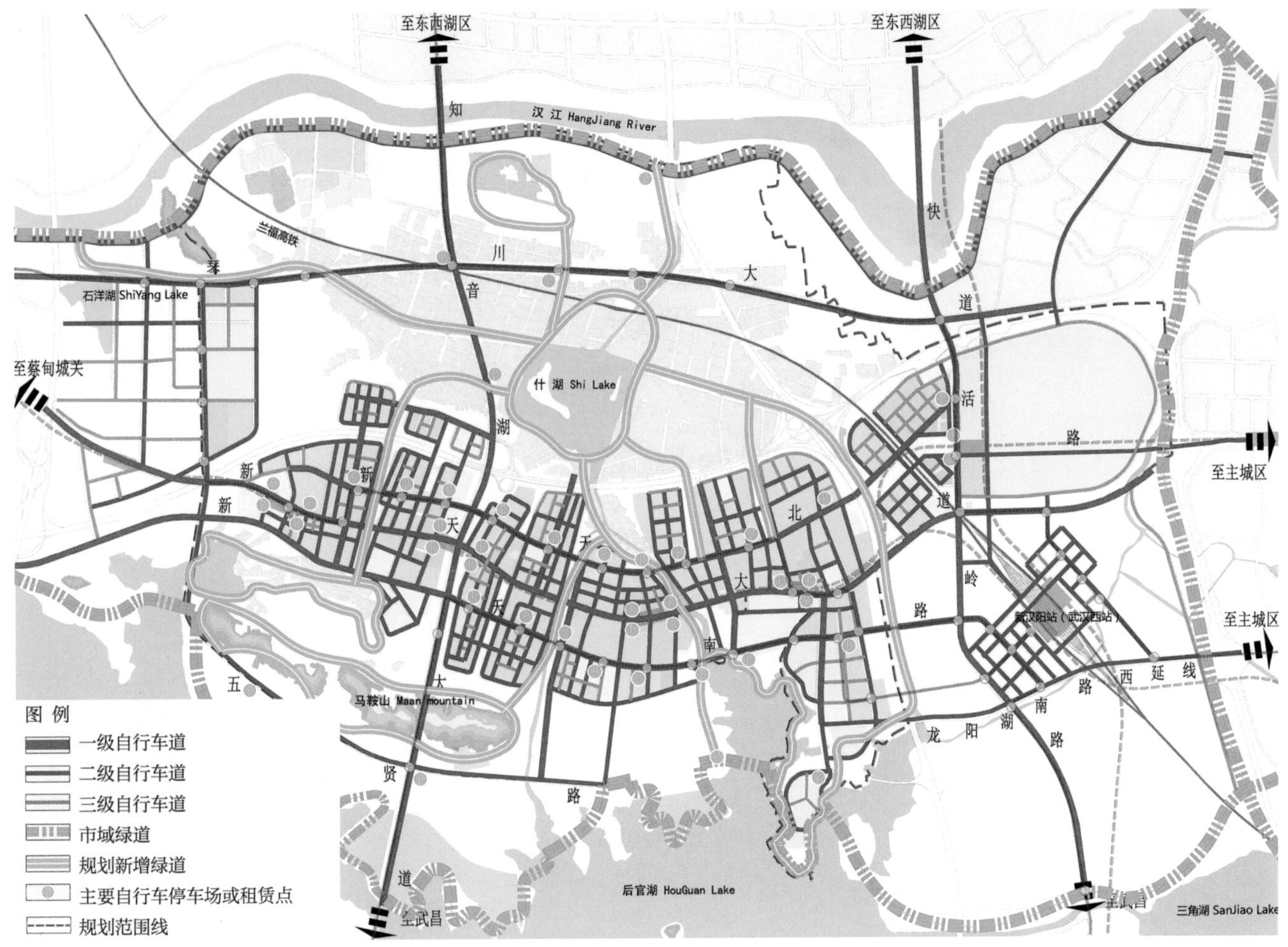

图9-8 中法生态城自行车系统规划图

楔”和“十带”之一，目前后官湖绿道已全部建成，全长110公里，是武汉西南地区的一张城市名片。中法生态城休闲绿道系统规划是以什湖为主中心、马鞍山为次中心，以生态廊道为轴线，生态城内形成“环形＋放射状”绿道网络，并与市域汉江绿道、后官湖绿道相衔接，与全市绿道网络融为一体（图9-8）。

（三）打造人车平权的道路资源分配模式

在城市道路断面布局上，为适应公交、慢行优先的出行方式，规划将转让路面“私车权”给“公车权”，腾挪“车权”给“人权”。道路红线宽度控制规划充分满足公交廊道、慢行廊道的功能，部分次支路适当拓宽道路红线，充分考虑有轨电车、公交专用道、公交港湾站以及相对独立的自行车道设置要求。新天大道结合地铁蔡甸线形成横贯生态城东西向的复合公交走廊，设置公交专用道，进一步强化东西主流向公共交通疏解能力（图9-9）；琴川大道功能转换为穿越什湖的慢行交通廊道，缩减中间机动车道，形成有中央活动空间的慢生活道路（图9-10）；知音湖大道结合道路两侧二级绿廊打造法式林荫大道，强化绿廊功能（图9-11）。

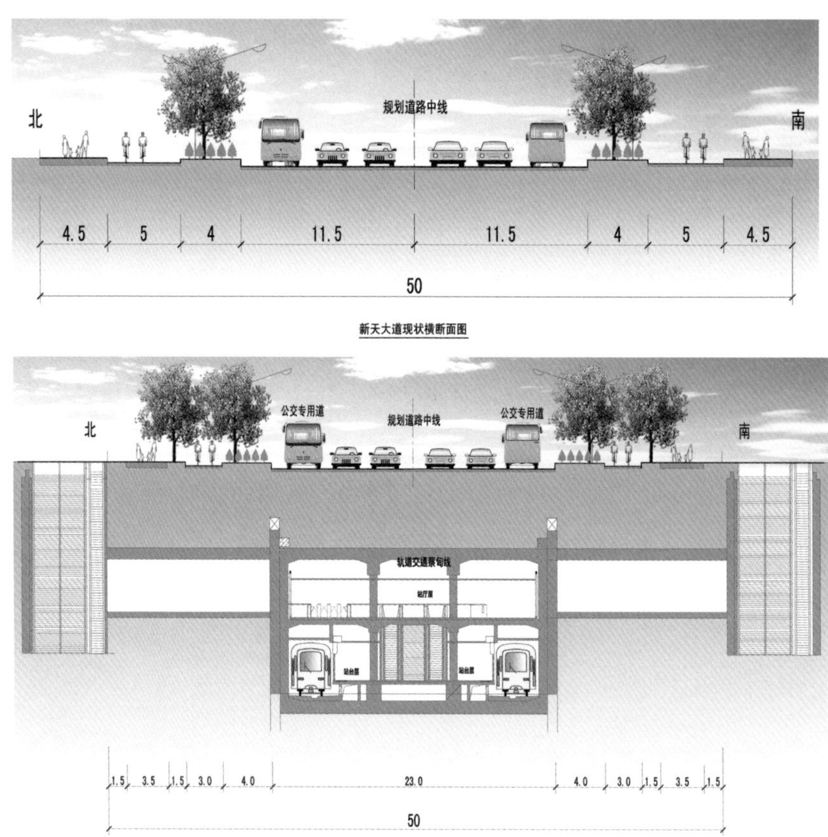

图9-9　新天大道功能调整——断面规划示意图

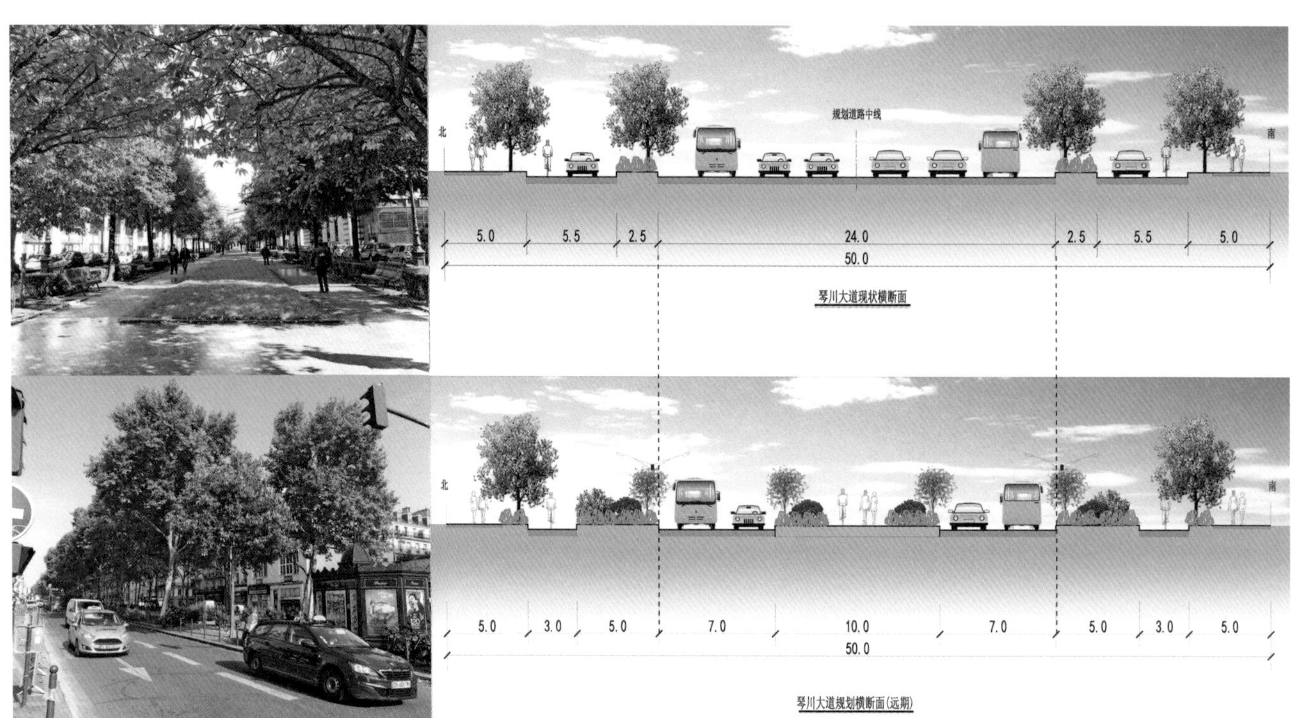

图9-10　琴川大道功能调整——断面规划示意图

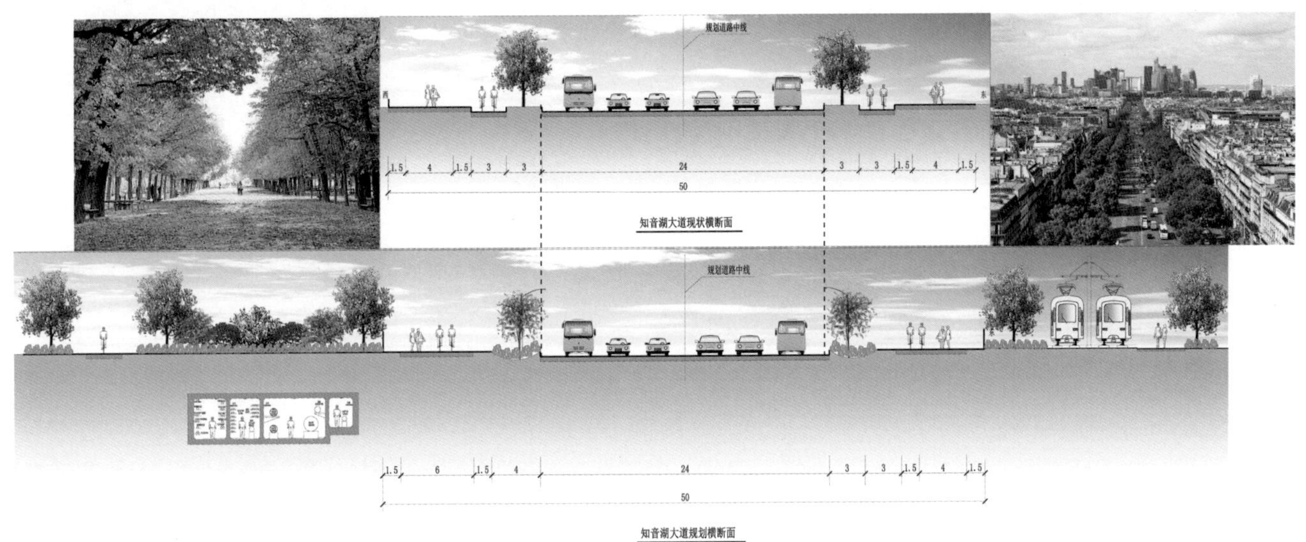

图9-11　知音湖大道功能调整——断面规划示意图

技术融合

——推动规划变革

中法武汉生态示范城希望将中法两国在城市规划、建筑设计、建造和管理领域的可持续发展的技术和经验运用于示范城建设，贯彻低碳生态和产城融合等发展理念，将该项目建设成为可持续发展城市的典范。法国在争当全球“生态先锋”的探索之路上走在世界前列，法国企业和研究机构在都市规划、建筑设计、交通、能源、污水废料处理等方面积累了宝贵的经验和专业技术。中法武汉生态示范城的规划建设可以借助发达国家的先行优势，充分吸收和借鉴法国在可持续发展方面的技术和经验，打造一个资源节约、环境友好、人与自然和谐发展的生态新城。

一、构建安全、高效、和谐、健康的水系统

水是城市生存的血脉，城市的发展离不开水。中法生态城中有着丰富的水资源，北临汉江，南接后官湖，区内湖塘沟渠密布。规划秉持“以水定城，治水营城”的理念，结合湖泊水系和绿廊确定城市空间布局，在水系统专项规划中以“生态优先，环境友好，综合治理，统筹协调”为基本原则，以防洪水、排涝水、治污水、保供水“四水共治”为重点，贯彻“海绵城市”建设理念，推行水系统综合利用模式（图10-1），建设以什湖为水生态核心的水网体系，通过治理水污染，修复水生态，优化水系统，保障水安全，实现水资源优化配置，构建安全、高效、和谐、健康的水系统。

（一）保供水

所谓保供水，就是保障城市供水安全。努力保障供水安全贯穿人类发展历史的始终，从远古时期逐水栖居，到通过开渠、凿井、修坝、跨流域调水、再生利用等手段，不断满足日益增长的生产生活用水量与质的需求。供水安全作为基础推动人类社会从“渔猎文明—农耕文明—工业文明”的递进式发展。到了现代，为了缓解北方水资源严重短缺的现状，改善生态环境，提高人民生活水平，我国兴建了南水北调工

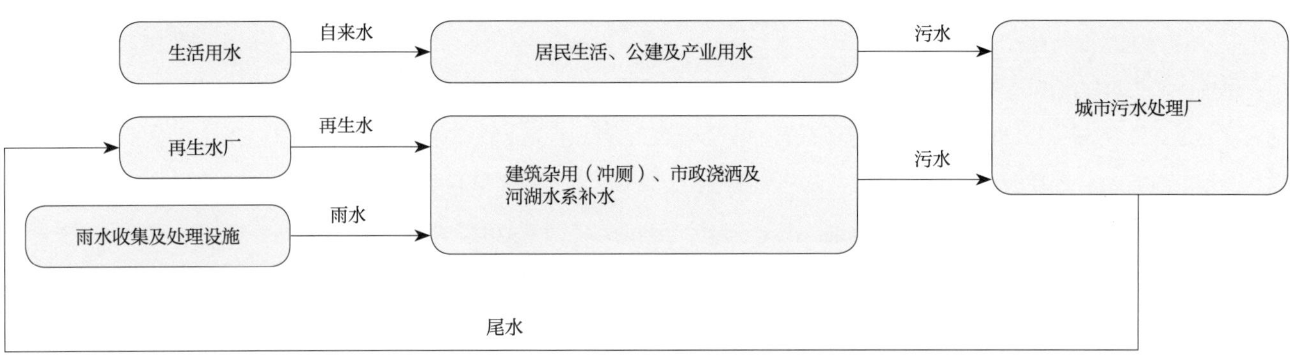

图10-1　水系统综合利用模式示意图

程，提高了水资源的配置效率，促进了北方地区的城市化进程。从战略地位上看，供水安全与防洪安全作为两大涉水安全，直接关系粮食安全、经济安全、生态安全，是国家安全的重要支撑。中法生态城水资源丰富，现状供水情况却不容乐观。为了缓解生态城的供水矛盾，确保供水安全，规划采取以下几点措施：

1. 跨区域供水

中法生态城目前范围内人口约4万，用水量约7500立方米／日，由蔡甸水厂供水。生态城远期规划人口达到20万，最高日用水量约为13万立方米/日，而目前蔡甸水厂供水已趋饱和，亦无扩建用地，在水量方面远远不能满足中法生态城的发展需求。结合全市供水“大市政、大管网系统布局和设施一体化”的目标要求，考虑到汉江对面白鹤嘴水厂的供水规模有较大富余，中法生态城地区规划由白鹤嘴水厂进行供水。白鹤嘴水厂位于汉口西南端、武汉市东西湖区慈惠村，取水水源为汉江，水厂现状规模25万立方米／日，规划扩建至50万立方米／日，规划用地面积具备扩建条件，扩建后供水规模将满足古田组团、站北组团及常青花园、天河机场及生态城的供水量需求。

2. 多水源分质供水

为合理配置水资源，保护汉江水源地，生态城规划采用分质供水。白鹤嘴水厂提供的优质水主要用于居民生活、公建及产业用水；利用蔡甸污水处理厂尾水作为再生水水源，建设一座再生水厂，用于建筑杂用、市政浇洒及河湖水系补水等。再生水厂的进出水水质应严格按照规范要求，并制定相应用水安全措施。城区内的景观用水可以不再采用市政供水和自备地下水井供水。

3. 供水压力保障

生态城的供水系统为了保证白鹤嘴水厂来水的供水压力，规划利用现状新农给水加压站，并扩建至13万立方米／日。白鹤嘴水厂来水经给水加压站加压后供至各用水点。

（二）治污水

中法生态城内目前为雨污合流制排水，大部分生活污水及工业废水均未经处理直接排入高罗河或后官湖，对湖泊港渠水体造成严重污染。为了全面提升生态城的水环境，计划对污水治理采取以下措施：

1. 污水全收集全处理

目前中法生态城周边已建成两座污水处理厂，分别为东西两侧的黄金口污水处理厂、蔡甸污水处理厂及两座污水处理厂，污水处理后的尾水均排入汉江。而汉江是武汉市重要的给水水源地，随着南水北调工程的实施，汉江的水环境容量大大降低，水质呈逐年下降趋势。为了保护汉江水源，规划提出将生态城污水纳入南太子湖污水处理厂的服务范围。南太子湖污水处理厂位于汉阳城区内的南太子湖北岸，长江西侧，现状规模20万立方米/日，规划规模55万立方米/日，受纳汉阳主城区、黄金口工业园、“七村一场”地区、中法生态城和蔡甸城关地区的污水，服务面积约141平方公里，服务人口175万。污水经过三级处理后，尾水排入长江。目前南太子湖污水收集系统中三环线污水管道工程尚未完全打通，南太子湖污水处理厂也正在筹备实施三期扩建工程。但是为了满足生态城近期的开发建设需要，建议先充分利用蔡甸污水处理厂及现状污水设施，并考虑污水处理出路的近远期结合。远期蔡甸污水处理厂和黄金口污水处理厂分别保留5万立方米/日和1.5万立方米/日的现状处理规模，并升级处理工艺，将污水深度处理后回用。

2. 什湖水生态修复

什湖位于中法生态城中心，汉蔡高速以北，大面积的湖泊、港渠、塘堰围绕在什湖周边，形成了独特的湿地景观，是生态城核心的自然景观资源之一，约占生态城总用地规模的20%。规划提出利用什湖湿地优良的自然生态基底，保留足量的生态空间，打造生态城生物多样性和景观核心区，同时也结合蔡甸区农业基础及优良的生态景观资源，发展休闲观光旅游及配套服务及生态有机示范农业。目前，什湖水质为劣Ⅴ类，提升什湖水生态修复是实现什湖区域建设目标的前提条件。什湖水生态修复以在保护中利用，在利用中保护，建设良好的水生态环境为原则，主要采取以下手段和措施：

开展什湖综合治理，建设什湖生态公园。通过截污、面源污染治理、海绵城市建设及水生态处理等改善什湖水质；通过什湖周边产业结构调整、生态旅游策划、驳岸处理和景观节点塑造来建设什湖生态公园，再造城市湖泊人文胜景。

建立水网连通体系，加强水生态修复与重建。将什湖与周边水体进行连通活化，包括将什湖、小什湖、石洋湖、汉江、后官湖之间通过河道或沟渠进行连通，并与汉阳地区六湖连通对接；构建新型河道和沟渠系统，改造坡岸结构，修复坡岸生态系统，从而达到坡岸稳固、防渗、植生和拦截营养的目的；采取退塘还湖，修复生境条件，恢复以水生植被为主导的水生态系统结构，逐步调控水生生物群落结构，打造什湖生物多样性核心。

划定什湖水域，制定湖泊保护措施与管理机制。结合什湖生态公园确定的景观布局，编制什湖的三线一路规划，确定什湖蓝线；对什湖及其周边区域划定严格的生态保护红线区和生态缓冲区，并制定相应的管理措施和产业准入制度，同步开展以保护什湖水生态环境为目标的智慧水务系统架构；通过建立基于云平台和大数据的城市排水管理系统，从环境监测、风险预警及灾害应急措施等方面优化污水及雨水管网运行效率，预防洪涝发生，保护水体质量，实现全排水系统的动态可持续管理。

（三）排涝水

中法生态城水系发达，北临汉江，南接后官湖，基地内现有什湖、小什湖和东西向、南北向渠系等。近年来，武汉市由于内涝频发，高度重视城市内涝问题。中法生态城作为可持续发展城市的典范，我们在排涝体系上作了深入研究，建议采取以下措施：

1. 扩建什湖泵站，建立水网连通体系，保障城市排涝安全

中法生态城采取百年一遇内涝防灾标准，并满足建设地面渍水位安全超高1米要求。地区排水分别属于什湖泵站抽排系统和后官湖水系汇水范围。北部什湖泵站抽排系统采用明渠汇水、湖泊调蓄和泵站抽排相结合的排水方式，通过退塘还湖，扩大什湖水域面积至4.72平方公里、小什湖面积至0.22平方公里，同时保留2.44平方公里的鱼塘、藕塘作为湿地绿色农业区，水体总调蓄面积7.38平方公里，配套建设或拓宽改造高罗河、香河和什湖港等明渠水系，什湖泵站抽排规模由7立方米/秒扩建至40立方米／秒。南部后官湖水系汇水范围的雨水经管涵收集自排入后官湖，经六湖水系由东湖泵站抽排出长江。

2. 应用低冲击开发理念，开展海绵城市建设

中法生态城“山、水、林、田、湖”自然资源丰富，生态本底良好，为契合生态城对“绿色市政”的要求，充分考虑水资源利用及生态景观的需要，规划在中法生态城范围内全面开展海绵城市建设，应用低冲击开发理念，采取入渗、调蓄、收集回用等雨洪利用手段，控制径流量和削减面源污染。海绵城市建设以尊重自然、因地制宜、规划引领、统筹建设为基本原则，通过源头控制、中间蓄排、终端处理三个环节，采取下凹式绿地、雨水花园、生态植草沟、雨水滞留塘、植被缓冲过滤带等技术措施来满足综合年径流总量控制率85%，面源污染削减率40%～60%的控制要求（图10-2）。

图10-2　海绵城市雨水控制途径及设施

（四）防洪水

防洪水是保障水安全的最重要一环。中法生态城是武汉市防洪体系中的防洪安全区，需按防1954年型洪水标准进行设防，现状沿汉江建有堤防，堤顶标高约30米，堤身宽度7米，达到汉江干堤建设标准，基本满足防洪要求。下一步按照“生态治水”要求，需对生态城北侧汉江沿岸堤防进行微地形处理，结合景观设计，构筑符合防洪标准的生态型自然防洪堤。同时加强区域防洪协调、建立健全超标洪水应急预案，预警、蓄滞、调峰、抗洪相结合，减轻超标洪水造成的损失。

二、建立持续高效的能源供应体系

能源是人类生存和经济发展的物质基础，在国民经济中具有重要的战略地位。能源驱动着城市的运转，现代化程度越高的城市对能源的依赖越强，城市的照明、交通、餐饮、供暖、降温、自动化管理系统等都需要能源来维系。当前世界能源消费以化石资源为主，中国等少数国家以煤炭为主，其他大部分国家则是以石油与天然气为主。随着世界经济持续、高速发展，能源短缺、环境污染、生态恶化等问题逐渐加深，能源供需矛盾日益突出。作为生态示范城，应在能源利用与环境保护方面做出表率，积极开发利用新能源，推广使用清洁能源和可再生能源，减少温室气体排放。

（一）可再生能源和清洁能源利用

通常清洁能源有太阳能、风能、地热能、水能、海洋能、核能和生物质能等，大部分为可再生能源。通过清洁能源的使用，一方面可减少温室气体排放，保护地球大气环境，延缓全球变暖趋势，改善地区自然生态系统，另一方面可积极应对日趋严峻的能源危机，促进国家可持续发展，对于大力推进生态文明建设，贯彻落实创新、协调、绿色、开放、共享的发展理念具有重大意义。

在我国目前的能源结构里面，煤炭占了70%，水电、核能等新能源加起来才只占8%，我国的能源消费仍严重依赖传统能源。中法武汉生态示范城地处武汉市蔡甸区，北临汉江，南靠后官湖，水资源充足，同时区内有丰富的地热资源，夏季光照充足，这些都为生态城应用太阳能、地热能、水能等清洁能源提供了良好的禀赋条件。生态城内拟引进法国现代农业种植技术、发展都市农业，这为生态城应用生物质能提供了可能。

（二）能源综合利用模式

中法生态城现状能源以市电和天然气为主。按照规划，中法生态城清洁能源使用率要求达到100%，可再生能源使用率2030年不低于20%（表10-1）。清洁能源主要有市电、天然气、太阳能、浅层地热能、水源热能和生物质能等，其中太阳能、浅层地热能、水源热能和生物质能等属于可再生能源。太阳能主要用于洗漱用热水、光伏发电和空调制冷，浅层地热能与水源热能用于取暖、空调制冷和洗漱用热水，生物质能用于生物发电和取暖。

在能源使用方式方面，中法生态城大力发展分布式能源，构建集中式能源与分布式能源相结合的多能互补供应体系，并应用能源互联网技术，通过区域能源网络的智能化调控运营，减少能源消耗，形成一个能源互动、信息共享的整体，提高能源供给的安全性和稳定性。集中式能源统一向需求端进行能源供给，主要为能源较大需求侧使用；分布式能源体系紧紧围绕需求侧，以工业余热和以天然气、太阳能、生物质能、地热能为主。分布式能源系统具有不稳定性，可以通过构建智能能源微网加以协调，控制分布式能源生产量以及与外部能源的关系。同时中法生态城通过采用热泵回收余热、热电冷三联供以及路面太阳能利用等技术并合理耦合，实现对能源的综合利用（图10-3）。

生态城能源结构一览表 **表10-1**

类别		2020 年比例（%）	2030 年比例（%）
市电		75	65
天然气		10	15
可再生能源	太阳能	10	12
	浅层地热能与水源热能	4	6
	生物质能	0.5	1
	其他	0.5	1
	总计	**15**	**20**

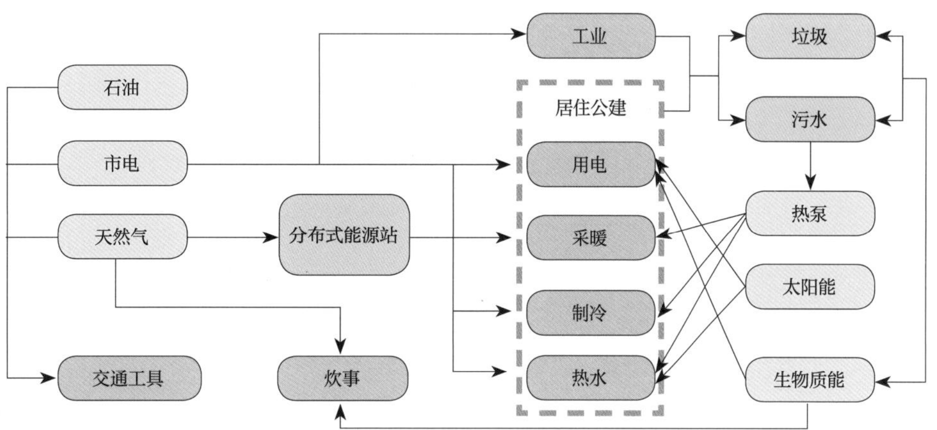

图10-3 生态城能源综合利用模式图

（三）能源节约

中法生态城除了推广使用能源综合利用模式，还应主动推进能源节约，通过建筑节能、能源系统管理节能和政府与用户层面的行为节能来增强居民节能意识，降低能源消耗，减少对环境的影响。

三、建立固体废弃物分类收集、综合处理与循环利用体系

城市生活垃圾处理是城市管理和环境保护的重要内容，是社会文明程度的重要标志，关系人民群众的切身利益。近年来，由于城镇化快速发展，城市生活垃圾激增，垃圾处理能力相对不足，严重影响城市环境和社会稳定。垃圾处理是城市管理的难题，也是资源循环利用的重要领域。中法生态城垃圾收集与处理按照全民动员、科学引导，综合利用、变废为宝，统筹规划、合理布局、政府主导、社会参与的原则，以垃圾减量化、资源化、无害化为规划目标，通过源头分类减排、中间资源回收、终端无害处置来不断提高城市生活垃圾处理水平，创造良好的人居环境。

（一）生活垃圾分类收集体系

生活垃圾分类是对垃圾收集处置传统方式的改革，是对垃圾进行有效处置的一种科学管理方法。人们面对日益增长的垃圾产量和环境状况恶化的局面，通过垃圾分类管理，最大限度地减少垃圾处置量，实现垃圾资源利用，改善生存环境质量。

中法生态城针对生活垃圾提出人均垃圾产量不大于0.8千克/人・日，垃圾回收利用率不小于60%，垃圾分类收集率达到98%，垃圾无害化处理率100%的目标要求。要达到这一目标要求，必须做好垃圾分类收集以及无害化处理。规划将生活垃圾分为餐厨垃圾、可回收垃圾、有害垃圾、大件垃圾和其他垃圾五类，并从产生源到终端无害化处置建立一套完整的垃圾分类收集与无害化处理体系，提出相关设施用地控制要求，落实需控制用地的环卫设施（图10-4）。其他垃圾源如工业固废垃圾、医疗垃圾等可参照执行。

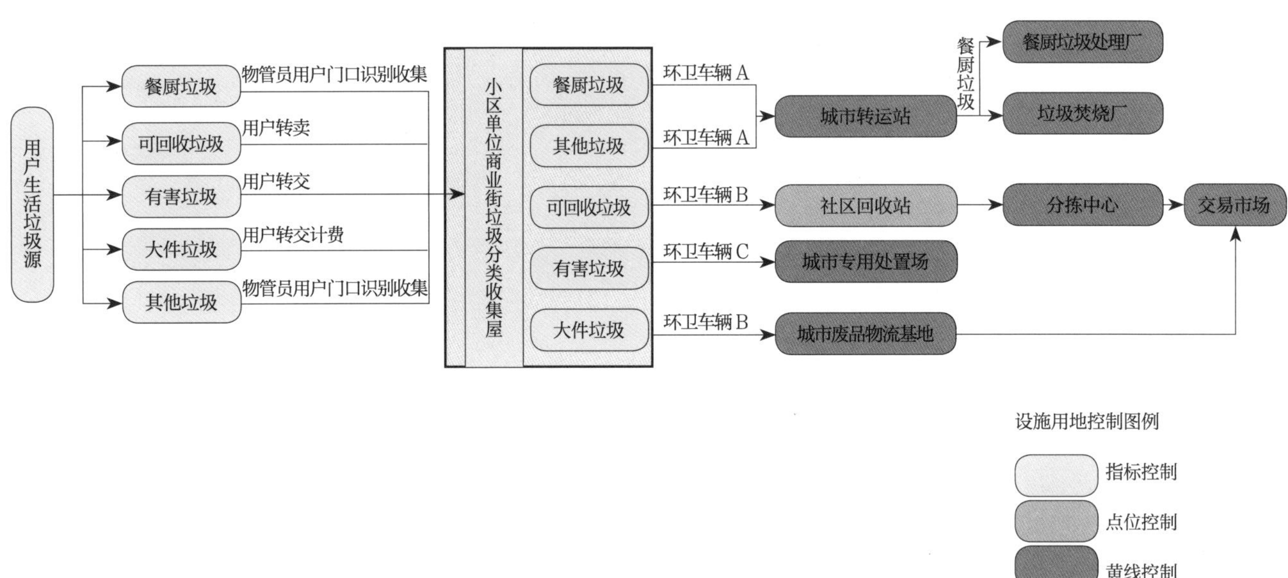

图10-4 生活垃圾分类收集与无害化处理流程图

（二）垃圾处理设施

中法生态城目前尚未有垃圾转运站及垃圾处理场等环卫设施，现状垃圾主要来源于居民生活垃圾，机关、团体、企事业单位和学校的办公垃圾，商业、饮食业产生的商业垃圾，街道、庭院清扫的垃圾以及部分工业垃圾等。垃圾经收集后直接运输至张湾垃圾填埋场，进行简单填埋并未经卫生处理。中法生态城未来将采取分类收集、分类处理的方式。为鼓励居民实行垃圾分类，建立垃圾分类制度，提高废旧物品的再利用率。对于纸张、塑料、玻璃、橡胶、金属和布料等可回收垃圾，在生态城西侧、临汉蔡高速公路规划设置一座垃圾资源化处理中心，方便资源回收利用，同时完善社区再生资源回收站点功能，形成以社区为基础的再生资源回收网络。

为加强农业垃圾和其他有机垃圾的资源化利用，规划在蔡甸污水处理厂东侧设置蔡甸沼气厂，利用蔡甸污水处理厂的污泥及中法生态城内的农业和其他有机垃圾产生沼气，并利用沼气发电和取暖。

对于建筑垃圾和大件垃圾可分别运往汉阳大道南侧三环线和四环线之间规划布置的建筑垃圾处理厂和废品物流基地处理。对于地区热值较高的可燃垃圾、有害垃圾及剩余餐厨垃圾，近期可运往位于汉阳的锅顶山垃圾焚烧厂、有害废物焚烧处置中心及餐厨垃圾处理厂处理，远期按照统筹规划、节约用地原则，与周边地区垃圾合并统一运往千子山垃圾综合处理场集中进行无害化处理。

（三）垃圾真空管道输送系统示范

垃圾真空管道输送系统是通过预先铺好的管道系统，利用负压技术，将生活垃圾送到中央垃圾收集站，再经过压缩运送至垃圾处置场的过程（图10-5）。其优点是可以降低环境影响、提高垃圾输送效率、减少人力投入、利于垃圾资源化，缺点是投资及运行成本高，能耗大。

垃圾真空管道输送系统主要适用于新区的高标准小区及有垃圾分类保障和分类运输系统的地区。该系统在瑞典、西班牙、丹麦、德国、葡萄牙、韩国、新加坡及中国香港都有成功运用。在中国广州已建3套系统，但运行艰难，上海、北京世博园奥运村等系统已停运，上海唯一一座安装在松江泰晤士小镇内的“智能化垃圾气力输送系统”也早已停止运行。

中法生态城作为发展中国家应对环境保护问题的可持续发展示范区及我国新型城镇化转型发展的典范，在垃圾处理方面自觉践行“两型社会”（资源节约、环境友好）科学发展观，建立基于物联网技术的垃圾分类收集、综合处理与循环利用体系，开展全封闭垃圾自动输送系统示范，推进再生资源综合利用产业化，最大限度地满足垃圾减量化、资源化、无害化的处理需求。但鉴于垃圾真空管道输送系统在国内尚无成功运行的先例，规划建议在中法生态城启动区新天大道、新天南路、知音湖大道沿线开展试点应用，在道路沿线容积率高的一些高层建筑群内设置垂直垃圾管道，远期根据系统运行状况决定是否大范围推广。

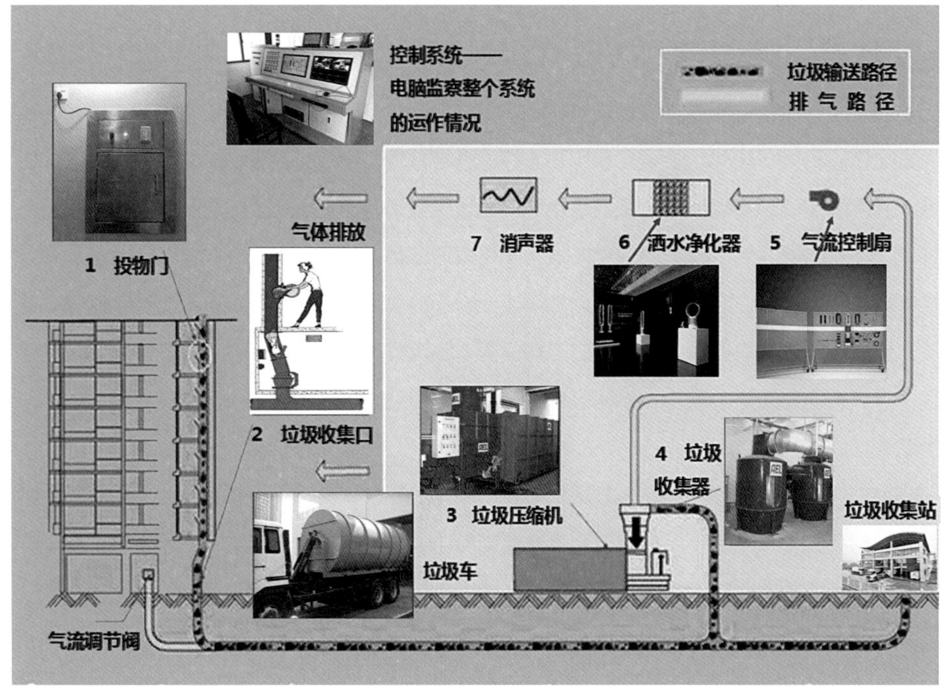

图10-5 垃圾真空管道输送工艺流程图

四、绿色建筑打造会呼吸的城市

中法生态城内推广绿色建筑，这一点是中法双方团队的共识。因该项目具有国际示范意义，双方团队均认为所采用的标准应符合并高于《湖北省绿色生态城区示范技术指标体系》，在中法现有标准的基础上建立适宜中法武汉生态示范城的绿色建筑指标体系。

为达成这一目标，双方团队对现状情况进行了充分的调研，对国内外绿色生态城应用绿色建筑的案例进行了详细的分析，将中法主要绿色建筑评价标准体系进行了认真的对比，对绿色建筑关键技术进行归纳总结，遵循可持续发展、科学性、地域性、开放性和协调性原则，提出了适宜生态城的绿色建筑评价标准、技术导则和相关布局建议等。

（一）各取所长的绿色建筑评价标准

1. 中国的指标体系简述

我国的《绿色建筑评价标准》GB/T 50378—2014由节地与室外环境、节能与能源利用、节水与水资源利用、节材与材料资源利用、室内环境质量、施工管理、运营管理等7类指标体系组成。每类指标包括控制项和评分项，并增加了提高和创新项。其中控制项为绿色建筑的必备条件，评分项为划分绿色建筑的可选条件，根据评分的高低来确定绿色建筑的星级，最后结果分为一星、二星和三星3个等级，3个等级的绿色建筑均应满足本标准所有控制项的要求，且每类指标的评分项得分不应小于40分。当绿色建筑总得分分别达到50分、60分、80分时，绿色建筑等级分别为一星级、二星级、三星级（表10-2）。

绿色建筑评价标准 **表10-2**

名称	控制项	评分项		
节地与室外环境	4项	15项	3项	土地利用
			4项	室外环境
			4项	交通设施与公共服务
			4项	场地设计与场地生态
节能与能源利用	4项	16项	3项	建筑与维护结构
			5项	供暖、通风与空调
			4项	照明与电气
			4项	能量综合利用
节水与水资源利用	3项	12项	5项	节水系统
			4项	节水器具与设备
			3项	非传统水源利用
节材与材料资源利用	3项	14项	6项	节材设计
			8项	材料选用
室内环境质量	7项	13项	4项	室内声环境
			3项	室内光环境与视野
			2项	室内热湿环境
			4项	室内空气质量
施工管理	4项	13项	3项	环境保护
			5项	资源节约
			5项	过程管理
运营管理	5项	13项	4项	评分管理制度
			5项	技术管理
			4项	环境管理
	一般规定	加分项		
提高与创新	2项	12项	7项	性能提高
			5项	创新

2. 法国的指标体系简述

法国的绿色建筑评价标准主要是HQE绿色建筑体系。法国多数建筑已经自愿申请HQE绿标。HQE各项性能指标体现了室内环境和室外环境两个方面。其室外环境评价包括：建筑与环境的和谐统一，建筑方法和建筑材料的集成，规避建筑点的噪声，能耗的最小化、用水的最小化、废物的最小化、建筑维护和维修的最小化；其室内环境评价包括：热水的控制管理措施、声控的管理措施、视觉吸引力、气味的控制管理、室内空间的卫生与清洁、空气质量控制、水质量控制。

HQE认证对不同类型的建筑有不同类型的证书，如HQE Logement（住宅建筑HQE），HQE Hospital（医院建筑HQE），HQE Tertiaire（第三产业建筑HQE）等等。HQE对上述14个目标分高中低，3个评价等级：超高效等级（Very High Performance Target）：在项目预算可承受的范围内，尽可能达到的最大水平的等级（类似于中国绿标的优选项）。

（1）高效等级（High Performance Target）：达到比设计标准的要求高一层次的等级（类似于中国绿标的一般项）。

（2）基本等级（Basic Target）：达到相关设计标准（如法国RT2005）或者常用的设计手段的等级（类似于中国绿标的控制项）。较其他评价方法不同的是，HQE没有分为一星、二星、三星，或金银铜级别，HQE的评价方式是，用户根据实际情况，选择14个目标中至少3个目标达到超高能效等级，至少4个目标达到高能效等级，并保证其余目标均达到基本等级，才能得到HQE证书，在最终颁发的HQE证书中，会标出该项目的14项目标各达到的等级，而证书本身没有等级。也就是说，法国的绿色建筑只有得到HQE认证与未得到HQE认证之分。

3. 中法指标体系对比

中国绿色建筑体系较为全面。中国绿标将绿色建筑指标划分为了8大指标体系，包括了从宏观到微观全覆盖的指标体系，更全面地考核建筑的节地、节水、节能和节材以及全寿命周期的运营管理。而法国绿色建筑指标体系将指标体系分为了两大指标体系，注重建筑本身以及建筑运营过程中的室内外环境质量。

法国绿色建筑体系较为细致。该体系将公共建筑细分为医院、商业、学校、第三产业建筑等。中国绿色建筑国标，目前仅分为住宅建筑和公共建筑。另外，中国绿标为整体综合评分，法国绿标可分项获得标识。中国绿标不仅要求节地、节水、节能、节材、室内环境和运营管理都达到相应级别才可获得绿建标识。但法国绿标仅要求14个大项目中有3个目标达到超高能效等级即可；中国绿标分一、二、三星级标识，法国为获得和未获得，法国没有绿建的等级之分；中国绿色建筑标准为国家强制和鼓励执行，法国绿标为企业自愿申请。

综合考虑生态城的情况，提出了中法生态城绿色建筑评价指标体系，分为民用建筑和工业建筑两类。

民用建筑由节地与室外环境、节能与能源利用、节水与水资源利用、节材与材料资源利用、室内环境质量、施工管理、运营管理7类指标组成。每类指标均包括控制项和评分项。评价指标体系7类指标的总分均为100分。7类指标各自的评分项得分Q1、Q2、Q3、Q4、Q5、Q6、Q7按参评建筑该类指标的评分项实际得分值除以适用于该建筑的评分项总分值再乘以100分计算（表10-3）。

$$\Sigma Q = w1Q1 + w2Q2 + w3Q3 + w4Q4 + w5Q5 + w6Q6 + w7Q7$$

民用建筑评价标准 表10-3

名称	建筑类型	节地与室外环境	节能与能源利用	节水与水资源利用	节材与材料资源利用	室内环境质量	施工管理	运营管理
设计评价	居住建筑	0.21	0.24	0.20	0.17	0.18	—	—
	公共建筑	0.16	0.28	0.18	0.19	0.19	—	—
运行标准	居住建筑	0.17	0.19	0.16	0.14	0.14	0.10	0.10
	公共建筑	0.13	0.23	0.14	0.15	0.15	0.10	0.10

工业建筑由节地与可持续发展场地、节能与能源利用、节水与水资源利用、节材与材料资源利用、室外环境与污染物控制、室内环境与职业健康、运行管理与技术创新等8大指标体系组成（表10-4）。

工业建筑评价标准 表10-4

建筑类型	节地与可持续发展场地	节能与能源利用	节水与水资源利用	节材与材料资源利用	室外环境与污染物控制	室内环境与职业健康	运营管理	技术进步与创新
工业建筑	0.12	0.26	0.19	0.10	0.12	0.11	0.10	—

在此基础上，提出了中法生态城绿色建筑评价标准，规划目标是未来生态城内绿色建筑比例一星级达100%，二星级不小于50%，三星级不小于10%（表10-5）。

中法生态城绿色建筑评价标准 表10-5

<table>
<tr><th>名称</th><th>序号</th><th>指标</th><th>种类</th><th>单位</th><th colspan="2">限制（推荐值）</th></tr>
<tr><td rowspan="2">建筑风格</td><td>1</td><td>建筑形态</td><td>优选</td><td>—</td><td colspan="2">与城区地域自然环境协调</td></tr>
<tr><td>2</td><td>建筑风格</td><td>优选</td><td>—</td><td colspan="2">鼓励采用“荆楚派”建筑风格，体现湖北特色和荆楚文化</td></tr>
<tr><td rowspan="2">新建建筑节能标准</td><td>3</td><td>新建建筑节能标准执行</td><td>控制</td><td>%</td><td colspan="2">符合国家和地方建筑节能标准的要求</td></tr>
<tr><td>4</td><td>在国家和地方建筑节能标准上再节约 20% 的新建建筑占总新建建筑比例</td><td>一般</td><td>%</td><td colspan="2">≥ 50</td></tr>
<tr><td rowspan="3">绿色建筑</td><td rowspan="2">5</td><td rowspan="2">绿色建筑比例</td><td rowspan="2">控制</td><td rowspan="2">%</td><td>居住建筑</td><td>公共建筑</td></tr>
<tr><td>100（其中一星级以上绿色建筑≥ 100%）</td><td>100（其中二星级以上绿色建筑≥ 30%）选取 10% 做绿色三星级建筑和法国 HQE 双认证，做示范项目</td></tr>
<tr><td>6</td><td>场地硬质铺装地面中透水铺装面积比例</td><td>一般</td><td>%</td><td colspan="2">≥ 50</td></tr>
<tr><td>既有建筑改造</td><td>7</td><td>达到国家和地方节能改造标准要求比例</td><td>控制</td><td>%</td><td colspan="2">100</td></tr>
<tr><td>旧建筑利用</td><td>8</td><td>充分利用尚可使用的旧建筑</td><td>优选</td><td>—</td><td colspan="2">鼓励选择</td></tr>
</table>

续表

名称	序号	指标	种类	单位	限制（推荐值）
被动式节能技术	9	自然通风和自然采光	控制	—	合理设计，加强建筑群和建筑单体自然通风与自然采光，满足相应国家标准、行业标准及地方标准的要求
	10	建筑围护结构	控制	—	因地制宜，选择合适围护结构材料，提高保温隔热性能，强化防火耐火能力，符合国家相关规定，并满足相应国家标准、行业标准及地方标准的要求
	11	按照有关设计标准要求采取必要的遮阳措施	控制	—	建筑物的东向、西向和南向外窗或透明幕墙、屋顶天窗或采光顶，应采取遮阳措施，满足相应国家标准、行业标准及地方标准的要求
	12	屋顶利用比例	一般	%	≥ 70
室内环境质量	13	一体化设计	控制	—	使用放射性含量低的材料； 自然光线可以进入； 舒适的声响

（二）因地制宜的布局建议

近年来，由于建筑物四周气流风场带来的环境问题也开始渐渐引起重视，例如过高的风速造成人行活动的不舒适、尘土纸屑飞扬或雪堆积等，此外，建筑物局部的气流引起的涡流会引起建筑群通透性差、局部空气环境质量的下降等问题。因此我们对项目用地内不同建筑布局的风环境也进行了研究分析，通过预测建筑群的局部风环境，对建筑布局提出建议。

1. 建筑朝向策略

武汉地区的建筑规划朝向选择的原则是冬季能获得足够的日照，主要房间宜避开冬季主导风向，但同时必须考虑夏季防止过多日照，有利于自然通风。从有利于建筑单体通风的角度看，建筑主要立面最好与夏季主导风方向垂直；但从有利于建筑群体通风的角度看，这样的朝向设计将严重影响后排建筑的夏季风环境。研究表明，住宅的朝向（板式建筑的主要朝向）与夏季主导风向控制在30°~60° 之间，有利于夏季通风。综合这些因素，提出武汉地区最佳和适宜的建筑朝向建议（表10-6）：

武汉地区建筑朝向建议　　表10-6

朝向 地区	最佳朝向	适宜朝向	不宜朝向
武汉	南偏东 10° ~ 南偏西 10°	南偏东 20° ~ 南偏西 15°	西，西北

2. 建筑间距策略

建筑间距的确定应该尽可能根据建筑小风无风区即建筑背风面风环境状况来确定。建筑间距的大小决定着建筑群布局的疏密程度。根据迎风面所成角度与背风面小风无风区的长度，确定后排住宅与前排住宅的距离，并在保持建筑群良好城市界面的前提下进行各栋住宅的布局。

入射角不变的情况下，随着侧风面间距的变化，建筑周围风环境变化较大。当间距超过建筑高度一倍时，建筑周围风速较为均衡，风速与原始风速相比变化不大。当间距减小时，风速变化增大，气流形成加速。建筑间距增大，能够使后面的建筑避开小风无风区，有利于组织风压通风，但不利于节省建筑用地，但建筑间距减小时，又会影响室内风环境。所以，在建筑空间布局中要综合考虑这两方面的利弊，根据风环境状况及其对建筑群的影响来决定合理的建筑间距，同时也可以结合建筑群体布局方式的改变以达到缩小间距的目的（表10-7）。

建筑侧风面间距与风环境的关系　　表10-7

建筑高度与建筑间距比值	人行高度处风速与来流风速比	空间竖向风速分布情况
0.5	1.14	风速均匀
1	1.3	随高度增加风速增量大
2	1.41	随高度变化不大
4	1.54	气流均匀分布
6	1.38	产生气流加速区

3. 建筑体型策略

在武汉地区，建筑群应该通过不同体型建筑的合理规划设计尽可能阻挡冬季的北风和西北风，对夏季的南风与东南风则尽可能进行引导与加强。为了达到这一目的，不同高度和长度的建筑应该尽可能面对主导风向平行地布置，在建筑群的最北边布置最长和最高的建筑，然后逐渐是体量相对小的建筑，最南边可以布置体量相对最小的建筑。这样一来，能屏挡冬季北向来风，还形成了面对夏季南风的开口状态，而且整个建筑群体形态组成也比较丰富（图10-6、图10-7）。

图10-6　前窄后宽布局方式

图10-7　前低后高布局方式

（三）绿色建筑关键技术的应用

绿色建筑技术的种类有很多，根据建筑主体与室内外环境的相互作用关系，依据我国《绿色建筑评价标准》等标准规范对绿色低碳建筑的技术性要求对绿色建筑技术进行归纳总结，结合生态城的生态敏感性和生态承载力特点，初步选取并建立了绿色建筑技术体系（表10-8）：

中法双方团队均认为应将被动式节能技术应作为本项目绿色建筑的必选项。推荐采用自然通风、自然照明、围护结构隔热和遮阳等技术，减少空调和人工照明的使用。在此基础上，双方团队还提出在未来的管理中，应增加建筑运营阶段指标，引入保障机制，确保长效性。

绿色建筑技术体系 **表10-8**

类型	技术名称	适应建筑	
		住宅	公共建筑
节地与室外环境	室外风环境控制与模拟	○	○
	屋顶绿化		○
	立体绿化	○	○
	合理开发地下空间	○	○
	选用废弃场地	○	○
	旧建筑利用		○
	热岛模拟分析	○	○
节能与能源利用	窗墙比、体型、朝向	○	○
	外墙保温系统	○	○
	节能门窗系统	○	○
	屋面保温隔热技术	○	○
	高性能水、电、暖设备	○	○
	分项计量 / 室温调节	—	○
	蓄冷蓄热技术	—	○
	能量回收	○	○
	新风系统技术	—	○
	余热或废热利用	—	○
	热电冷联供技术	—	○
	可再生能源利用技术	○	○

续表

类型	技术名称	适应建筑	
		住宅	公共建筑
节水与水资源利用	节水器具与设备	○	○
	建筑雨水渗透技术	○	
	雨水收集回用	○	○
	节水灌溉	○	○
	再生水利用	○	○
节材与材料资源利用	预拌混凝土	○	○
	高性能混凝土、高性能钢材	○	○
	一体化设计施工	○	○
	灵活隔断	—	○
	结构体系优化	○	○
室内环境	变风量空调末端	○	○
	可调节外遮阳	○	○
	室内空气监测系统	○	○
运营管理	楼宇智能化系统	○	○
	水电气分户计量	○	—

文化融合

——开启合作之旅

“海内存知己，天涯若比邻”，作为中法两国友谊象征的生态城除了科技的交流之外，更期冀于将法国文化中优雅、自由、浪漫与武汉的知音文化相融合，开启独具魅力的生态城文化之旅。

一、和谐共生的文化融合目标

关于城市文化，刘易斯·芒福德在《城市发展史》中提到：文化储存、文化传播和交流、文化创造和发展是城市的三项最基本的功能。城市文化是城市的灵魂，它是城市发展不可或缺的一大动力。党的十九大报告中强调：坚定文化事业和文化产业发展，加强文物保护和文化遗产保护传承，完善文化经济政策，培育新型文化业态。城市文化作为城市的灵魂，在城市发展具有不可或缺的重要意义。中法生态城的文化发展需要充分体现中法文化的交流与合作，融合双方优势，实现中法文化交融。

城市文化是城市进步及发展的原动力，是城市的核心竞争力。以文化作为都市魅力与活力源泉，建立起中法生态城文化资源与创造性活动相结合的有机结构，打造充满创造性的文化都市。

2020年，中法生态城生态主题文化特色彰显，低碳生态文化观念全面树立，文化产业蓬勃发展，城市文化服务体系全面形成，成为国家中法文化交流的策源地；2030年，城市文化融合度全方位提升，生态城将建设成为可持续发展的和谐文化示范城、卓越的国际创意及文化中心。

二、彰显个性的城市空间意向

（一）空间格局

中法生态城具有优良的自然环境资源，马鞍山、临嶂山等大小山系散布其间，汉江、后官湖、什湖、高罗河等湖泊水系串联成网，形成了独一无二的自然山水空间格局。规划设想从自然山水格局出发，整合空间景观资源，使城市空间与山水环境有机结合，形

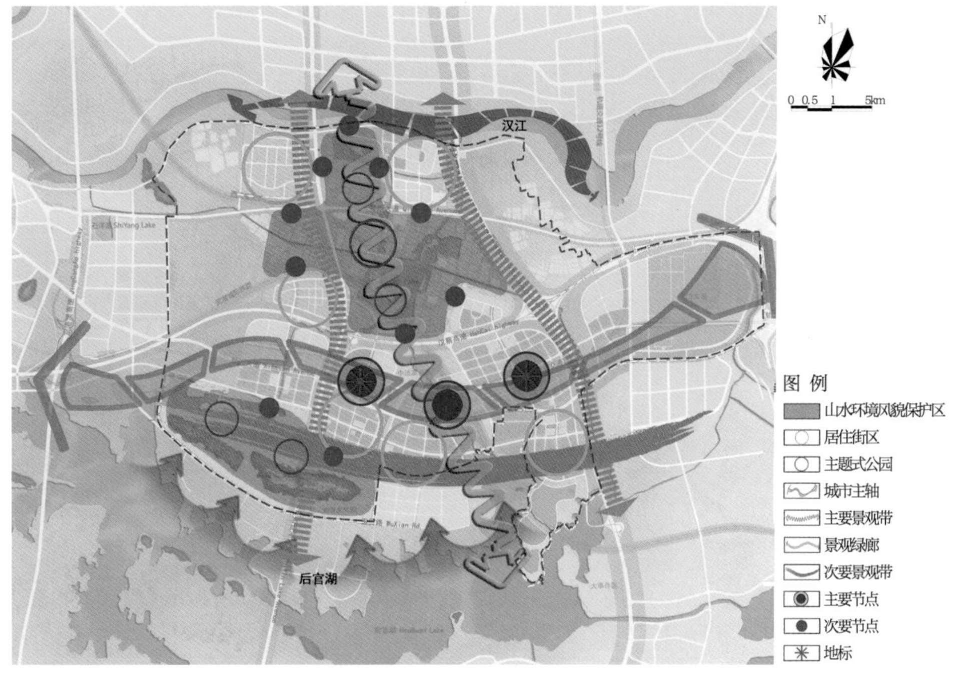

图11-1 城市特色空间结构示意图

成“山、水、城”一体的城市空间格局，充分体现自然山水文化特色。通过城市主轴、景观带、河湖水网将山水环境风貌保护区、知音文化风貌街区、法国文化风貌街区、居住街区、公园组织起来，形成有序列、有网络组织的空间结构格局（图11-1）。

同时，中法生态城鼓励塑造当代城市形象，加强城市公共空间和建筑外部空间设计，鼓励中法交流核心区高层建筑集中布局，周边街区以与山水环境相协调的尺度布局，形成层次丰富、疏密有致、高低错落的空间形态。

（二）街区

街区是表现不同文化主题的城市街区或公园，通过不同的风貌特征体现中法生态城的多元化的空间特色。

山水环境风貌保护区

依据自然山体、水系等自然环境为特点，以山水文化为规划理念，强调保护山体的轮廓、水系岸线和植被，尊重生态原貌，维持原有自然环境氛围和山水格局。以什湖湿地、马鞍山为核心，形成山水环境风貌保护区。

知音文化风貌街区

以知音文化为主题，以文化展示和旅游休闲为主要功能，形成历史文化传承与现代生活相融合的文化风貌区（表11-1）。风貌区内提炼反映传统文化的特征形态要素（表11-2），将文化形态要素进行抽象与简化，运用现代的城市空间的表现形式，表达传统空间意象，塑造传统与现代相结合的新型文化风貌区。

文化活动及空间载体 **表11-1**

文化活动	功能	空间载体
音乐	音乐观演	民族音乐厅、戏台、演艺表演厅
	音乐教育培训	古琴培训中心、民乐培训中心
书画艺术	书画艺术展示	书画博物馆
	书画艺术教育培训	书画斋、书画艺术教育培训中心
地方历史文化	地方历史人文社会	历史文化展览馆、知音故事园
	生活情景展示	市井广场
	开展文化节事	街道
旅游休闲	知音文化旅游	文化设施、公园绿地、旅游服务设施

传统文化形态要素设计引导 **表11-2**

传统文化形态要素	设计引导
街巷	街巷模式：采用“主路—支路—小巷”的层级结构，曲折多变的街道平面形态、连续性强的街巷界面，营造丰富街巷空间
	街巷尺度：街巷宽度与其两侧建筑界面高度之间的比例不大于2，形成较强围合感
	街巷节点：道路交叉口处扩大成为街区中心或小广场
街坊	采用小尺度街坊空间、街坊内单元由建筑院落组成，建筑密度高
建筑	对传统建筑造型进行抽象简化，使用现代材料表达传统建筑形式
特有符号	舒展灵动的意象运用于各类物质环境要素的设计中，如建筑、小品、雕塑采用楚凤云翔的意象
崇尚色彩	在整体街区的基准色调的背景下，适当运用红色与黑色作为景观标志

法国文化风貌街区

以法国文化为主题，以法国文化展示和旅游休闲为主要功能，形成展现法国文化，体现中法文化融合的文化风貌街区（表11-3、表11-4）。

文化活动及空间载体 **表11-3**

文化活动	功能	空间载体
音乐美术	音乐观演、美术展览	音乐厅、美术馆
	音乐美术教育培训	音乐美术教育培训机构及学校
影视艺术	影视作品展播	影视艺术展示厅
	影视艺术教育培训	影视表演、制作教育培训基地
时尚艺术	时尚产品展示	时尚文化展示厅
	时尚艺术教育培训	时尚艺术教育培训机构
美食文化	美食展览、品尝	美食商业街
旅游休闲	法国文化旅游	文化设施、公园绿地、旅游服务设施

空间形态要素设计引导 **表11-4**

空间形态要素	设计引导
街道	将对角斜线和放射性街道系统覆盖在传统的格网状街道系统上，连接重要建筑、公园和广场空间
水系	设置多座桥与亲水平台、亲水栈道，形成良好的亲水空间
街区	建筑围绕地块边缘形成周边围合式建筑组合
建筑	根据城市道路尺度及视觉要求合理确定两侧建筑的轮廓线和高度。控制屋顶、窗、门廊、模数、入口、材料，阳台和细部来保持风格的统一
广场	采用几何形式为主，分为纪念性广场、公众娱乐广场和结合大型公共建筑的广场
街区绿地	结合城市轴线系统，营造大型园林和小型街头园林绿地。法国规整园林以轴线对称为空间特色，欧洲现代园林注重点、线、面要素的结合

居住街区

针对不同的居住人群，确定居住街区文化主题（表11-5、表11-6）。

法国风格居住街区 **表11-5**

空间形态要素	设计引导
生活街区	街区尺度：70 ~ 200 米的街区长度
	街区形式：面向街道、围合内院空间
生活街道	确保步行系统的连续性。商业街可沿街设置书店、酒吧、俱乐部、特色集市。注重建筑细部设计，并结合设置街心雕塑、喷泉、绿化
	在邻近建筑的空间、商业性街道设置露天咖啡座，生活性街道设置有雨篷的平台、花园矮墙、小型植物
转角建筑	设置转角雕塑、转角骑廊或街角塔楼，增强识别性

中国风格居住街区 **表11-6**

空间形态要素	设计引导
生活街巷	顺应地形及周边环境，街巷尺度小而连续
住宅建筑	采用传统建筑符号，如坡屋顶、青瓦封檐和清水墙。立面设计兼具现代感和传统神韵，体型错落有致，灵活多变。整体的建筑形象大多向上收束、平稳亲切，局部阳台露台悬挑，轻盈洒脱。注重现代感的横竖划分和构图
住区绿地	设置景墙、鱼池、角亭、棋室、画廊、月洞门、冰裂纹。讲求空间大小变化和“移步换景”，采用“迎、转、折、回”的空间处理手法。采用玻璃、钢构架等现代建筑材料

（三）主题式公园

主题式公园设计中，注重将传统的造园要素及手法加以分解、概括、抽象、引申的再创造，通过不同主题，体现公园文化（表11-7、表11-8）。

借鉴法国凡尔赛宫、拉维莱特公园、雪铁龙公园、普罗旺斯薰衣草田、马恩河谷玫瑰园、波尔多葡萄酒庄和勃艮第庄园等案例。

法国文化主题　　　　**表11-7**

公园主题	设计引导
城堡主题	采用“轴线式”进行布局设计，在平坦的地形上应用大量水渠和运河等静态水景。整体使用大量的缓坡和微地形变化。局部园林节点可营造丰富的地形变化，用喷泉、森林、花径、温室、柱廊和众多散布的大理石雕像加以点缀。图案采用装饰花纹与几何图形相结合，用花草图形模仿衣服和刺绣花边
童话主题	以童话故事为主题，通过空间构造、植物和景观小品的设计展现三维的童话世界。用长廊、林荫道和小径联系这些主题园，并且添加点景物，作为视觉与功能的补充
浪漫主题	以薰衣草、玫瑰、葡萄为造景元素，展现浪漫爱情。依据自然地形，公园修建开挖的山石等自然材料，整合水景、绿化、小品等设计元素

历史文化主题　　　　**表11-8**

类型	设计引导
知音文化主题	设置亭、台、楼、阁等景观小品，用园林中的厅堂命名匾额、楹联、书条石、雕刻、装饰以及花木寓意、叠石，寄情表现文化内涵； 设置传统演艺场所如古琴演奏厅、群艺馆等进行民歌民曲创作和传唱等文艺活动； 重现历史上知音文化的柳映长堤、板桥花影、荷风曲溆、霄市灯光、古洞仙踪、琴台残月、僧楼钟韵、梵寺朝晖八景
传统景园文化主题	使用传统的造园手法、运用中国传统韵味的色彩、中国传统的图案符号、植物空间的营造等来打造具有中国韵味的现代景观空间。 空间格局：采用水、桥、房等元素，采用框景、障景、抑景、借景、对景、漏景、夹景、添景等中国古典园林的造园手法，运用现代的景观元素来营造丰富多变的景观空间，达到步移景异，小中见大的景观效果。 景观小品采用“轻·秀·雅”的风格，借助传统符号用抽象或简化的手法来体现中国传统文化内涵，其运用形式多种多样，可镶刻于景墙、大门、廊架、景亭、地面铺装、座凳上；或以雕塑小品的形式出现；或与灯饰相结合。 植物选择枝杆修长、叶片飘逸、花小色淡的种类为主，如：竹、水石榕、垂柳、桂花、芭蕉、迎春、菖蒲、水葱、鸢尾、马蔺等植物，营造简洁、明净而富有中国文化意境的植物空间

（四）轴线

城市主轴线连接三大文化风貌街区，依托城市林荫道形成城市空间的主轴（表11-9）。

城市主轴空间形态要素设计引导　　　　**表11-9**

空间形态要素	设计引导
空间序列	利用城市林荫道形成城市主轴，串联起主题风貌街区及核心公共空间，形成起、承、转、合，有持续感和韵律感的空间序列。通过节点空间大小尺度的转换，增强空间的节奏感、层次和趣味性
视线廊道	设置具有重要意义的起点和终点，并连接主要的标志，在标志的位置处形成节点，或在节点处设立标志，以形成对景。将什湖湿地、知音文化艺术中心、法国文化艺术中心串联起来。视线廊道内要避免出现大体量、不协调的高层建筑，要组织好“第五立面”设计
街道景观	林荫道内步行空间与雕塑、小品、喷泉、绿化有机结合，突出步行街道的视觉空间效果。以法国梧桐、常青藤，以及不同造型的水体、喷泉作为激活空间的点缀和视觉焦点，较矮的植物平行排列，与两边大楼相协调，标牌、座椅、地面铺装和照明设施形成统一法国新古典风格

（五）城市景观带

依托水系形成左岸右岸滨水空间格局，结合城市功能打造现代城市景观，并通过滨水绿带的串联，强化城市公园、水体与建筑空间的互动，体现生态型城市风貌（表11-10）。

城市景观带设计引导 **表11-10**

类型	设计引导
滨水空间	以什湖为中心，利用水系连接汉江与后官湖，形成滨水空间； 提供临水平台、临水步道等亲水场所。人行步道鼓励采用天然材料，并串联沿线亭廊、水景、绿地、服务设施
公共艺术品	设置文化雕塑群、全息影像灯光场地。选取知音传说、高山流水、特色自然景观等为主题，反映知音文化； 选取法国音乐、美术等为主题，反映法国艺术文化
绿化植被	中法友谊林，包括当地植物水杉、梅花、荷花； 法国国花香根鸢尾、千金榆、小榆树、黄杨、柑橘、薰衣草和玫瑰等

（六）节点

构成中法生态城城市印象的基本要素，通过城市街道、广场、建筑物等的出入口、交叉点、标志物所营造的空间氛围，展现不同的休闲生活方式（表11-11）。节点设计借鉴贝尔西公园、贝让节点广场、阿尔萨斯生态博物馆、巴黎麦收、巴黎海滩等案例。

城市节点类型及设计引导 **表11-11**

类型	设计引导
传统文化特色的公共空间	采用文化符号的直白表述，设置以历史故事、民间装饰为主题的文化雕塑群、篆刻等； 邻近生活居住片区的街头绿地应布置规模适当的硬质铺地，作为居民活动和早晚锻炼的广场，尤其是代表大众文化的广场舞
法国文化特色的公共空间	注重地理特征、空间的分割、结构的线条、灌木篱墙网络、与建筑物和基础设施的呼应以及隐喻方式的使用； 设置小型广场、小型露天剧场、鼓励采用乔木加铺装的形式进行绿化，以便形成林下的城市活动空间，方便露天音乐会、街头艺术表演、临时景观艺术创作

（七）地标

标定中法交流的核心区空间领域、通过标志建筑和构筑物组织空间秩序、丰富天际线，表达空间文化意义（表11-12）。

城市地标建筑设计引导 **表11-12**

类型	风格	特征
中法交流核心区	现代风格	建筑高度：建筑以高层为主； 建筑风格：现代风格，简洁、轻盈； 注重建筑造型，塑造景观异质性； 注重打造人性尺度的空间
标志建筑和构筑物	现代风格 传统符号	中法友谊塔和具有象征性的抽象雕塑、喷泉等，注重识别性与外向性的塑造，与周围环境协调统一
天际线	天际轮廓线应强调疏密有致、高低错落和富有韵律感	

三、打造多元的文化空间载体

（一）主题式公园

建设一系列的法式城堡主题、童话主题和浪漫主题的公园及知音文化主题传统景园文化主题的公园。注重街道的节点公共空间塑造，例如公共建筑的广场方便群众进行合唱、舞蹈及健身活动，同时是群众艺术比赛作品的展示平台。

（二）文化传承与交流建设项目

音乐艺术表演活动中心：拟建设一个主剧场和一个多功能实验剧场，配有排练厅、高档贵宾厅、展示厅、中西餐厅、咖啡厅、艺术商场及室外景观休闲区，满足大型歌剧、舞剧、芭蕾舞剧和大型综合文艺演出要求。音乐厅的舞台设计具有现代理念，运用现代电子技术，搭建多层次、多功能、全方位的舞台自动化系统。其主要职能有：组织指导群众文化艺术活动、辅导促进群众文艺创作、集结培训群众文艺骨干、生产配送群众文艺产品、收集整理民间文化艺术、加强国际文化交流等。

时尚艺术展示中心：为中法当代时尚文化提供量身定制的展示空间，展厅的配套设施包括接待区、时尚广场、咖啡厅、报告厅，形成主题性的艺术商业互动空间，把时尚和商业完美连接在一起。

创意设计中心：包括多功能厅、活动室、沙龙、创意工作室等，不同空间组成相异其趣的艺术面貌，形成各自独特的工作氛围。

美术馆：在总体设计上融现代建筑风格与优雅的园艺环境为一体。主要功能包括：陈列厅、多功能厅、画廊、画家创作室。

博物馆：建立乐器、民俗、农业、服饰、书画等不同主题的博物馆，从古代、近代、现代、当代不同时期展现城市历史文化符号、市民生活，展示传统文化和风土人情。集文物展示、宣传教育、科学研究等多功能于一体，配备有先进电脑网络系统、多媒体触摸屏系统、数码式语音导览系统及同声翻译的多功能厅。

图书馆：各项建设指标达到国家公共图书馆相应规模的建设标准。

（三）教育培训机构及学校

引进法国文化艺术的教育理念及体系，结合本地区的特殊情况，实现文化艺术教育体系及模式的创新，创立不同等级的、不同合作模式的教育培训机构及学校。通过中法合作将法国的先进办学理念、办学宗旨、办学模式与武汉地区的现有教育基础结合，开设中法两国青少年共同学习和交流的平台。组建产学研一体化的联合研发基地，引进国际国内顶尖的研究团队，带动教育产业、创意文化产业的发展。

（四）影视拍摄基地及制作基地

借助法国影视艺术制作、传播、推广的经验，依托蔡甸地区的区位、交通、武汉市丰富的相关人才资源及优美的生态湿地环境条件，共同建立影视拍摄及制作基地，促进两国影视文化的交流及影视产业的发展。

（五）生态科技展示厅

建设项目包括湿地保护技术演示厅、水循环处理系统展示大厅、湿地及鸟类科普展示馆、水生植物展览馆、水生植物科技展览厅等。通过展览和丰富多彩的科技活动，向公众宣传、普及科学知识，倡导科学精神，培养科学兴趣、科学思维方法和创新能力。展品涵盖天地自然、声学、数学、航天、通信等自然科学。馆内规划建设运用光媒和三维数字投影技术的全息穹幕影院，推出动态发现实验室，为市民提供让发明想象成为现实的场所。

（六）体育健身运动中心

建设可容纳大型综合性室内运动的体育馆，以满足城市居民的体育运动需求，并承担大型的区域性运动会。可进行乒乓球、羽毛球、排球、篮球、体操等多样比赛。比赛（热身）场地、比赛用房设置及流线组织均符合国家标准大型比赛的需要。

（七）旅游集散服务中心

在发展旅游同时提高地区旅游服务水平，依托自然休闲观光体验、运动赛事观光体验和都市娱乐观光体验等旅游活动，建立旅游集散服务中心。提供涵盖观光旅游纪念品零售、赛事专用器材零售、都市时尚文化展览以及住宿餐饮等一整套慢生活休闲服务。

四、传承创新的文化交流活动

（一）基础文化活动

青少年艺术启蒙活动

重视青少年艺术启蒙，奠定群众参与基础。大力推行“育艺深远——艺术教育启蒙方案”。其中，三年级学生：发现典藏美术；四年级学生：剧场初体验课程；五年级学生：认识交响乐团；六年级学生：认识传统中国音乐。目标至2030年，举行25场音乐会、30场文化导览、20场戏剧演出。既提升了学生的文化修养，更为未来广大市民参与文化活动奠定了重要基础。

社区文艺活动

借鉴法国公共事业的发展模式，倡导全民艺术的发展。推动文化进基层，让文化扎根社区。积极推行“文化就在社区里”计划，要求各专业文艺机构必须定期进入社区演出。如交响乐团和国乐团平均每月都有两场免费的社区演出，全年演出达52次，基本覆盖所有社区。值得一提的是，演出场地并不要求有较高的硬件配置，主要还是考虑群众出行和观赏方便，一般选择在社区广场或中小学校。同时，接受政府文化基金扶持的民间文艺团体、大型艺术节等活动也必须进入社区演出。在画廊、公园、咖啡馆、广场等一般大众生活的区域，开展各式各样的小型艺术表演或装置性艺术活动，展现大众、多元包容、群众喜闻乐见的文化艺术种类。

（二）传承创新活动

依托武汉和蔡甸的历史资源，举办地域文化特色展示活动、知音文化展示及书画演艺表演等。举办知音文化节、民俗文化节、传统书画艺术展，通过打造5D 水幕电影和“印象知音”大型实景演出，做大、做活中法生态城文化产业，打造可视、可感、可听的鲜活体验，增加中法生态城的亲近感和文化魅力，形成中法生态城国际旅游目的地的品牌性项目。

（三）融合包容活动

法国音乐、美术、影视、时尚、美食等展览、演艺活动：定期举办法国文化季，时装周、音乐节、红酒节、歌唱比赛、电影展映周、香水文化节、中法厨艺美食文化节等文化活动。同时还可以经常性举办音乐会、音乐展览及讲座，美术及其相关艺术作品展览。基于法国“浪漫文化”的核心要素，编写排演相关演出剧目。

中法文化论坛：依托中法文化科技交流中心开展中法两国的文化会展活动。促进中法生态城总结建设经验并起到示范、推广的作用，扩大中法生态城的影响力。

（四）低碳生态活动

1. 旅游观光活动

依托蔡甸“三山两河两湿地”的城市特色，以现有景区改造和转型升级为切入点，充分利用武汉和蔡甸的历史文化、民俗文化、知音文化、宗教文化等文化资源，打造自然休闲观光体验旅游活动。依托体育赛事活动打造运动赛事观光体验旅游。依托中法交流核心区打造都市娱乐观光体验旅游活动。

2. 体育赛事活动

将新城内现有的生态绿道连接起来，与各街区和公园、绿地、自然山水共同建设成为新城的慢行交通体系。借鉴“环法自行车赛”运动赛事模式，发展区域自行车赛、马拉松、定向越野赛等赛事活动。

（五）目标导向的文化指标体系

为了促进和保持中法生态城社会文化的可持续发展，最大限度营造和谐的社会及人文环境，文化融合度全方位提升，文化核心竞争力不断增强，结合武汉市相关规划，包括《武汉2049远景发展战略规划》《武汉文化五城空间发展规划》和相关生态新城规划等，参考相应指标值，对中法生态城社会文化和谐指标提出目标值（表11-13）。

社会文化和谐指标体系表 **表11-13**

主题	具体指标	2020年目标值	2030年目标值
社会文化基础	人口受教育程度	本科以上占50%，研究生以上占30%	本科以上占70% 研究生以上占50%
	人均公共图书拥有量	1.5册	2册
	年人均博物馆参观次数	1.5次/人·年	2次/人·年
	青少年艺术启蒙活动	15场音乐会、20场文化导览、6场戏剧演出	25场音乐会、30场文化导览、20场戏剧演出
	文艺机构进入社区演出活动次数	52次/年	78次/年
爱国爱家	犯罪率	≤5%	≤2%
	市民治安满意率	100%	100%
	社会主义核心价值观教育活动	20次/年	30次/年
	社区爱家教育活动	20次/年	30次/年
传承创新	传统文化展览和演艺活动参与次数	3次/人·年	5次/人·年
	市民社区文化活动参与次数	20次/人·年	50次/人·年
	民族音乐活动	30场/年民族音乐表演	50场/年民族音乐表演
	当地书画活动	20次/年传统书画展	40次/年传统书画展
	民俗演艺活动	10场/年大型民俗表演，30场/年社区民俗表演	20场/年大型民俗表演，50场/年社区民俗表演
	传统技艺、工艺培训参与次数	1.5次/人·年	2次/人·年
融合包容	中法文化交流展览、讲座、演艺活动参与次数	3次/人·年	5次/人·年
	露天音乐会、街头艺术表演、临时景观艺术创作活动参与次数	15次/人·年	30次/人·年
	中法音乐交流活动	3场/年大型音乐会或音乐节、30次/年小型或街头音乐表演	5场/年大型音乐会或音乐节、60次/年小型街头音乐表演
	中法美术交流活动	10次/年美术展或绘画交流	20次/年美术展或绘画交流
	中法影视交流活动	2次/年影视展播或电影节	5次/年影视展播或电影节
	中法时尚交流活动	1次/年大型时装周或时尚艺术节	2次/年大型时装周或时尚艺术节
	中法美食厨艺交流活动	1次/年大型国际美食节或厨艺展	2次/年大型国际美食节或厨艺展
	法国文化教育参与次数	1次/人·年	1.5次/人·年
低碳生态	自然休闲观光体验旅游、运动赛事观光体验旅游、都市娱乐观光体验旅游总游客量	300万人/年	500万人/年
	大型体育赛事次数	2次/年	3次/年
	绿色交通出行率	≥70%	≥80%
	市民对山水景观的感知程度	100%	100%

指标融合
——探索量化管控

可操作的生态指标体系是实现生态文明建设的有效手段，因地制宜制定一套可操作性的指标体系是关键，是规划实施的重要控制手段。现阶段国内外针对生态指标体系的研究颇丰，生态城需要结合自身特点量身订制，并针对建设计划及实施进行动态维护。指标值不能仅仅停留在目标层面，针对具体指标值在总体规划、控制性规划等各个层次上予以分解落实，并提供各项指标值得以实现的路径。

一、五大理念下的目标体系

中法生态城生态指标体系的研究，其最主要目的在于引导“生态型”城市的顺利建设。指标体系的研究重点之一在于明确“生态型”建设在城乡规划领域的目标内涵，为进一步研究建立和完善城乡规划与建设的指标体系提供引导。作为分析和评价一个地区是否为“生态型”规划的重要依据。所谓的“生态型”指标体系就是要寻找或建立一个度量标尺，通过这一度量标尺去测量某个地区资源的保障程度、生态环境的保护程度及可持续发展潜力。

规划融入“创新、协调、绿色、开放、共享”五大理念，结合生态城建设“创新产业之城、协调发展之城、环保低碳之城、中法合作之城、和谐共享之城”的目标（图12-1），通过建构城乡经济、社会发展、资源集约节约利用、环境治理和保护等方面的定性定量指标体系，构建了五个目标层总体规划指标体系框架。从而有利于保障城乡规划科学编制，更加有效监督城乡规划的实施。

二、多元融合的构建方法

中法生态城所构建的生态指标体系应因地制宜，结合自身发展情况进行量身打造。

本章首先是对国内外生态城市相关标准及案例实践进行深入研究，层层整合、取长补短，对指标体系构建进行系统研究；结合中法武汉生态示范城自身的

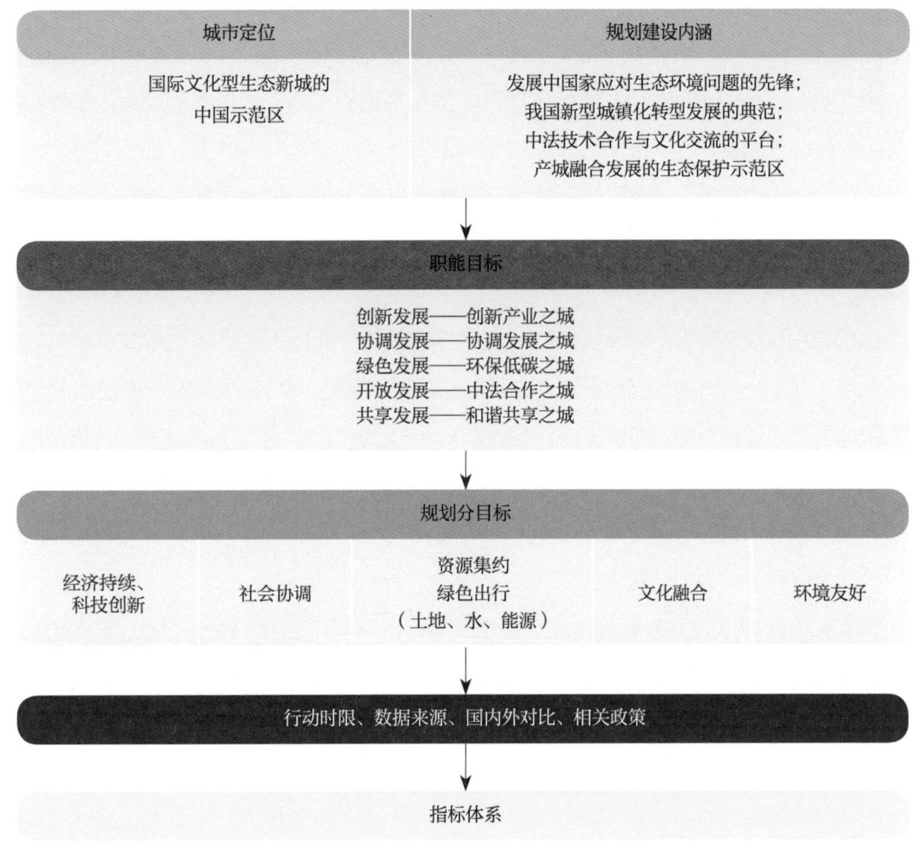

图12-1　指标体系构建技术路线

特点，通过九大专题的对接，对于指标框架的建构思路和指标因子的删选过程进行详细阐述。指标因子的筛选将在“生态型”城乡规划内容指向的前提下，从国内外各项指标体系建构实践案例（如资源与生态环境先进城市的指标、城乡规划建设相关指标、目前国内外相关重要研究的推荐指标、相关的国际标准、国家标准）中进行筛选。要使得指标体系在技术性能上到达专家角度判断合理、在作用上、功能上达到使用者满意，及实现可在实践中运用的目标，还采用了专题讨论与专家咨询两个环节，建立指标体系校正模型。

（一）相关标准的研究

1. 宜居城市指标体系研究

2007年4月通过住房和城乡建设部科技司验收的《宜居城市科学评价指标体系研究》，提出通过建立社会文明度、经济富裕度、环境优美度、资源承载度、生活便宜度、公共安全度、综合评价否定条件7大指标体系来对城市宜居指数进行评价，建设宜居城市已成为城乡规划的重要内容。该指标体系是一个导向性的科学评价标准，不是强制性的行政技术标准，更多的是科学认识意义和指导作用。通过研究、反馈、研究，设计团队提供了一个高度集成、便于操作、自测、完善的开放的评价指标体系。

国外一些机构试图选取几个主要方面，细化成若干指标对宜居城市进行评价，温哥华地区《宜居区域战略规划》制定了宜居性规划原则和指标类型。北京市城市规划设计研究院在《解读“生态”与“宜居”城市》的论文中，介绍了英国《经济学家》杂志信息情报组（Economist Intelligence Unit，EIU）搜集的世界范围内一些主要城市的资料，按城市的健康与安全、文化与环境、基础设施等3个方面提炼出12个指标，用定量、定性方法对世界范围内130个城市进行了“宜居性”排序。12个指标是：（1）暴力犯罪的威胁；（2）恐怖主义及军队冲突的威胁；（3）健康与疾病排名（基于13项健康指数）；（4）文化硬件排名；（5）娱乐能力；（6）气候排名；（7）消费与服务能力排名；（8）贪污腐败与透明等排名（文化与环境组）；（9）交通设施排名；（10）住房储备排名；（11）教育综合指数（基于12项教育指标）；（12）公用设施网络排名（基础设施组）。英国《经济学家》杂志提出的12个指标排名总的说还比较简便易于操作，但基本不反映经济与财政等方面的状况，环境只突出了气候条件指标。应该说这一排序结果还是基本反映世界城市宜居的基本情况的，为我们了解世界范围内城市宜居状况提供了一个参照。

2. 国家环保部《生态县、生态市、生态省建设指标》

国家环境保护总局于2007年发布了《生态县、生态市、生态省建设指标（修订稿）》，指标评定对象包括生态县、生态市和生态省，要求满足基本条件和各项建设指标。生态市建设需满足5个基本条件，其中包括制订《生态市建设规划》设置独立环保机构，完成节能减排任务，生态环境质量评价指数名列前茅，全市80%的县（含县级市）达到国家生态县建设指标并获命名等。生态市建设指标共计19个，其中经济发展类指标5个，生态环境保护类指标11个，社会进步类指标3个。指标分为约束性指标和参考性指标两类，其中约束性指标15个，参考性指标4个，由于与污染物、水利用、垃圾相关的指标项均内含两个具体指标，实际指标总数为22个，比如“主要污染物排放强度”就含有“化学需氧量（COD）”和“二氧化硫（SO_2）”两个指标。

3. 生态园林城市指标体系研究

建设部于2007年颁布了《国家生态园林城市标准（暂行）》，包含了生态环境、生活环境与基础设施三大类，共19项具体指标。其目的在于应用生态学与系统学原理来规划城市，编制科学的城市绿地系统规划，制定完整的城市生态发展战略、措施和行动计划，以形成与区域生态系统相协调的城市发展形态和城乡一体化的城镇发展体系。目前，虽然许多城市提出要建设生态园林城市，但是并没有完善的指标体系来指导建设。城市在发展过程中享用生态系统提供的产品和服务，并对生态系统进行修复和还原，但这些都缺乏科学的理论指导。因此，城市要建立起一个“具有稳定可靠的生态安全保障体系”还需要一个漫长的过程。通过建立评价指标体系的方法引导城市向“生态园林城市”方向发展是可取的，但该指标体系应是动态发展的，而不是僵化的。同时还要注意到，不同城市具有不同的生态系统特征，因此还应该建立起特征型的相关指标来推动生态园林城市的建设实践。

4. 城市总体规划指标体系

2007年原建设部“完善规划指标体系课题组”提出的城市总体规划指标体系，该研究对于进一步完善城市总体规划指标体系，改进城市总体规划编制和实施工作提出方向。总体指标划分为经济、社会人文、资源、环境4个大类，共含15项分类指标，27个具体指标。具体指标又分为控制型和引导型两种，该指标体系没有提出具体指标值，指标的量化工作需要结合当地实际自行制定。此体系把城市资源指标归纳到总体规划编制层面，要求总体规划反映一个城市资源节约利用、节约使用的状态和水平。在本来资源总量指标的基础上，增加水资源平衡、水资源利用率、单位GDP能耗水平和使用结构、节约集约用地等结构性、效率性指标和均值性指标。同时也在环境治理目标的基础上，增加节能减排、循环利用的指标，促进“建设生态文明，基本形成节约能源资源和保护生态环境的产业结构、增长方式、消费模式”目标的实现。这对实施生态城市规划在总体规划层面确定了基本的管理框架。此体系的重要特色是第一次把城市资源指标归纳到法定总体规划编制层面，要求总体规划反映一个城市资源节约利用、节约使用的状态和水平。这对“生态型”城乡规划指标体系的建构具有重要的借鉴意义。

5. 上海市城市总体规划指标体系

编制完成于1996年，于2001年由国务院正式批准实施，其规划控制年限为1999～2020年。在该规划的实施接近一半，为了把握上海城市总体规划实施的基本情况和城市发展动态，并为2010上海世博会的城市发展战略进行必要的技术储备，在上海市规划局牵头下，上海市城市规划设计研究院从2007年开始开展了《上海市城市总体规划实施跟踪》课题。该课题设立了基础信息库建设、政策环境、土地利用、人口、产业、综合交通、市政公用设施等多个专题，在此基础上形成了上海市城市总体规划（1996～2020）实施评估报告，共九册，包括总报告和人口、方法、产业、综合交通、市政、生态绿化、郊区规划研究、基础规划信息库建设等8个专题。上海市城市总体规划实施评估内容丰富，资料翔实，尤其注重城市发展定量数据资料的整理分析，面对城市发展的新形势和规划实施的新环境，全面总结了规划实施的效果，对今后的工作提出了建议。面对国内快速发展，规划难以适应的情况下，提出了可供借鉴的突破性思路。上海市城市总体规划成果是国内城市中运用指标体系的典范案例，不足的是，该指标体系并没有结合原有自评价指标体系进行，该评估报告因而更侧重于是对城市历年状况的分析，基于目标达成的篇幅较少。该评估案例在一定程度上反映了当时国内城市对指标体系运用意识的淡漠，以及缺乏相关指标体系运用的指引和规范。

6. 国内地方性城乡规划相关标准

城乡规划指标体系的研究并不完善，大部分规划指标零散出现在不同的城市规划标准及相关规范中。城市规划标准虽然不是直接地以规划指标体系的形式出现，但其中某些标准还是可以为建构城乡规划指标体系所借鉴。鉴于城乡规划指标体系在城乡规划体系中处于技术标准层的位置，对指导城乡规划编制十分重要，因此有必要对目前全国各地城市已出台的规划标准进行系统梳理，作为本规划研究的借鉴。通过对资料梳理得知，目前国内香港、深圳、广州、重庆、武汉、长沙等地均已出台城市规划标准。其中，具代表性的《香港规划标准与准则》列出城市要求的最基本规范，讲求管理应用时灵活变通。《深圳市城市规划标准与准则》突出其法定性与滚动性，并根据城市发展的情况不断进行调整。从标准解释到具体标准陈述、定性规定和定量指标相结合，可以为城乡规划指标体系的建构提供参考。国外关于城市规划标准的研究比较丰富。美国规划协会（APA）于2006年出版了《规划与城市设计标准》一书。包括规划与规划制定、环境管理、建筑、场所与场所营造、分析技术、实施技术等六个部分，包含了各种规划层面与角度。美国图森市针对遗产、环境资源、山坡开发等均绘制了特定的区划图层并与城市土地利用法规的内容相呼应。欧盟资助的“欧洲绿色空间项目”（URGE）中的规划标准着重针对城市与区域的绿色空间制定，共设置了立法与规划准则、整合系统下的城市绿地市民参与、文化与美学、管理与维护能力四个部分内容，包含了城市绿化政策、规划与导则等15条具体标准，其中有对应规划指标进行控制和引导的内容。目前国内外城市对总体规划指标体系以及城市规划标准的制定都开展了研究，这些成果对于“生态型”城乡规划指标体系的建构具有重要的参考价值。

7. 欧盟“生态城市计划”

文献中具有代表性的相关研究是欧盟“生态城市计划”中的评价指标体系，该评价指标体系包括城市结构、交通、能源与物质流以及社会经济议题等四方面标准。此外，美国Cleveland市的“生态城市议程”中提出了包含空气质量、气候变迁、多元化、能源、绿色建筑、绿色空间、公共建设、小区特色、居民健康、可持续发展、运输选择等方面纲领性的目标要求。加拿大温哥华市的生态城市建设指标体系包括了固体废弃物、交通运输、能源、土壤与水、空气排放、建筑、绿色空间等指标体系。

8. 联合国可持续发展指标

城市发展的总体效果评价指标体系还有许多例如针对“生态城市”“可持续发展”“宜居城市”“绿色城市”“低碳城市”等城市发展目标构建的指标体系研究，这些专题结合国际或国家的新形势而展开，具有一定的相似性，其中，最有代表性的是可持续发展指标体系的研究。该指标体系的构建对应于《21世纪议程》有关章节，分经济、社会、环境、制度四维，以“驱动力—状态—响应”（DFSR）模式构建指标，1996年提出的初步指标体系有134个指标（其中，经济指标23个、社会指标41个、环境指标55个、制度指标15个）。1996～1998年世界上24个国家（非洲6个、亚太地区4个国家、欧洲8个国家、美洲6个国家）对这134个指标的初步指标体系在国家尺度进行了检验和应用，评价了DFSR指标模式的恰当性，最终确定了经济、社会、环境、制度4个维度、15个主题 、38个子主题的主题的指标框架，并确定了核心指标体系。核心指标体系包含58个核心指标，其中，社会指标19个、环境指标19个、经济指标14个、制度指标6个。

9. 经济合作与发展组织（OECD）可持续发展指标体系

该指标体系成立于1961年的经济合作与发展组织（OECD），现有包括美国、加拿大、英国、德国、澳大利亚、日本、韩国等在内的35个成员国，在环境指标的研究中一直走在国际前列。OECD可持续发展指标体系包括3类指标体系：

OECD核心环境指标体系——约50个指标，涵盖了 OECD成员国家反映出来的主要环境问题，以 PSR模型为框架，分为环境压力指标（直接的和间接的）、环境状况指标和社会响应指标等3类，主要用于跟踪、监测环境变化的趋势。

OECD部门指标体系——着眼于专门的部门，包括反映部门环境变化趋势、部门与环境相互作用（正面的与负面的）、经济与政策等3个方面的指标，其框架类似于PRS模型。

环境核算类指标——与自然资源可持续管理有关的自然资源核算指标，以及环境费用支出指标，如自然资源利用强度、污染减轻的程度与结构、污染控制支出。

为便于社会了解，以及更广泛地与公众交流，在核心环境指标的基础上，OECD又遴选出了“关键环境指标”（10～13个），意在提高公众环境意识，引导公众和决策部门聚焦关键环境问题。

10. 国外地方性城乡规划相关标准

美国规划协会（APA）于2006年出版了《规划与城市设计标准》一书。包括规划与规划制定、环境管理、建筑、场所与场所营造、分析技术、实施技术等六个部分，包含了各种规划层面与角度。美国图森市针对遗产、环境资源、山坡开发等均绘制了特定的区划图层并与城市土地利用法规的内容相呼应。欧盟资助的“欧洲绿色空间项目”（URGE）中的规划标准着重针对城市与区域的绿色空间制定，共设置了立法与规划准则、整合系统下的城市绿地市民参与、文化与美学、管理与维护能力四个部分内容，包含了城市绿化政策、规划与导则等15条具体标准，其中有对应规划指标进行控制和引导的内容。目前国内外城市对总体规划指标体系以及城市规划标准的制定都开展了相关研究，这些成果对于“生态型”城乡规划指标体系的建构具有重要的参考价值。

（二）相关案例的研究

1. 中新天津生态城指标体系

2007年11月18日，中国和新加坡共同签署了中华人民共和国政府与新加坡共和国政府关于在中华人民共和国建设一个生态城的框架协议，随后两国政府开始共同建设中新天津生态城。中新天津生态城评价指标体系共包含4个部分，共计26个指标，其中控制性指标22个，引导性指标4个。4个部分分别为生态环境健康、社会和谐进步、经济蓬勃高效、区域协调融合，每个部分包含指标层、二级指标、指标值和时限。生态环境健康的指标层包括自然环境良好和人工环境协调；社会和谐进步的指标层包括生活模式健康、基础设施完善和管理机制健全；经济蓬勃高效的指标层包括经济持续发展、科技创新活跃和就业综合平衡；区域协调发展的指标层包括自然生态协调、区域政策协调、社会文化协调和区域经济协调。区域协调发展的指标均为引导性指标，其他部分的指标均为控制性指标。

2. 曹妃甸生态城指标体系

由瑞典 SWECO公司制定，包括城市功能、建筑与建筑业、交通和运输、能源、废物（城市生活垃圾）、水、景观和公共空间7个子系统，共141项具体指标。城市功能系统的指标分为住宅、公共空间和设施的可达性、公共场所多元化和混合使用、建设在高度危险区内的住宅、工作区多样化和混合使用、通用性灵活性和城市结构中的坚固性、行人和自行车友好的环境、城市环境质量8类，共34个指标；建筑与建筑业系统的指标分为建筑设计、化学成分、室内环境、生态循环系统、建筑和结构、可持续发展、房屋6类，共23个指标；交通和运输系统的指标分为可达性、效率和环境交通系统、安全和环境健康3类，共15个指标；

能源系统的指标分为能源需求和能源供应2类，共11个指标；废物（城市生活垃圾）系统的指标分为废物产生和收集及处理、废物产生者到垃圾丢弃点的可达性、从垃圾收集点到废物运输可达性、资源效率4类，共16个指标；水系统的指标分为水的供应和需求、卫生和废水产生的废物、水环境、海防、资源效率5类，共30个指标；景观和公共空间的指标分为自然环境和城市质量、公园和公共空间的可达性2类，共12个指标。除此以外，还有32项管理类指标。管理类指标指的是指标内容超过了规划部门的管理权限，需其他相关部门完成的指标。为了更好地与规划设计、土地开发、建设管理等各规划建设阶段紧密结合，109项规划类指标进一步分层细化，共分为三个层面指标：系统层面、街区层面及地块层面。系统层面规划指标共68项，是对整个城市系统的土地利用、综合交通、公共服务设施、生态循环等方面进行的总体生态指标把控，在总体规划中实现和落实；街区层面指标共16项，是对街区层面交通、能源、水、固废等生态规划技术运用的指标定量及定性控制，在控制性详细规划中实现和落实；地块层面指标共25项，是对地块开发及单体建筑建设的生态技术进行的引导控制，对建筑设计、建筑环境、建筑节能、生态技术应用等进行定性定量的要求控制，通过修建性详细规划和建筑设计进行落实。

3. 哈马碧生态城指标体系

哈马碧位于瑞典首都斯德哥尔摩市区东南部哈马碧湖畔，波罗的海与梅拉伦湖的交汇处。经过10多年的策划、规划，哈马碧生态城2000年破土动工，计划到2015年，哈马碧生态城建成住宅1.1万套，能供3.5万人在此居住和生活。哈马碧生态城的目标就是将哈马碧建成环境友好型的健康城市，使其环境负荷比1990年代建造的小区降低一半。为实现这一理想，1996年斯德哥尔摩政府就为哈马碧生态城制定了关于土地、交通、建材、能源、水资源、废弃物6方面的环境目标：（1）土地利用：清洁地开发和转换旧的褐地，将其改造成具有绿色公共空间和美丽公园吸引人的居住区；（2）交通：利用快速、吸引人的公共交通，共同使用汽车和自行车道，来减少私人汽车的使用；（3）建材：健康、干燥和环境友好；（4）能源：充分利用可再生燃料、沼气产品和余热资源，建筑能源使用更加高效；（5）水和污水：在节水和污水处理新技术的帮助下，给排水都尽可能地干净和高效；（6）废弃物：在实践中彻底的分类，不管在什么地方，都要最大化的回收物质和能量。并针对这些环境目标做出了详细的、严苛的、明确的要求和相应的指标体系。

4. 阿联酋马斯达尔生态城指标体系

马斯达尔生态城位于阿布扎比东南11km外的沙漠地区，临近国际机场，选址于有着极端气候环境的沙漠，白天的地面温度可达50℃，马斯达尔意在摆脱严重依赖为其带来巨大财富的石油等天然资源的形象，转型为以教育为城镇发展导向，创建可持续研究和发展中心为城镇发展方式。马斯达尔生态城的目标是建立一个最大程度上减少生态足迹和不依赖石油为主要能源的生态城，而与尖端科技的结合和传统技术的运用是完成目标的必要手段。马斯达尔生态城囊括了可持续发展的各个方面，从现场产能减少、垃圾排放到水资源保护，从降低垃圾填埋量到可再生能源使用，以支撑城市整个城区交通运输的能源需求。马斯达尔生态城指标体系分为建筑设计、交通运输、能源、水资源、废弃物、产业6个大类，16个指标。

（三）指标的筛选和框架修正

1. 相关标准及案例的启示

通过对相关标准及生态城实践案例的研究，指标体系共同点是指标所关注的层面大致可以归纳为经济类、社会类、资源类和环境类共四大类指标，根据各指标体系的制定背景和目的的不同又会相应增加或减少类别，但是整体上国内生态城市指标涵盖全部四类，国外生态城市指标则更侧重于资源类和环境类，较少涉及社会类指标（表12-1）。

指标体系高频指标总结 **表12-1**

指标体系		指标总数	各类指标体系数量					补充说明
类型	具体案例		经济指标	社会指标	资源指标	环境指标	其他	
可持续城市指标	可持续发展指标体系—可持续发展委员会（UNCSD）	58	14	19	7	12	6（制度）	从以驱动力—状态—反应模式构建，由最早的134个指标精简到58个
	可持续发展指标便携手册2009（英国环境、食品和农村事务部）	68	5	32	21	10	—	尚有5个指标还没有具体明确的度量方法，68个指标的数据来源于政府各部门以及国家统计部门
总体规划指标	总体规划指标体系（住房和城乡建设部）	27	4	11	5	7	—	把城市资源指标归纳到总体规划编制层面，要求总体规划反映一个城市资源节约利用、节约使用的状态和水平
生态城市指标	中新天津生态城指标体系	26	5	11	8	2	—	对资源层面指标有所重视
	曹妃甸生态城指标体系	141	6	29	28	73	5（绿色建筑）	管理类指标32项，规划类指标109项，落在系统、街区、地块三个层面
	上海生态型城市物质规划标准指标（沈清基）	63	12	27	9	15	—	全面，与城乡规划领域有较好的衔接
	深圳光明新区绿色城市建设指标体系	30	6	10	3	11	—	围绕生态环境友好健康、经济发展高效有序、社会和谐民生改善等三个层面确定指标体系
	无锡太湖新城生态城指标体系	21	—	6	6	9	—	依据四大战略构建指标体系
	生态城市综合指标体系（黄光宇）	64	23	12	3	13	13（人的发展）	综合指标，对社会和经济层面的关注较重
国外生态城市指标	瑞典哈马碧生态城指标体系	32	—	—	9	17	6（绿色建筑）	注重能源与环境类生态指标的控制
	阿联酋马斯达尔生态城指标体系	16	—	—	8	8		建设“零碳城市”最大程度上减少生态足迹和摆脱石油依赖
“生态市”指标体系	原国家环境保护总局于2007年发布了《生态县、生态市、生态省建设指标（修订稿）》	22	5	3	4	10		指标评定对象包括生态县、生态市和生态省，指标分为约束性指标和参考性指标两类
宜居城市指标	中国城市科学研究会“宜居城市”科学评价指标体系	78	5	53	4	16	—	社会指标较大
生态园林城市指标	国家生态园林城市标准	19	—	—	2	10	7（城市基础设施类指标）	主要落实在城市环境层面上

选取国内外具有代表性的生态城市相关指标，其具体分类可以概括为对其从10个类别进行统计和筛选，确定每个类别的最高频率指标，作为生态城市指标体系构建的依据之一。其中，国内更关注人均建设用地、人均公共绿地面积，国外更加关注对森林等非建设用地的保护。交通类相关高频指标集中关注绿色出行比例、公交出行率以及公共设施的可达性，体现对公共交通系统的运行效率和覆盖率的关注。建筑设计相关高频指标关注建筑设计整体指标体系的不多，多关注建筑的节能减排和环保材料的使用。能源类相关高频指标最高频率指标为单位GDP能耗和可再生能源利用率。 水资源相关高频指标集中关注水体水质，人均用水量，体现行为节水，生活污水集中处理率和再生水利用率，体现对城市水处理设施的关注。固体废弃物相关高频指标重点关注生活垃圾的集中处理以及工业固体废物收集和资源化利用，垃圾无害化处理和生活垃圾分类收集体现了对环境保护的关注。大气环境相关高频指标高频率指标集中在区内环境空气质量，单位GDP碳排放的关注体现了发展中国家在面对气候变化时“发展优先”的原则，噪声达标区覆盖率是考核环境建设的主要指标。生物生境相关高频指标集中关注生物多样性以及保障生物多样性的硬件环境，如野生植物的种类、当地特有野生鸟类或鱼类的种类和数量，国内多关注本地植物指数，国外则更多关注自然湿地及保护区的面积变化。社会保障类相关高频指标基本出现在国内的指标体系中，且多为基础设施普及率，这与当前国内社会发展水平有着密切的关系。国外指标体系更多关注居民安全感、基尼系数等宏观指标。经济类相关高频指标重点关注人均GDP和环保投资占GDP的比重两个指标，关注新技术以及服务业对经济发展（表12-2）。

国内外比较分析总结　　表12-2

	国内现状	国外经验
构建方式	指标体系与规划实施普遍存在脱离现象	融合规划构建
指标设定依据	研究人员设定，未能对应规划目标	直接对应规划目标
目标达成评判	对于目标值的实施缺乏相应评估	支撑达成判断
指标特征	只针对效果评价，现状了解不充分，缺乏阶段划分依据	阶段型，可比较，针对全过程构建
	过于依赖数量指标	将数量指标转化为质量指标
	依赖统计型指标（如各类土地比例）	转化为价值型指标（土地集约度）
数据统计	没有稳定可用的数据库	统一数据库，GIS 动态监测
表达方式	往往只有一张附表，抽象不明确	结合规划策略进行阐述，通俗明了

中法武汉生态示范城指标体系构建的启示：在新一轮总体规划编制中，针对如何向“中法融合、生态示范”转型的核心问题，总体规划提出保护城市战略性资源、缩减城市发展对城市土地的增长需求、增加城市空间资源的使用效能的应对策略，通过构建目标导向的指标体系对规划成果进行落实和改进。

2. 与九大专题的融合

整体框架与其他的9大专题（包括资源环境承载力及生物多样性、水生态环境保护、社会经济和产业发展、文化及城市空间特色、绿色交通系统、低碳专题、垃圾处理、能源基础设施规划、绿色建筑）进行多次讨论对接；根据与专题对接，从宏观到微观层面初步提炼了46项具体指标，分布于5个领域（表12-3）。

九大专题融合构建的指标体系 表12-3

<table>
<tr><th colspan="3">指标类型</th><th>具体指标</th></tr>
<tr><td rowspan="10">1. 生态型城市基数</td><td colspan="2" rowspan="2">经济可持续</td><td>1. 第三产业占 GDP 比重（%）</td></tr>
<tr><td>2. 高新技术产业增加值占总工业增加值的比重</td></tr>
<tr><td colspan="2" rowspan="5">社会和谐</td><td>3. 廉租房和经济适用房比例（%）</td></tr>
<tr><td>4. 无障碍设施率（%）</td></tr>
<tr><td>5. 基尼指数</td></tr>
<tr><td>6. 就业综合平衡指数（%）</td></tr>
<tr><td>7. 环境保护投入占 GDP 的比重</td></tr>
<tr><td colspan="2" rowspan="2">科技创新</td><td>8. 每万劳动力中R & D科学家和工程师全时当量</td></tr>
<tr><td>9. 农业生态化生产普及率（%）</td></tr>
<tr><td colspan="2">文化融合</td><td>10. 文化融合协调度</td></tr>
<tr><td rowspan="18">2. 资源节约</td><td colspan="2" rowspan="5">土地集约</td><td>11. 人口密度</td></tr>
<tr><td>12. 单位土地产出（亿元/km²）</td></tr>
<tr><td>13. 人均建设用地面积（m²/人）</td></tr>
<tr><td>14. 人均生态用地面积</td></tr>
<tr><td>15. 城镇人均公共绿地面积</td></tr>
<tr><td rowspan="9">水资源</td><td rowspan="3">水资源节约利用</td><td>16. 单位 GDP 水耗（吨/万元）</td></tr>
<tr><td>17. 再生水资源利用率</td></tr>
<tr><td>18. 日人均生活耗水量（L）</td></tr>
<tr><td>水源健康卫生</td><td>19. 直饮水使用率（%）</td></tr>
<tr><td rowspan="3">水源循环利用</td><td>20. 雨水的收集利用（%）</td></tr>
<tr><td>21. 城市污水处理率（%）</td></tr>
<tr><td>22. 中水回用比例（%）</td></tr>
<tr><td rowspan="2">水环境良好</td><td>23. 地表水质量</td></tr>
<tr><td>24. 工业废水排放达标率（%）</td></tr>
<tr><td rowspan="4">能源</td><td>建筑节能要求</td><td>25. 新建居住与公共建筑节能标准（%）</td></tr>
<tr><td rowspan="2">能源节约利用</td><td>26. 单位 GDP 能耗（吨标煤/万元）</td></tr>
<tr><td>27. 人均生活用电（kW · h/d · 人）</td></tr>
<tr><td>再生能源利用</td><td>28. 可再生能源占总能耗的比率（%）</td></tr>
</table>

续表

指标类型			具体指标
2. 资源节约	废弃物	垃圾排放减量	29. 日人均垃圾产生量（kg/ 人・天）
			30. 万元工业产值垃圾产生量（吨万 / 元）
		垃圾收集管理	31. 生活垃圾分类收集率（%）
		垃圾再生利用	32. 垃圾回收再利用率（%）
3. 环境友好	自然环境		33. 自然湿地、水系比例（%）
			34. 本地植物指数
	人工环境		35. 建成区绿地率（%）
			36. 建成区绿化覆盖率（%）
4. 绿色交通	低碳交通		37. 公交线路网密度（km/km^2）
			38. 慢性交通路网密度（km/km^2）
			39. 公交设施可达性（m）
			40. 公共设施可达性（m）
			41. 绿色出行比例（%）
5. 微气候与空气质量	住区热岛效应		42. 住区室外日平均热岛强度（℃）
	绿色建筑		43. 绿色建筑比重（%）
			44. 建筑屋顶绿化面积占绿地面积比重（%）
			45. 新建建筑节能材料使用（%）
	空气环境质量		46. 空气质量好于或等于二级标准的天数（天 / 年）

3. 专家咨询过程

要使得指标体系在技术性能上到达专家角度判断合理，在作用上、功能上达到使用者满意，实现可在实践中运用的目标，就必须建立指标体系校正模型。在融合专题成果的基础上，采用专家调查法对指标进行筛选。在指标体系构建上，规划团队邀请城乡规划领域的资深专家、规划学科教授、武汉市政府部门管理人员等组成专家组，进行指标问卷调查。采用通信方式分别将所需解决的问题单独发送到各个专家手中征询意见，然后回收汇总全部专家的意见，并整理出综合意见。随后将该综合意见和预测问题再分别反馈给专家，再次征询意见，各专家依据综合意见修改自己原有的意见，再次汇总。经过这样多次反复征询意见和修改，逐步取得比较一致的预测结果的决策方法。调整后的指标体系为（表12-4）：

专家咨询后调整的指标体系　　　表12-4

指标类别	指标名称	控制类别
经济	1. 第三产业比例（%）	引导
科技	2. 每万劳动力中R＆D科学家和工程师全时当量（人）	引导
	3. 入户网络平均带宽（Gbps）	引导

续表

指标类别	指标名称	控制类别
社会	4. 就业住房平衡指数	引导
	5. 步行 500 米范围内居住区免费文体设施覆盖率（%）	控制
土地	6. 人均生态用地面积（m^2/人）	控制
水	7. 单位 GDP 水耗（吨 / 万元）	控制
	8. 再生水利用率（%）	控制
	9. 年径流总量控制率（%）	控制
	10. 城镇污水处理率（%）	控制
	11. 地表水环境质量（类）	控制
能源	12. 单位 GDP 水耗（吨 / 万元）	控制
	13. 再生水利用率（%）	控制
垃圾	14. 垃圾减排控制	控制
	15. 垃圾再生利用	控制
交通	16. 慢行路网密度（km/km^2）	控制
	17. 公交设施可达性（m）	控制
	18. 绿色出行率（%）	引导
文化	19. 文化融合协调度	引导
自然环境	20. 自然湿地、水系比例（%）	控制
	21. 本地植物指数	控制
人工环境	22. 建成区绿地率（%）	控制
建筑	23. 绿色建筑比例（%）	控制
空气	24. 每年空气质量好于或等于二级标准的天数（天 / 年）	控制

按照建设“创新产业之城 、协调发展之城、环保低碳之城、中法合作之城、和谐共享之城”的目标要求，提出指标24项，其中控制性指标18项，引导性指标6项。

三、量身制定的指标体系

（一）五位一体的指标体系

中法武汉示范城所构建的生态指标体系应因地制宜，指标筛选与目标体系相对应，结合发展实情进行量身打造。基于生态型城市指标选取原则和规划指标矩阵构思，指标体系充分考虑了武汉城市特色以及中法生态示范城自身的需求，融入创新、协调、绿色、开放、共享的五大发展理念，指标因子选取及标准值的确定考虑了五维因素，包括国家相关生态指标、城乡规划相关标准、类似先进生态城市指标体系、武汉城市自身条件以及中法专题研究成果，最后得到中法双方共同认可的一套体系。总体构建五位一体的指标体系（见表12-5），提出24项指标，其中控制性指标18项，引导性指标6项。关键指标力求突破，率先在国内示范推广。

中法武汉生态示范城规划指标体系（2016~2030） 表12-5

类别			名称	2030年值	控制类别	备注
创新产业之城	经济		1. 第三产业比例（%）	≥ 70	引导	武汉：50，法国巴黎：86.5，法国里尔：76.5
	科技		2. 每万劳动力中R & D科学家和工程师全时当量（人）	100	引导	中新天津生态城：50 日本：104.7，法国：98.8，德国：84.2
			3. 入户网络平均带宽（Gbps）	≥ 1	引导	武汉市“十三五”规划纲要：100M宽带尽快入户 法国“极高网速计划”：2022年法国大城市1G宽带入户
协调发展之城	社会		4. 就业住房平衡指数	≥ 60	引导	中新天津生态城：≥ 50，中瑞无锡低碳生态城：≥ 30
			5. 步行500米范围内居住区免费文体设施覆盖率（%）	100	控制	中新天津生态城：100
环保低碳之城	土地		6. 人均生态用地面积（m^2/人）	≥ 130	控制	根据生态城规划
	水	水资源节约利用	7. 单位GDP水耗（吨/万元）	≤ 8	控制	深圳：12.1，北京：17.58，世界：50
			8. 再生水利用率（%）	≥ 30	控制	《国家生态园林城市标准》：≥ 30 《湖北省绿色生态城区示范技术指标体系（试行）》：≥ 20
			9. 年径流总量控制率（%）	≥ 85	控制	《海绵城市建设技术指南——低影响开发雨水系统构建》：≥ 70 北京经济技术开发区：85，上海海绵城市示范区：≥ 80
		水环境良好	10. 城镇污水处理率（%）	100	控制	中瑞无锡低碳生态城：100
			11. 地表水环境质量（类）	≥ Ⅲ	控制	中新天津生态城：《地表水环境质量标准》Ⅳ
	能源	能源节约利用	12. 单位GDP能耗（吨标煤/万元）	≤ 0.21	控制	中新天津生态城：≤ 0.3（2020年）， 深圳光明新区：≤ 0.5
		再生能源利用	13. 可再生能源利用率（%）	≥ 20	控制	中新天津生态城：≥ 20
	垃圾	垃圾减排控制	14. 人均垃圾日产量（kg/人·日）	≤ 0.8	控制	中瑞无锡低碳生态城：≤ 0.8
		垃圾再生利用	15. 垃圾回收利用率（%）	≥ 60	控制	中新天津生态城：≥ 60%
	交通		16. 慢行路网密度（km/km^2）	≥ 15	控制	根据生态城规划
			17. 公交设施可达性（m）	公交站点300m服务半径覆盖率≥ 70%；公交站点500m服务半径覆盖率100%	控制	深圳光明新区：公交站点500m服务半径覆盖率≥ 75%， 西安浐灞新区：公交站点300m服务半径覆盖率≥ 50%，公交站点500m服务半径覆盖率≥ 70%
			18. 绿色出行率（%）	≥ 90	引导	中新天津生态城：≥ 90（2020年）， 中瑞无锡低碳生态城：≥ 80

续表

类别		名称	2030 年值	控制类别	备注
中法合作之城	文化	19. 文化融合协调度	满足生态城文化专题研究标准	引导	根据生态城规划
和谐共享之城	自然环境	20. 自然湿地、水系比例（%）	≥ 18%，确保比例不降低	控制	根据生态城规划
		21. 本地植物指数	≥ 0.7	控制	《国家生态园林城市标准》：0.7
	人工环境	22. 建成区绿地率（%）	≥ 42	控制	《国家生态园林城市标准》：≥ 38 中瑞无锡低碳生态城：≥ 42
	建筑	23. 绿色建筑比例（%）	一星级：100，二星级：≥ 50，三星级：≥ 10，大型公共建筑：中国三星级和法国 HQE 双认证	控制	对不同国家绿色建筑评价标准进行比较研究，重点比较中国《绿色建筑评价标准》和法国 HQE 绿色建筑评价标准
	空气	24. 空气质量好于或等于二级标准的天数（天 / 年）	≥ 310	控制	《国家生态园林城市标准》：≥ 300，中新天津生态城：≥ 310； 2016 中央政府工作报告："地级及以上城市空气质量优良天数比率超过 80%"（292）

注：中法武汉生态示范城规划指标体系总体标准借鉴了以下资料：
（1）《中国低碳生态城市发展战略》生态城市指标体系和低碳城市形态结构规划评价指标体系；
（2）《生态县、生态市、生态省建设指标（修订稿）》；
（3）国家生态园林城市指标体系；
（4）城市总体规划指标体系；
（5）《城市道路交通规划设计规范》；
（6）《绿色建筑评价标准》；
（7）中新天津生态城指标体系；
（8）唐山曹妃甸生态城指标体系；
（9）中瑞无锡低碳生态城指标体系；
（10）《湖北省绿色生态城区示范技术指标体系（试行）》；
（11）中法武汉生态示范城总体规划各专题研究。

经中法专家多轮讨论对接，结合武汉及中法生态城自身需求，指标因子选取及其标准值确定有所调整，整体标准略有提高。

（二）指标统计及对应计算手段

传统的指标计算方法较为单一，应提倡多样化的指标因子量化方法：如调查统计、利用GIS平台计算以及空间句法计算等方法，使指标因子统计数据更为全面，方法更为成熟。在充分研究总结国内外城市发展指标体系后，结合我国城市的发展现实，有以下推荐的指标统计及对应计算手段：

1. 数据统计方法

主要有常见的3种方式：政府持续统计收集的数据、针对某些指标进行实地勘测调研的客观数据以及公众调查数据。值得强调的是，指标的统计需要专职部门持续收集每年甚至每月的数据，例如人均出行时间、人口数据、用地统计、就业分布等，都是需要在日积月累、持之以恒的工作中完成的。如果有关土地利用、城市发展、公共设施、农田生产率、经济发展和公众意见等方面的信息能被明确地、科学地收集并加以维护的话，那么规划的评价会容易得多，对规划决策的帮助作用极大，而且会产生许多更明确的结论。实地调研的客观事实数据可以弥补政府统计数据的不足，保证其科学性。再者，往往并不是所有数据都能从政府各部门直接获取，有必要时可进行实地调研。此外，公众调查尤其适合进行社会人文和民生指标的公众满意度调研。

2. 指标计算方法

指标计算比较常见的有5种有效方法，分别是：直接统计计算、基于GIS平台计算、INDEX规划支持系统指标计算、基于空间句法平台计算和公众调查评估。

指标直接统计计算——城市总体规划指标中有许多可以直接进行统计计算的指标。城市总体规划指标中有许多可以直接进行统计计算的指标，例如人口、土地、经济等相关指标。

指标基于GIS平台计算——由于GIS具有将数据集合和地理信息链接起来的能力，在进行地理信息查询分析、改善部门合作、制图和协助规划决策方面有着不可替代的作用。指标计算也应充分利用GIS的优势，进行量化而科学的衡量评价。

INDEX规划支持系统指标计算——INDEX是一个集成的交互式规划支持系统，支持城市和区域规划，重点在衡量可持续发展方案的过程中寻找最优方案。INDEX系统在规划中可以用于评价社区现状、设计未来的情景、评价不同情景规划方案、对不同规划方案最优性排序、建成所选方案的实施效果等，因此应用于不同领域，比如土地利用规划、交通运输规划、建筑设计、环境规划、在水资源规划、能源利用规划、公共财政规划、洪涝灾害防治规划等。INDEX的指标计算对于交通出行等基于地理信息系统的指标尤其擅长，有着其他软件没有的优势，在社会、环境类型的指标计算中值得推荐。生态城示范区规划中的人口密度、就业密度、住房公共交通靠近度、公共交通靠近度、基于住宅的车公里数等指标计算公式及结果均采取这种评估方法。但需采用若干年份的持续统计信息来计算评估规划效果，包括各个年份的人口分布、道路、建设用地、就业分布、基础设施、道路网络、交通状况等数据信息。

指标基于空间句法平台计算——分析方法多侧重于感性的空间形象分析。空间句法作为一种理性的分析方法，是中观层面上对城市空间结构进行分析的有力工具。借助计算机这个强大的处理平台，可以得出更为客观和科学的结论反馈设计。此外空间句法不仅能够为项目方案设计提供分析资料，同时也能够通过把方案输入电脑检验方案，辅助设计人员进行方案决策。如今，GIS地理信息系统的理论和计算方法的优势已经为国际业界所公认，然而，GIS在研究空间组织与人类社会之间关系有其不足之处，而空间句法理论和方法弥补了这方面的不足。

公众调查评估——满意度已经越来越成为衡量城市发展的重要方法。通过发放问卷的形式调查了解了市民评价，并在得出调查结果的基础上追踪调查，获悉市民评分的原因和标准，也体现了一定的公众参与。需要指出的是，这些结果对城市发展的评价，不一定能反映所有市民的意见。

（三）创新点及特色

（1）**构建方法创新**：符合大武汉特色的生态指标体系，根据生态城规划定位及目标，定性与定量相结合，构建了五位一体的指标体系，真正做到示范和推广；通过引入MECE框架对指标因子进行删选，体现“不遗漏，不重复”的特征。

（2）**基于本土特色**：关键指标因子体现武汉百湖之市、森林之城的自然特征，如重视对河湖湿地及本土植被的保护及利用，提出自然湿地、水系比重≥18 %、地表水质量不低于Ⅲ类水质、本地植物指数≥0.7等指标。

（3）**体现中法合作**：指标因子体现中法合作的文化和技术交流特征。如创新性提出文化融合协调度的指标导则；结合中法技术要点的绿色建筑标准，提出生态城新建建筑100%为一星建筑，50%为二星建筑，10%为三星建筑，大型公共建筑为拥有双认证GBL-HEQ（中国《绿色建筑评价标准》和法国HQE绿色建筑）的绿色建筑的建设目标；提出每万劳动力中R＆D科学家和工程师全时当量≥100。

（4）**关键指标突破**：根据武汉市实际情况及中法示范城的发展需求，关键指标力求突破，率先在国内示范推广。如提出可再生能源使用率≥20%；量化指标控制小汽车出行以及建设高密度的各类交通网络体系，总体绿色交通出行比例不低于90%，小汽车出行比例不高于10%。创建多层次公交网络，实现轨道、公交站点500米覆盖率分别达70%、100%。

四、规划指标技术说明

生态城始终将“指标统领”作为区域的战略指导思想，主要针对如何实现“中法融合、生态示范”的核心问题，将具体的目标管控贯穿到规划编制的各个层次、开发建设、运营管理的全过程。全面落实生态城指标体系，形成具有指标统领的生态城开发建设模式，是一项长期复杂的系统工程。以下是32项具体指标的规划目标值及相关说明。

1. 第三产业占GDP比重（%）

指标解释：是指第三产业增加值占地区生产总值（GDP）的比重，用于衡量富裕发达程度。第三产业吸纳就业能力强，消耗能源少，对环境污染低，发展第三产业有助于绿色GDP。发达国家或地区的第三产业一般占GDP60%以上，部分超70%，我国第三产业比例比较低。

2030年目标值：≥70%

相关依据：武汉2015年第三产业占GDP比重51%；根据经济数学模型预测和发达国

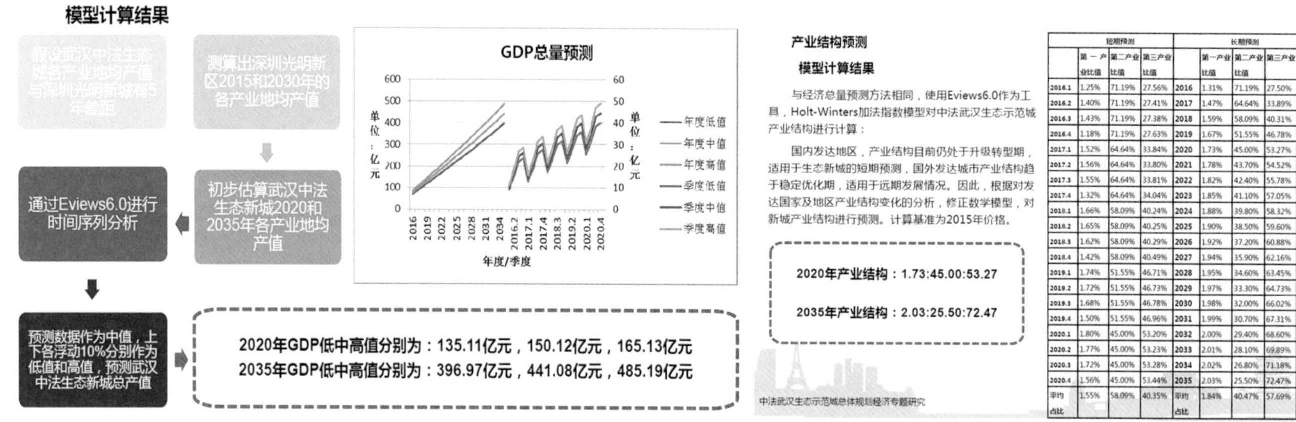

短期预测				长期预测			
	第一产业比值	第二产业比值	第三产业比值		第一产业比值	第二产业比值	第三产业
2016.1	1.25%	71.19%	27.56%	2016	1.31%	71.19%	27.50%
2016.2	1.40%	71.19%	27.41%	2017	1.47%	64.64%	33.89%
2016.3	1.43%	71.19%	27.38%	2018	1.59%	58.09%	40.31%
2016.4	1.18%	71.19%	27.63%	2019	1.67%	51.55%	46.78%
2017.1	1.52%	64.64%	33.84%	2020	1.73%	45.00%	53.27%
2017.2	1.56%	64.64%	33.80%	2021	1.78%	43.70%	54.52%
2017.3	1.55%	64.64%	33.81%	2022	1.82%	42.40%	55.78%
2017.4	1.32%	64.64%	34.04%	2023	1.85%	41.10%	57.05%
2018.1	1.66%	58.09%	40.24%	2024	1.88%	39.80%	58.32%
2018.2	1.65%	58.09%	40.25%	2025	1.90%	38.50%	59.60%
2018.3	1.62%	58.09%	40.29%	2026	1.92%	37.20%	60.88%
2018.4	1.42%	58.09%	40.49%	2027	1.94%	35.90%	62.16%
2019.1	1.74%	51.55%	46.71%	2028	1.95%	34.60%	63.45%
2019.2	1.72%	51.55%	46.73%	2029	1.97%	33.30%	64.73%
2019.3	1.68%	51.55%	46.78%	2030	1.98%	32.00%	66.02%
2019.4	1.50%	51.55%	46.96%	2031	1.99%	30.70%	67.31%
2020.1	1.80%	45.00%	53.20%	2032	2.00%	29.40%	68.60%
2020.2	1.77%	45.00%	53.23%	2033	2.01%	28.10%	69.89%
2020.3	1.72%	45.00%	53.28%	2034	2.02%	26.80%	71.18%
2020.4	1.56%	45.00%	53.44%	2035	2.03%	25.50%	72.47%
平均占比	1.55%	58.09%	40.35%	平均占比	1.84%	40.47%	57.69%

图12-2　2030年中法生态城GDP的结构综合预测

家及地区经济产业数据的研究比较，综合预测2030年中法生态城GDP的结构，三产占比72.47%；根据《武汉2049远景发展战略规划研究》，武汉2030年第三产业占GDP比重60%；根据《中法武汉生态示范城总体规划经济专题研究》结论，武汉2020年第三产业占GDP比重53%；2030年第三产业占GDP比重66%；横向比较法国巴黎和里尔，2012年两个城市的第三产业占GDP比重分别为86.5%和76.5%。（图12-2）

指标落实：按目标值控制。

2. 每万劳动力中R&D研发科学家和工程师全时当量（人）

指标解释：每万劳动力中参加、管理和直接服务研发项目的科学家和工程师按全时人员折算的人年数，用于反映从业人员中科学家、工程师比例和从事研发活动时间。其中科学家与工程师指科技活动人员中具有高、中级技术职称（职务）的人员和不具有高、中级技术职称（职务）的大学本科及以上学历人员。研发活动指在科学技术领域，为增进知识总量及运用这些知识创造新的应用而进行的系统性、创造性活动，包括基础研究、应用研究、试验发展三类活动。

2030年目标值：≥100人/年

相关依据：中新天津生态城指标规定，2020年每万劳动力中R&D科学家和工程师全时当量不小于50人年；2014年全国每万劳动力中R&D科学家和工程师全时当量为19.7人年[①]；2013年武汉每万劳动力中R&D科学家和工程师全时当量为33人年（武汉市第三次经济普查主要数据）；国外对比：日本2014年104.7，法国2014年98.8，德国2014年为84.2[②]。

指标落实：中法合作办学自主培养，制定优惠政策吸引人才等方式实现该目标。

3. 入户网络平均带宽（Gbps）

指标解释：规划区内入户网络的平均带宽。融入了互联网+理念——互联网推动着社会

注：① 引自 OECD，Main Science and Technology Indicators，January 2016.

② 同上。

的全面转型，覆盖政务、制造、教育、医疗、物流、商贸等社会主流领域，使得沟通、管理等活动也变得更为便捷、高效、低碳，影响生态城生活生产方式的更替。

2030年目标值：≥1G

相关依据：法国“极高网速计划”提出2022年实现法国大城市1G宽带入户；韩国已开始启动城市区域1G宽带入户；武汉“十三五”规划纲要提出尽快实现100M宽带入户；国务院发布《“宽带中国”战略及实施方案》，其中提到要将宽带的地位上升到国家的战略高度。促进信息消费的配套政策，同时也刺激了相关行业的市场发展。到2015年，部分发达城市达到100Mbps。

指标落实：建设将实现城市光网全覆盖，平均入户接入带宽达1G以上。

4. 就业住房平衡指数

指标解释：指生态城居民中在本地就业人数占可就业人口总数（生态城总劳动力）的比例，是衡量居民就近就业程度的指标。就业住房平衡指数越高，说明就近就业比重越高，对外出行交通的需求就越少。

2030年目标值：≥60%

相关依据：根据中新天津生态城指标体系，2013年就业住房平衡指数不小于50%。

考虑到中新天津生态城产业用地约10%，占比较低，且所控制期限为2013年，因此在此基础上适当提高。

落实情况：总就业岗位数11.4万个，其中70%为生态城居民在本地就业，约7.98万人。

5. 步行500米范围内居住区免费文体设施覆盖率（%）

指标解释：步行500米可达范围内拥有免费文体设施的居住区占居住区总数比例。

2030年目标值：100%

相关依据：根据中新天津生态城指标体系，步行500米范围内有免费文体设施的居住区比例为100%。

指标落实：通过“新城中心—社区中心—小区中心—邻里中心”四个层级构建生态城公共服务设施体系，保证各居住区500米范围内免费文体设施全覆盖。

6. 人均生态用地面积（m^2）

指标解释：人均所占有的生态用地（生态用地包括所有原生态的自然存在的地类，并且也应该包括半人工的绿色用地、水域等能够发挥气候调节、涵养水源等生态作用的土地，例如耕地、园地等）的面积。

2030年目标值：≥130m^2

相关依据：沈清基《上海建设生态型城市规划实施阶段标准（2020）》中提出人均生态用地面积≥100m^2；按照中法生态城规划高标准控制。

指标落实：规划按目标值控制。

7. 单位GDP水耗（吨/万元）

指标解释：指万元国内生产总值（GDP）的耗水量，该值用于评估某地的生产节水水平。

单位GDP水耗=水消耗量（吨）/国内生产总值（万元）

2030年目标值：≤8（吨/万元）

相关依据：2015年深圳市单位GDP水耗12.1吨/万元；2014年北京市单位GDP水耗17.58吨/万元；《湖北省绿色生态城区示范技术指标体系（试行）》≤75吨/万元。

指标落实：预测2030年用水量10万立方米/日，GDP为441.08亿元，则单位GDP水耗为8吨/万元。

8. 再生水利用率（%）

指标解释：城市污水再生利用量与城市污水排放量比率（再生水利用率=再生水水源使用量／地区污水排放量）。再生水指污水经适当再生工艺处理后，达到一定质量指标，满足某种使用要求，可以进行有益使用的水。

2030年目标值：≥30%

相关依据：国家园林城市标准中城市再生水利用率≥30%；《湖北省绿色生态城区示范技术指标体系（试行）》中城市再生水利用率≥20%。

指标落实：预测2030年蔡甸城关镇包括中法生态城地区污水排放量为16万立方米/日，蔡甸再生水厂再生水回用5万立方米/日，则再生水利用率约为31%。

9. 年径流总量控制率（%）

指标解释：《海绵城市建设技术指南——低影响开发雨水系统构建（试行）》中提出的核心指标，通过自然和人工强化的渗透、集蓄、利用、蒸发、蒸腾等方式，场地内累计全年得到控制（不外排）的雨量占全年降雨总量比例。

2030年目标值：≥85%

相关依据：上海建海绵城市试点区域目标——年径流总量控制率将不低于80%；深圳市光明新区年径流总量控制率：70%；北京经济技术开发区年径流总量控制率：85%。2015年国家海绵城市建设试点城市申报要求试点城市年径流总量控制率不得低于70%。

指标落实：通过扩大什湖水体面积、保留湿地及低影响开发设施包括绿色屋顶、雨水花园、下沉式绿地、透水铺装等。

10. 城镇污水处理率（%）

指标解释：经过处理的生活污水、工业废水量占污水排放总量比例。为使污水达到排入某水体或再次使用的质量要求，对其进行净化。

2030年目标值：100%

相关依据：无锡市太湖生态新城中的城镇污水处理率：100%；《特大型城市生态文明建设评价指标体系及应用——以武汉市为例》中的城镇污水处理率：100%；国家环保部：《生态市建设指标体系》中的城镇污水处理率≥85%。

指标落实：严格按照该标准落实。

11. 地表水环境质量

指标解释：根据《地表水环境质量标准》，按使用功能监测考核地表水质量。景观娱乐用水应同时满足《景观娱乐用水水质标准》要求。

2030年目标值：不低于Ⅲ类水体水质

相关依据：国家园林城市标准中地表水Ⅳ类及以上水体比率≥50%；中新天津生态城地表水质量达到Ⅳ类水体水质要求；无锡市太湖生态新城地表水质量不低于Ⅲ类水质。

指标落实：现状什湖为劣Ⅴ类水质，后官湖为Ⅲ-Ⅳ类水质，后续经过生态综合处理应达到不低于Ⅲ类水质的目标。

12. 单位GDP能耗（吨标煤/万元）

指标解释：每产生万元GDP（国内生产总值）消耗的能源。

2030年目标值：≤0.21（吨标煤/万元）

相关依据：本次规划结合能源专题研究，以武汉市2007~2013年单位GDP能耗数据为基础，对武汉市单位GDP能耗数据模拟为指数函数，推断2030年单位GDP能耗为0.21吨标准煤/万元。

相关生态城参考：深圳光明新区2015年≤0.5吨标准煤/万元；中新天津生态城规划2020年单位GDP能耗≤0.3吨标准煤/万元；2011年统计（世界银行数据库）单位GDP能耗日本为0.18吨标准煤/万元；英国为0.18吨标准煤/万元；香港为0.26吨标准煤/万元；美国为0.34吨标准煤/万元；新加坡为0.61吨标准煤/万元。

指标落实：严格按照该标准落实。

13. 可再生能源利用率（%）

指标解释：可再生能源产生的能量占能源总消耗量比例。可再生能源包括太阳能、风能、水能、地热、潮汐、生物质能等可在自然界再生的能源。

2030年目标值：≥20%

相关依据：国家《可再生能源中长期发展规划》的目标为：到2020年我国可再生能源在能源结构中的比例争取达到15%；国家能源局综合司《关于进一步做好可再生能源发展"十三五"规划编制工作的指导意见》，实现2020年非化石能源（包括核能）消费占比15%和2030年非化石能源（包含核能）消费占比20%的战略目标；中新生态城规划2020年可再生能源使用率不小于20%；国外对比：德国计划2020年使可再生能源消费比例达到20%；欧盟计划2010年22%电力来自可再生能源；目前，瑞典的可再生能源已经达到33.3%。

指标落实：生态城能源总消耗量2361 GWh/年，可再生能源使用比例达到20%；建立三个能源示范区，应用太阳能、地源热泵、水源热泵、空气源热泵等可再生能源技术；根据用地布置11座能源站，每座服务半径0.5~1公里。

14. 人均垃圾日产量（kg/人·日）

指标解释：每人每日生活垃圾平均产量。

2030年目标值：≤0.8（kg/人·日）

相关依据：无锡市太湖生态新城、中新天津生态城人均垃圾日产量≤0.8；《城市环境卫生设施规划规范》取值0.8~1.8。

指标落实：预测2030年生活垃圾产量为180吨/日，生活垃圾产量变化系数采用1.2，则人均垃圾产量为0.8kg/日。

15. 垃圾回收利用率（%）

指标解释：一定时期内回收再利用的垃圾量占垃圾总产量比例，用于反映生态建设状态。

2030年目标值：≥60%

相关依据：中新天津生态城垃圾回收利用率≥60%；曹妃甸生态城生活垃圾回收利用率≥60%。

指标落实：通过垃圾分类收集并设置垃圾资源化处理中心来达到目标。

16. 慢行路网密度（km / km^2）

指标解释：单位面积土地上通达慢性交通线路的道路长度。

2030年目标值：≥15.0（km / km^2）

相关依据：根据住房和城乡建设部2013年12月发布的《城市步行和自行车交通系统规划设计导则》，城市商业、居住区步行路网密度推荐值为10～20 km/km^2，中法生态城取整体平均值≥ 15km/km^2。

指标落实：总体规划阶段初步测算步行网络密度为10.8km/km^2，下一步控规阶段继续加密网络。

17. 公交设施可达性（%）

指标解释：到达公共交通设施难易程度，以时间距离表达。公交设施（包括地铁、轻轨、有轨电车和公共汽车等）服务半径覆盖面积占城市用地总面积比例，用于衡量公共交通便捷程度。

2030年目标值：公交站点300米服务半径覆盖率≥70%，公交站点500米服务半径覆盖率≥100%。

相关依据：结合其他生态城市相关标准确定（表12-6）。

公共交通系统评价指标相关标准 **表12-6**

指标分类	评价项目	系统评价指标	规范值（武汉）	其他生态城市参考评价值	其他生态城市实施情况参考值	备注	总体规划值
公共交通系统评价指标	公交站点 300 米服务半径覆盖率（%）	>70	50	53	—	光明国家生态示范区	—
				70	50	西安市浐灞新区绿色交通规划	—
				87	75	光明国家生态示范区	—
	公交站点 500 米服务半径覆盖率（%）	100	90	90	70	西安市浐灞新区绿色交通规划	—
	轨道交通站点 600 米服务半径覆盖率（%）	100	66	90	—	—	75

指标落实：严格按该标准落实。

18. 绿色出行率（%）

指标解释：选择绿色出行方式（除小汽车外的污染低的出行方式，如公共交通、自行车、步行等）人数占出行总人数比例。

2030年目标值：总体绿色交通出行比例不低于90%。

相关依据：结合其他生态城市相关标准，交通专项研究成果以及与法方多次沟通结论确定。

国内外对比：香港公交出行率达到90%；巴西库里蒂巴75%以上通勤者乘坐公共交通；德国埃尔兰根市自行车使用率达到30%；纽约、东京等公共交通所占出行比例达到60%以上。

指标落实：严格按该标准落实。

19. 文化融合协调度

指标解释：根据武汉及中法生态城特点和规划创新性提出的指标，用于突出中法文化融合，传承文化，注重安全生产和社会治安，指导构建和谐社会结构，实现经济、社会、文化多重效益共赢。

相关依据：文化专题制定（表12-7）。

社会文化和谐指标体系 表12-7

主题	具体指标	2020 年目标值	2035 年目标值
社会文化基础	人口受教育程度	本科以上占 50%，研究生以上占 30%	本科以上占 70% 研究生以上占 50%
	人均公共图书拥有量	1.5 册	2 册
	年人均博物馆参观次数	1.5 次 / 人 · 年	2 次 / 人 · 年
	青少年艺术启蒙活动	15 场音乐会、20 场文化导览、6 场戏剧演出	25 场音乐会、30 场文化导览、20 场戏剧演出
	文艺机构进入社区演出活动次数	52 次 / 年	78 次 / 年
爱国与爱家	犯罪率	≤ 5%	≤ 2%
	市民治安满意率	100%	100%
	社会主义核心价值观教育活动	20 次 / 年	30 次 / 年
	社区爱家教育活动	20 次 / 年	30 次 / 年
传承与创新	传统文化展览和演艺活动参与次数	3 次 / 人 · 年	5 次 / 人 · 年
	市民社区文化活动参与次数	20 次 / 人 · 年	50 次 / 人 · 年
	民族音乐活动	30 场 / 年民族音乐表演	50 场 / 年民族音乐表演
	当地书画活动	20 次 / 年传统书画展	40 次 / 年传统书画展
	民俗演艺活动	10 场 / 年大型民俗表演，30 场 / 年社区民俗表演	20 场 / 年大型民俗表演，50 场 / 年社区民俗表演
	传统技艺、工艺培训参与次数	1.5 次 / 人 · 年	2 次 / 人 · 年
融合与包容	中法文化交流展览、讲座、演艺活动参与次数	3 次 / 人 · 年	5 次 / 人 · 年
	露天音乐会、街头艺术表演、临时景观艺术创作活动参与次数	15 次 / 人 · 年	30 次 / 人 · 年
	中法音乐交流活动	3 场 / 年大型音乐会或音乐节、30 次 / 年小型或街头音乐表演	5 场 / 年大型音乐会或音乐节、60 次 / 年小型街头音乐表演
	中法美术交流活动	10 次 / 年美术展或绘画交流	20 次 / 年美术展或绘画交流
	中法影视交流活动	2 次 / 年影视展播或电影节	5 次 / 年影视展播或电影节
	中法时尚交流活动	1 次 / 年大型时装周或时尚艺术节	2 次 / 年大型时装周或时尚艺术节
	中法美食厨艺交流活动	1 次 / 年大型国际美食节或厨艺展	2 次 / 年大型国际美食节或厨艺展
	法国文化教育参与次数	1 次 / 人 · 年	1.5 次 / 人 · 年
低碳与生态	自然休闲观光体验旅游、运动赛事观光体验旅游、都市娱乐观光体验旅游总游客量	300 万人 / 年	500 万人 / 年
	大型体育赛事次数	2 次 / 年	3 次 / 年
	绿色交通出行率	≥ 70%	≥ 80%
	市民对山水景观的感知程度	100%	100%

指标落实：严格按该标准落实。

20. 自然湿地、水系比例（%）

指标解释：自然湿地、水系面积占总面积比例。

2030年目标值：≥18%，确保比例无缩减

相关依据：无锡市太湖生态新城自然湿地、水系比例≥15%；《城市水系规划规范》推荐自然湿地、水系比例值为8%～12%。

指标落实：根据生态城保护规划湿地水域面积控制，保留部分鱼塘、藕塘作为湿地绿色农业区，退塘还湖，扩大什湖水域面积，自然湿地、水系比例达标。

21. 本地植物指数

指标解释：为本地植物物种数占植物物种总数比例。用于提倡乡土植物应用和推广，以乡土树种为主，适当引入和选用适宜外来树种，合理搭配，形成具有本地特色的城市植物群落。

2030年目标值：≥0.7

相关依据：《国家生态园林城市标准》中本地植物指数为0.7，中新生态城等多个生态城均采纳该标准。

指标落实：深入贯彻“生态城市”的建设标准，从区域统筹视角，构建以什湖九荡湿地核心保护区为生态绿心，梳理与汉江、后官湖、马鞍山等生物多样性中心的生态绿廊，打造城市生态景观绿网；高标准落实良好的湿地、河流、城市公园和山林生态环境与城市优良的绿色空间基底。

22. 建成区绿地率（%）

指标解释：建成区内绿地面积占建设区总面积比例。

2030年目标值：≥42%

相关依据：根据住房和城乡建设部《生态园林城市标准》中建成区绿地率≥38%；根据无锡市太湖生态新城关于本指标的标准≥42%

指标落实：高标准落实。

23. 绿色建筑比例（%）

指标解释：绿色建筑占建筑物总数的比例（临时建筑除外）。绿色建筑是指在建筑的全寿命周期内，最大限度地节约资源（节能、节地、节水、节材）、保护环境和减少污染，为人们提供健康、适用和高效的使用空间，与自然和谐共生的建筑。

2030年目标值：一星及以上建筑达到100%，二星及以上建筑不少于50%，三星建筑不少于10%，建议大型公共建筑做绿色三星建筑和法国HQE双认证。

相关依据：对不同国家绿色建筑评价体系进行分析研究，重点对比了中国《绿色建筑评价标准》和法国HQE绿色建筑体系，提出本次生态城的绿色建筑设计指标体系；其他生态城标准：中新天津生态城绿色建筑比例100%；唐山曹妃甸生态新城绿色建筑比例100%；深圳光明新区绿色建筑比例≥90%。

指标落实：严格按照该标准落实。

24. 每年空气质量好于或等于二级标准天数（天／年）

指标解释：环境空气质量达到国家有关功能区标准要求，按《环境空气质量标准》执行。

2030年目标值：≥310（天／年）

相关依据：中新生态城中好于等于二级标准的天数≥310天/年（相当于全年的85%），在此基础上要求SO_2和NO_x好于等于一级标准的天数≥155天/年（相当于达到二级标准天数的50%）；住房和城乡建设部生态园林城市标准：好于等于二级标准的天数≥300天/年；李克强总理2016《政府工作报告》“十三五”时期主要目标任务中提到“地级及以上城市空气质量优良天数比率超过80%”（292天）。

指标落实：严格按照该标准落实。

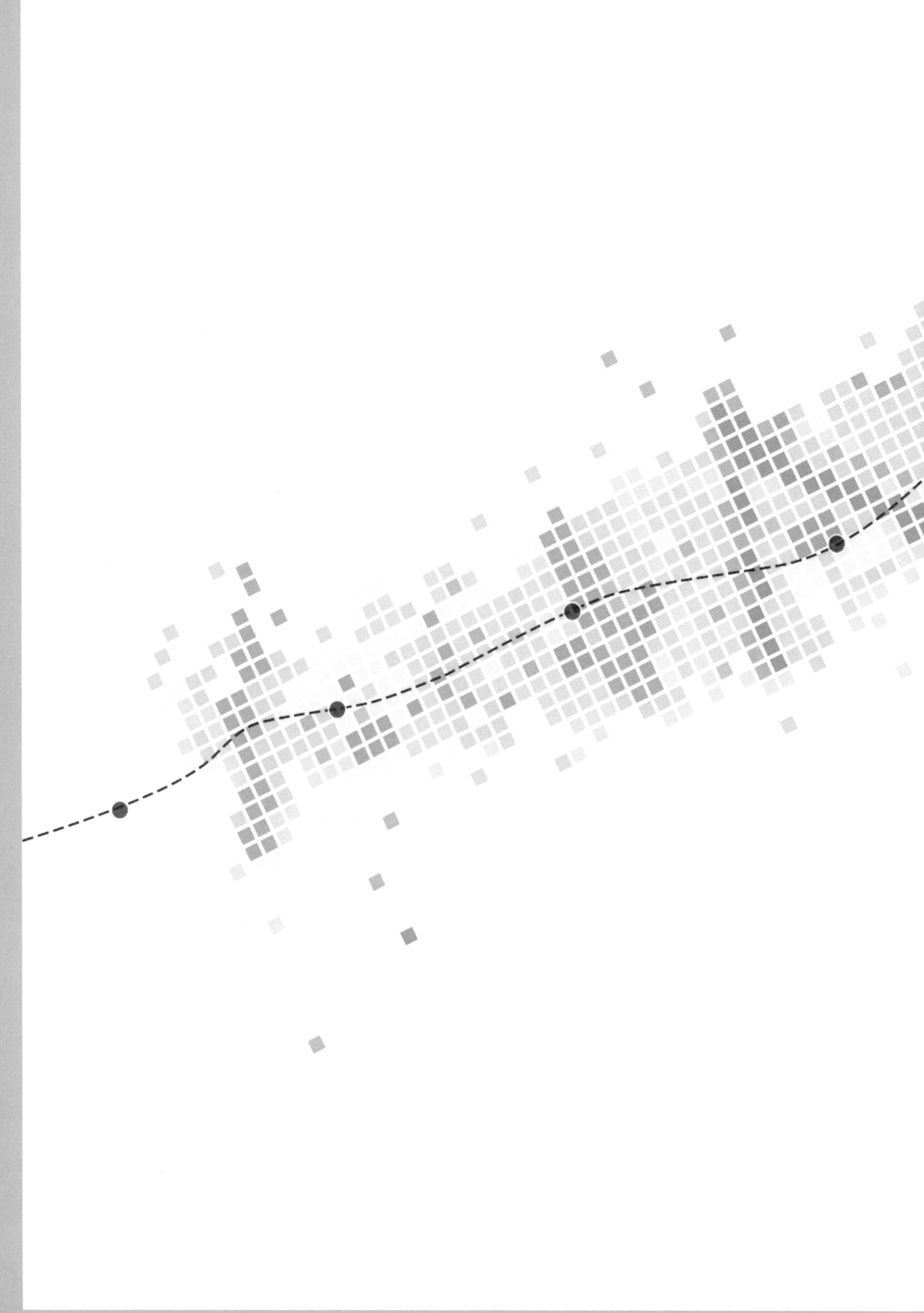

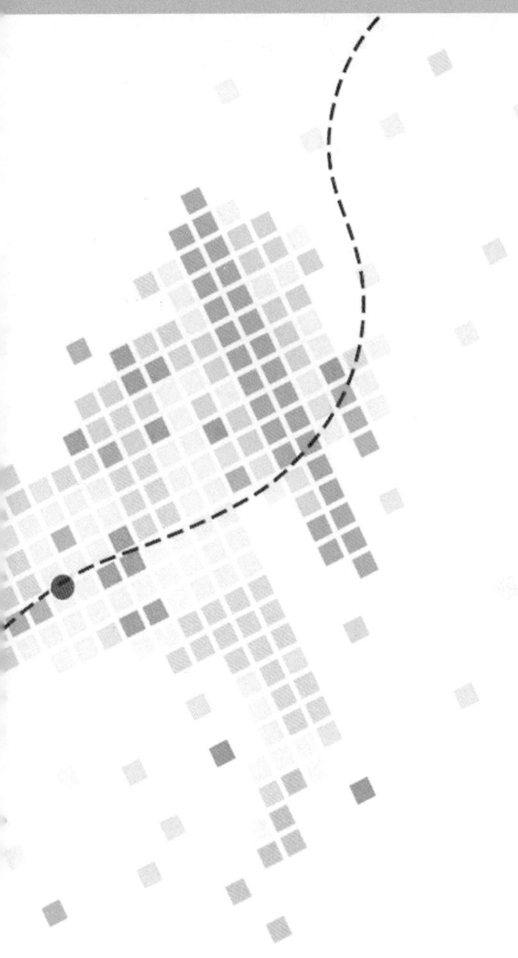

城　市
设计篇

Urban Design

两千年前，俞伯牙与钟子期在这里相遇；如今，中法武汉生态示范城选址落户！

知音故里，中国、法国科技文化在这里“相遇”，

马鞍山下，山水、城市与人在这里“相遇”，

为描绘这场“相遇”，来自武汉本地规划研究机构、法方设计事务所、法方工程咨询公司的26位设计师共同工作大半年的时间！

通过多轮的碰撞与深化，设计师们从陌生到熟悉，从怀疑到理解，从碰撞到交织，

有对《总体规划》阶段中法设计理念的延续，有碰撞产生新的设计火花，有文化差异导致的误解与激辩……

更多的，是对生态理想与美好生活的共同向往与追逐！

城市设计
——山水与城市的相遇

一、序幕：全球征集，博采众长

从项目诞生之初，这片总面积达39平方公里的土地就承载了诸多使命：致力于成为发展中国家应对环境保护问题的可持续发展示范区、我国新型城镇化转型发展的典范、具有国际知名度和高吸引力且承载高附加值和知识经济的大武汉增长极、中法技术合作和文化交流的平台。为了实现这些发展期待，按照“世界一流”标准，蔡甸区委区政府、中法生态城管委会协同武汉市规划研究院组织开展城市设计国际方案征集工作（后文简称“国际征集”）。

从2017年1月19日发布投标公告到5月26日方案评选进入到“四进一”评审阶段，39家国际顶尖设计团队及联合体激烈竞逐近半年；14位来自全国各地科研院校、规划管理部门、设计团队的知名专家结合参赛方案对生态城未来的发展方向、特色塑造等方面建言献策，整个征集工作精彩迭出、亮点纷呈。经过多轮竞逐，武汉市土地利用和城市空间规划研究中心、法国夏邦杰建筑设计事务所、苏伊士咨询公司组成的设计团队提供的“相遇”蓝本最终胜出。

（一）中法联合，国际合作

为实现中法生态城“国际合作、生态示范”的总体工作要求，设计联合体采取“中法联合、专项支撑”的工作模式。

中法联合：延续《总体规划》阶段“中方+法方”设计团队共同编制的传统模式，由武汉市土地利用和城市空间规划研究中心牵头，联合法国夏邦杰建筑设计事务所、苏伊士咨询公司组成设计联合体参与投标。中法双方设计团队的联合有利于确保《总体规划》阶段中法两国设计基因的持续延续。

专项支撑：本次设计工作特别邀请苏伊士咨询公司，作为水生态安全、能源、垃圾处理、生物多样性等多个专项的支撑团队参与进来，进一步引入法方环保领域的先进理念与技术，同时加强在城市规划、生态、能源等方面的全方位合作与深度交流。

（二）多轮深化，反复研讨

国际征集共分为四个阶段，第一阶段为机构遴选（39进8），后面三个阶段分别为概念城市设计阶段、总体城市设计阶段与启动区详细城市设计阶段。设计团队通过全程参与反复研讨，碰撞出许多火花。各阶段设计要求如下：

概念城市设计阶段（8进4）

结合现状、规划及未来建设发展做出分析与判断，有针对性地提出工作设想及重点研究内容，拟定工作的思路和计划，形成初步的概念城市设计方案，并明确工作组织方式及进度安排。

总体城市设计阶段（4进1）

针对35.8平方公里的城市设计范围，在上一阶段规划理念和设计框架基础上，开展总体城市设计。主要包括功能布局、土地利用、整体空间形态、建筑控制、本土文化的延续及中法特色的融合、开放空间、绿地生态系统及生物多样性中心塑造、公共服务设施、绿色交通系统、地下空间研究、村庄改造和分期建设规划等。

启动区详细城市设计阶段（成果深化）

针对2.84平方公里的启动区，在整体城市设计基础上开展深化设计。主要包括空间形态、开放空间、界面控制、建筑控制、绿色交通规划、绿色市政、地下空间、环境设计、经济效益分析，并从可操作性角度出发研究城市设计的实施策略，最终在城市设计技术文件基础上形成城市设计导则，指导下一步控制性详细规划编制。

二、相遇：设计团队的碰撞与交融

（一）设计团队的联合

按照“中法联合、专项支撑”的总体工作设想，设计团队由本地规划研究机构、法方设计事务所、法方工程咨询公司共同组成。中方设计团队[①]，由中法生态城总体规划的总负责人宋洁领衔，规划设计部团队8名规划师共同参与，从基地现状信息、发展愿景解读、规划系统深化、总体城市设计、可实施性等方面对项目进行总体把控；法方设计事务所[②]由玛丽·弗兰斯·布埃担任团队总负责人，集结了城市规划师、建筑设计师与景观设计师等12位优秀的设计师，从生态景观格局、生态街区设计方面进行精细化设计；法方工程咨询公司[③]由苏菲·拉普拉斯担任项目负责人，包括来自于建筑设计、循环经济、市政工程、水务

---

① 中方设计团队来自武汉市土地利用和城市空间规划研究中心，该单位是从事公益性服务的研究机构，拥有土地利用规划、城乡规划编制双甲级资质，并以土地利用研究为主导、以实施性规划为抓手，打造“规土融合”“规划实施一体化”等鲜明职能特色。

② 法方设计团队来自于法国夏邦杰建筑设计事务所，主要业务范围包括建筑设计、室内设计、城市规划以及景观设计。“以人文本、珍视环境”是该事务所的核心设计理念。

③ 法方工程咨询公司来自于苏伊士咨询公司，该公司是智慧及可持续城市设计的标杆企业，注重兼顾经济效益与环境保护，全程参与项目执行的所有阶段。

安全、环境经济学等多个领域的6位专家，从水、能源、垃圾处理等环境公用事业方面提供专项技术支撑。

（二）中法思路的碰撞

1. 设计团队的中法合璧

在合作过程中，中法双方团队在职业教育背景和思维模式方面存在有趣差异：中方规划团队由规划师构成，对城市、对空间的解读大多是大尺度、平面化的解读，这更利于发挥“主场作战优势”，精准把握基地现状特质、上位总规要求与当地技术规则；而法方设计团队大多为有建筑师背景的规划师，对城市、空间的理解更多是一种立体化、在不同尺度间切换的思维模式，并且有景观、交通、水利等不同领域的工程师共同参与，这便有利于打破常规思路，碰撞出更多精彩火花。

2. 工作方式的中法混搭

中国规划师们总是健步如飞，虎虎生风，擅长系统思维，运用战略的眼光、统筹的思想、科学的观念、批判的精神以及务实的态度确保规划的一致性与可实施性，快速而高效推进工作，并通过严谨而细致的规划图纸进行呈现。

法国设计师们则好像总是步履从容，闲适优雅，更加浪漫与诗意，不会因为“工期紧张”而省略其认为必需的概念创作设计步骤：来个“小游戏”，思考“上班的路径”“雨水的足迹”，再通过笔触跃然纸上，直观地表达。

经过一段时间的工作磨合，双方团队彼此适应对方的工作节奏、工作方式与技术特点，并逐步通过Workshop工作坊的形式融合双方工作方式上的差异，促使中式传统机构的严谨细致与法式设计事务所的浪漫诗意彼此交融，交相辉映。这种严谨的作风与浪漫的情怀相互碰撞，正是中法武汉生态示范城，这个承载浪漫诗意理念、亟待建设落地的示范性项目所需要的！

3. 工作认知的层面碰撞

在合作之初，预想中可能存在的中法差异在于设计手法：中方注重烘托“山—水—城”的环境意境，而西方注重“形态主导”的城市设计。然而，出乎意料的是，双方团队都抛开具体的设计手法，从城市设计的“初心”出发，探讨“城市结合自然”“设计结合自然”，这正好印证了吴良镛先生对“山水城市”的解读，印证了麦克哈格有关环境设计的主要观点。

实际的碰撞更多来自于中法双方在关注重点、设计思路方面的差异：中方团队偏重“自上而下”统筹考虑城市的发展，从中宏观视角出发，基于对上位规划的解读，用战略的眼光谋划系统的布局，在追求自然生态、工程生态的同时，还要兼顾社会生态与经济生态；法方团队偏重“自下而上”关注自然、市民的需求，从微观视角出发，基于对基地现状的解读，围绕自然环境与人的需求，提出尺度适宜的、可持续发展的设计方案。

这种差异的背后实际上是国内外对“城市设计”认识上的差异：我国正处于中高速城镇化阶段，城市设计带有“社会发展、土地管理和资源分配”等与城市规划密切相关的属性；西欧发达国家城市化进程趋于稳定，其城市设计实践更多的是一些小尺度、更新式的“微改造”项目。因此，城市设计应当立足当前我国发展阶段与实际需求，并充分认知我国基于规划管理和导控前提的城市设计实施路径，才能使得优秀的设计理念得以延续与发扬。

4. 碰撞后的交“融”

中法双方团队本着共同的设计初心与美好愿景，在碰撞中加强彼此理解与深度融合：从单一的“自上而下”的控制型主题或者“自下而上”的需求型主题，转向兼顾“自上而下”“自下而上”的，关注城市生长、市民社会需求的引导型主题。

设计团队希望通过城市设计，塑造特色化的城市空间与城市形态，探索一种兼顾“自上而下”与“自下而上”的成长方式，注重人的感知与体验、创造具有宜人尺度的优雅场所环境，不仅注重“平凡建筑”（城市基底）与“伟岸建筑”（如城市地标）、“日常生活空间”（大众共享）与“宏达叙事场景”（集体意志）的等量齐现。

在与法方设计团队的总负责人玛丽·弗兰斯交谈中，我们都认为，中法设计团队的碰撞并非是在理念上存在差异，而是生态理想与现实环境的碰撞：中式的山水城市与法国的生态街区都是对生态城美好生活的向往，但是更为重要的是，如何让这些好的理念在当前的环境下（社会、经济、政治等多方面因素）落实生根！

（三）生态理想的交织

从中法思路的碰撞，我们不难看出无论是中国的城市设计思潮，还是西方的城市设计趋势，在20世纪的发展过程中，城市设计都已经由单纯重视物质空间规划、城市形态和美学秩序，逐渐转向了关注人类生存环境的共生和谐。尤其在20世纪70年代后，伴随城市生态危机和环境学科可持续性思想的延伸，一系列以“环境健康”为核心取向的当代城市设计理论广泛兴起，其理论价值更提升到全球环境可持续发展的高度，形成了以生态学、建筑学和城市规划学为基础，以可持续发展为原则，融合城市形态学、城市文化学、城市地理学等诸多学科的综合型城市设计方法。

改革开放后的中国，城镇建设发展迅猛，增加的城市人口与建设用地、自然环境之间的矛盾不断加剧，城市自然灾害频发、环境污染愈发严重。面临这一严峻现实，以“生命、健康、和谐、可持续”为核心理念的生态思维成为城市转型期的基本指导思想，以系统性、综合性、地域性为主要特征的生态城市设计将成为城市发展建设中的重要方法，从而深入贯彻“十三五”提出的“创新、协调、绿色、开放、共享”的发展理念，实现经济、社会、环境的可持续发展目标。

1. 总体设计构思：山水、城市与人的相遇

对于中法生态城基地自身条件来看，这里不仅具有便捷的区域交通条件、良好的中法合作背景及成熟的汽车制造产业基础；也拥有什湖、汉水、后官湖、马鞍山等优越的自然生态资源，但是受到城市快速道路的分割及城市扩张的影响，以什湖为核心的水环境日益恶化（图13-1），成片的湿地湖坑被割裂（图13-2），成片的农业田园被逐渐遗忘，城市生态环境优势日益弱化。

如何既延续自然山水肌理，又推动生态城的建设与可持续发展？

图13-1　日益恶化的什湖

图13-2　被道路分割的湿地湖垸

设计团队从基地自身特点出发，重新梳理水与城、山与城、路与景、田与城、城与人的关系（图13-3），提出以下设计构思：

蓝绿成网，强化总规明确的生态网络格局；路景结合，柔化城市与自然之间的道路界面；城外有田，通过农业景观带柔化、锁定城市发展边界；以人为本，将生态景观渗透到城市生活的方方面面……

通过重构基地设计要素，实现“山水、城市与人的相遇、渗透与融合”（图13-4）。

为了描绘这场城市、山水与人的“相遇”，设计团队融合最后一轮四家国际征集设计方案的基础上，提出“自然渗透，生态共享”的设计理念（图13-5），希望实现自然肌理到城市肌理的柔性过渡、生态景观与城市生活的人人共享。

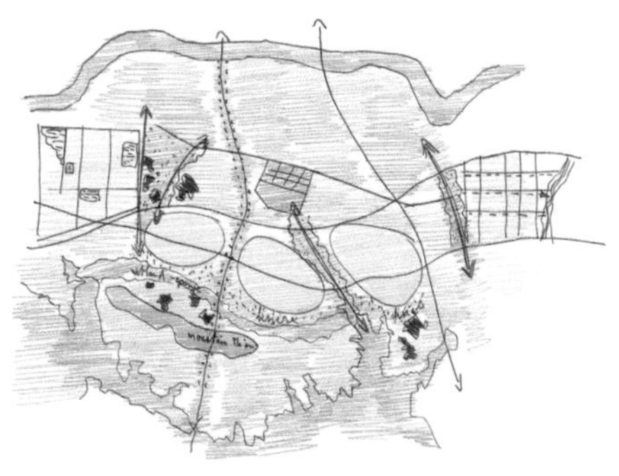
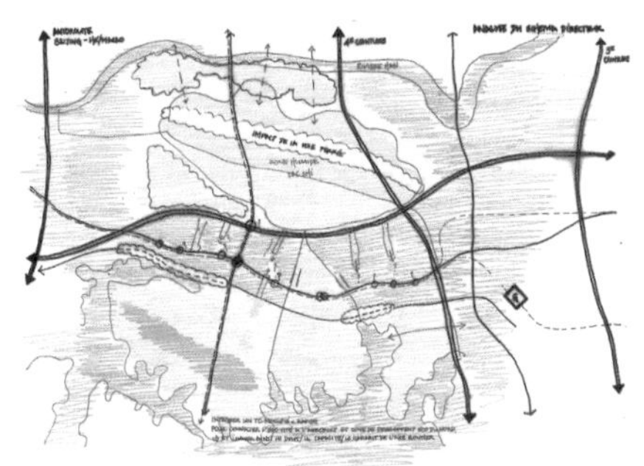
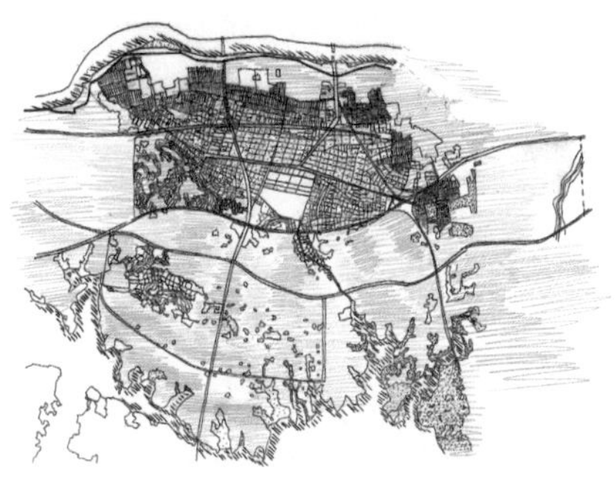

图13-3　基地设计要素重构

相遇 RAPPROCHER

渗透 INFILTRER

融合 MIXER

图13-4　总体设计构思

【自然渗透　生态共享】

VILLE ET NATURE EN OSMOSE, POUR LA PRESERVATION DES EQUILIBRES ECOLOGIQUES

自然肌理到城市肌理的柔性过渡　+　生态景观与城市生活的人人共享

图 例

城市肌理
Urbain texture

水基底
Base d'eau

绿色基底
Fond vert

图13-5　设计理念

2. 总体城市设计意向

基于生态城总规，融合中法两国城市设计理念、设计手法、规划内容及实施路径，以“创新产业之城、协调发展之城、环保低碳之城、中法合作之城、和谐共享之城”为规划目标，规划提出“生态绿心廊网串联、组团聚落城绿渗透、轨交引导空间集聚、多样组团活力绿道”的整体城市设计意向（图13-6～图13-9）。

3. 总体城市设计框架

规划基于“自然渗透，生态共享”的设计理念，通过“优化生态系统、搭建功能体系、

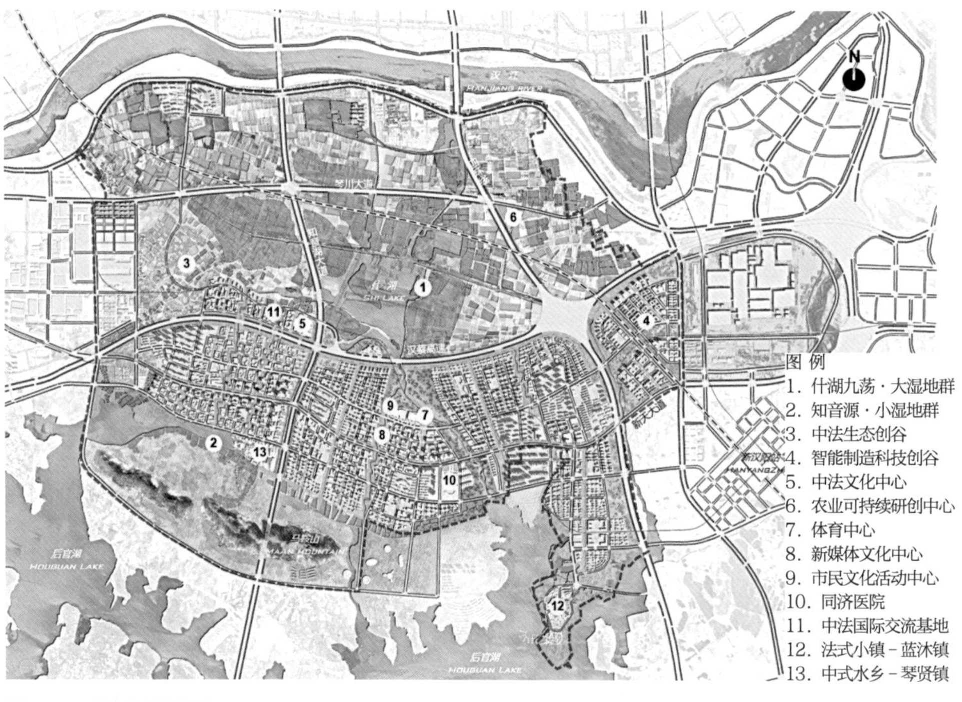

图13-6 规划总平面图

图13-7 整体鸟瞰图1

图13-8　整体鸟瞰图2

图13-9　整体鸟瞰图3

营造共享街区、塑造个性空间、完善交通网络、提升生态技术、创新实施管控”七大策略，提出以下城市设计框架：

（1）强化“南北雨水花园+多级活力廊道”的生态景观基底（图13-10）

充分尊重生态城现状的自然资源条件，形成北部以“什湖九荡”为核心的大湿地缓冲区，南部以联系水塘、农田的小湿地缓冲廊道，作为汉水和城市的“生态海绵体”，并通过多级生态活力廊道的连通，建立生态城与自然融合的生态基底。其中，一级城市生态廊道，锁定组团发展边界；二级城市生态廊道，作为组团内部的水系统设施廊道，实现组团之间的水循环、水净化；三级绿廊，作为生态街区的核心要素，是生态住区的多功能共享绿廊；四级绿廊作为住区之间的休憩空间，布局景观水体，是居民生态休闲的重要空间载体。

（2）完善“对外畅达、公交为主、生态凸显、路景融合”的道路交通骨架（图13-11）

依托“新汉阳站”“三轨四快”（4号、11号、17号三条轨道交通线路，汉蔡高速、四环线、知音湖大道、新天大道四条城市快速路）形成与武汉主城、全国乃至世界各地的快捷对外交通骨架。

建议轨道交通11号线向西延伸，串联新天大道以北组团、凤凰产业园至东西湖区；有轨电车线路结合轨道交通线网进行优化完善，形成“三快”（轨道交通4号线、11号线、17

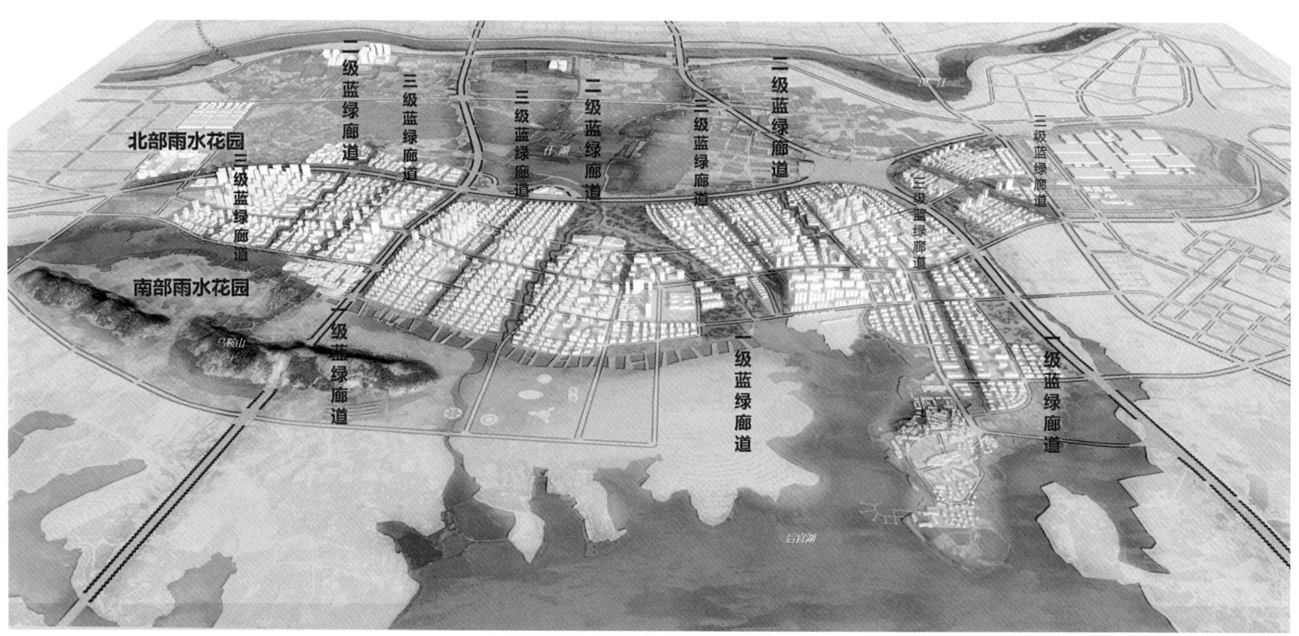

图13-10　生态景观框架

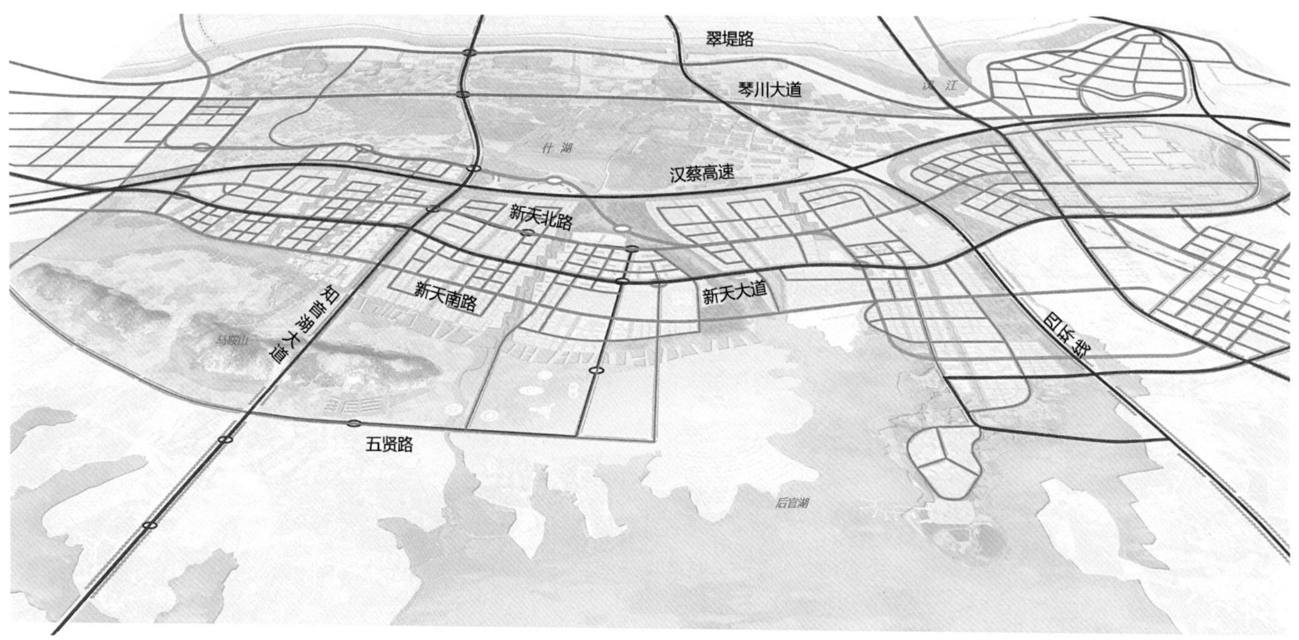

图13-11　绿色交通骨架

号线）、“一干”（有轨电车T1线路）、“七支”（组团内部七条公交微循环接驳线路）、“两辅”（南北两大旅游公交环线）的300米全覆盖的公交网络。

生态城内部的机动车道路强调“低影响开发、生态景观化处理”的设计理念，以“生态凸显、路景结合”为设计核心，取消外围边界支路网，增设地块内部的共享通道作为微循环道路控制，转变了传统城市设计以道路作为城市边界的设计思路；并对道路断面进行生态景观化改造设计，弱化了城市机动车道路对城市自然生态环境的硬性分割。

强调慢行优先，以南北两大湿地为核心、多级生态廊道为轴线，城市道路骨架为基础，住区内部共享通道为网络的“双带两环三廊、支脉格网渗透”慢行绿道体系，融入全市绿道体系。

（3）遵循“轨道引领、产城融合、适度弹性”的原则，形成“十字双轴、东西双心、南北双园、中法双镇、多廊多组团”用地功能结构（图13-12）

“十字双轴””：是指新天大道空间发展轴线及知音湖大道景观特色轴线；

“东西双心”：是指围绕轨道知音站，结合总部区、创智街区，打造以总部经济、文创产业为主题的西部知音新城中心，以及围绕轨道集贤站，以同济健康谷为依托，打造健康产业为特色的东部集贤新城中心；

“南北双园”：是指以北部湿地为核心的“什湖九荡”湿地群，南部以马鞍山麓微型水塘带为依托的“知音源”小湿地带；

“中法双镇”：是指展示中法文化融合魅力，结合知音文化园及马鞍山北侧湿地，打造知音主题中式水乡——琴贤镇，体现中国传统文化，成为休闲观光、中法交流的新亮点；在后官湖北岸湖湾，打造浪漫主题法式小镇——蓝沐镇，（取Amour法语爱情的译音）体现法式小镇特色，集生态观光、水上游览于一体，使其成为新汉阳站门户节点上的特色旅游目的地；

“多廊、多组团”：是指依托多条生态廊道，形成了多个功能混合的产城融合组团。

（4）搭建“新城中心-社区中心-小区中心-邻里中心”四级共享街区体系（图13-13）

新城中心：为生态城及周边区域服务，按照设施服务对象及标准，分为“基础类”（行政办公、文体活动、医疗卫生、社会福利等基本服务设施）、“提升类”（中法文化中心、规

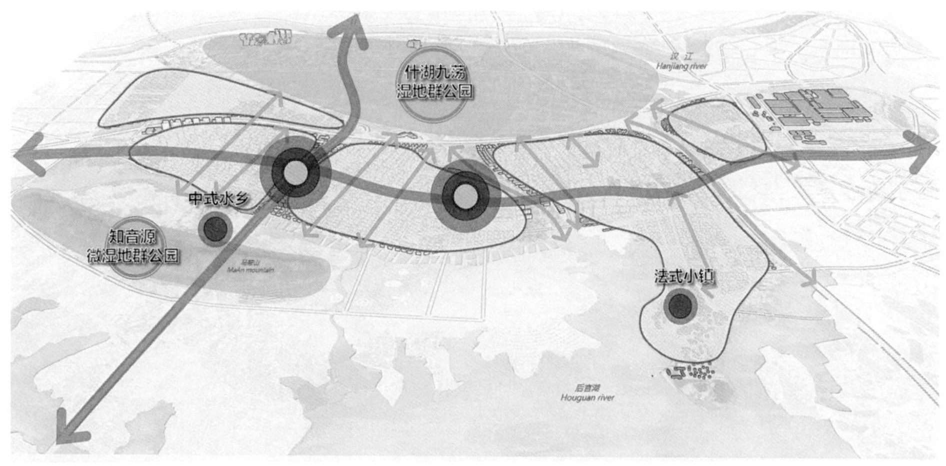

图13-12 功能板块结构

划展示馆、中法国际交流基地、国际学校）和“示范类”（展示生态城全球领先的生态技术、文化交流成果，包括农业和可持续发展研创中心、新媒体中心、生态循环示范馆）三大类公共设施。

社区中心：每个生态社区内配建1个社区中心，建筑面积约2.5万平方米，包括学校、文体设施、社区邻里中心等。主要结合三级、四级城市绿廊周边的混合用地进行布局。服务半径约400～600米，服务人口约3万人。

小区中心：每个生态小区配建1个小区中心，建筑面积约5000平方米，包括幼儿园、便利店、小区邻里中心等。主要结合四级城市绿廊周边的混合用地进行布局。服务半径约200～300米，服务人口约0.7万人。

邻里中心：由开发商配建并免费提供服务设施，建筑面积约200平方米，作为社区居民娱乐、交流场所。

（5）塑造“高大道、低内街、强节点、柔边界”的空间景观形态（图13-14）

规划强化新天大道上的知音湖大道站、同济医院站两大城市型节点作为地标建筑群，形

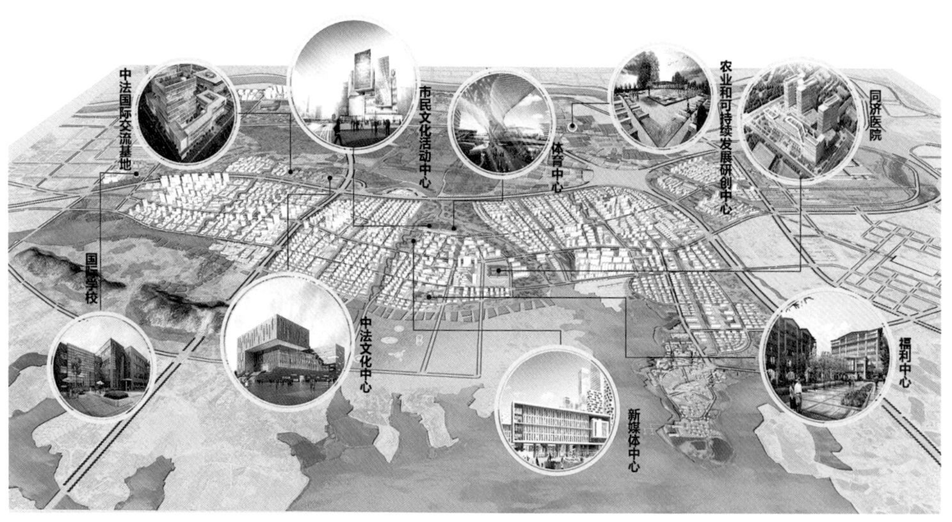

图13-13　共享服务体系

图13-14　整体空间形态

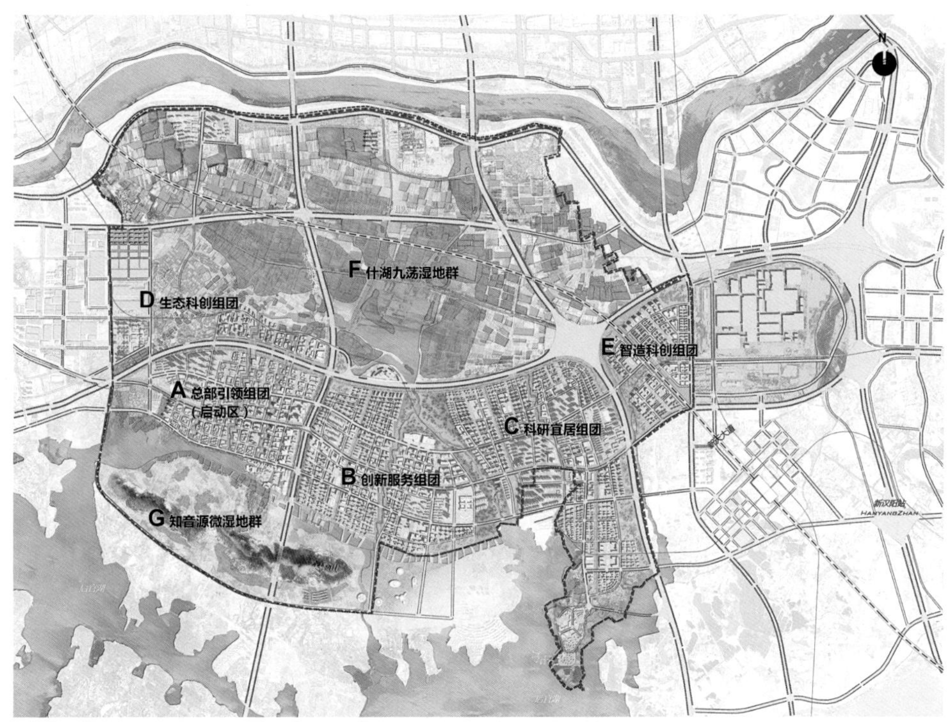

图13-15 城市设计分区框架

成建筑高度、建筑体量、开发强度由东向西、由新天大道向自然山水、由轨道站点向周边地区逐渐降低的趋势。围绕轨道站点，打造中等高度建筑群、特色建筑群形成主题多样的活力核；通过城市边界一线建筑高度降低，柔化城市与自然界面。

（6）六大城市设计分区框架

六大城市设计分区框架包括总部引领组团、创新服务组团、科教宜居组团、生态科创组团、智造科创组团、生态保育区六大组团（图13-15）。

总部引领组团（启动区）：位于中法生态城西部，以企业总部区为引领打造生态科技商务区，依托魅力水廊道打造社区服务中心，辐射创意设计坊、宜居住区、中式水乡等功能板块，并结合各类混合用地布局嵌入式创新空间（图13-16、图3-17）。

总部引领组团作为中法生态城“东西双心、活力轴带”的西部活力引擎，肩负整个生态城示范引领的职责。规划围绕“自然渗透、生态共享”的设计理念提出5大设计主题：TOD模式引导下的渗透型城市空间形态（图13-18）、多级廊道构成的绿色活力网络（图13-19）、多样化总部引领区（图13-20）、均衡服务的15分钟生活圈（图13-21）、可达性高的公共服务网络（图13-22）。

创新服务组团：位于中法生态城中部，围绕轨道站点、中法友谊公园、高罗河生态廊道形成生态城东部公共服务中心（图13-23），由中央活力廊道（图13-24）串联航天科创片、健康医养片以及宜居活力片三大功能板块。

科教宜居组团：位于生态城东部，高罗河以东，是中法生态城与武汉西站最为紧密的综合服务组团。规划利用中央活力廊道串联中法智慧学镇、绿色生态住区、高铁商贸服务区、

图13-16　总部引领组团总平面图

图13-17　总部引领组团鸟瞰图

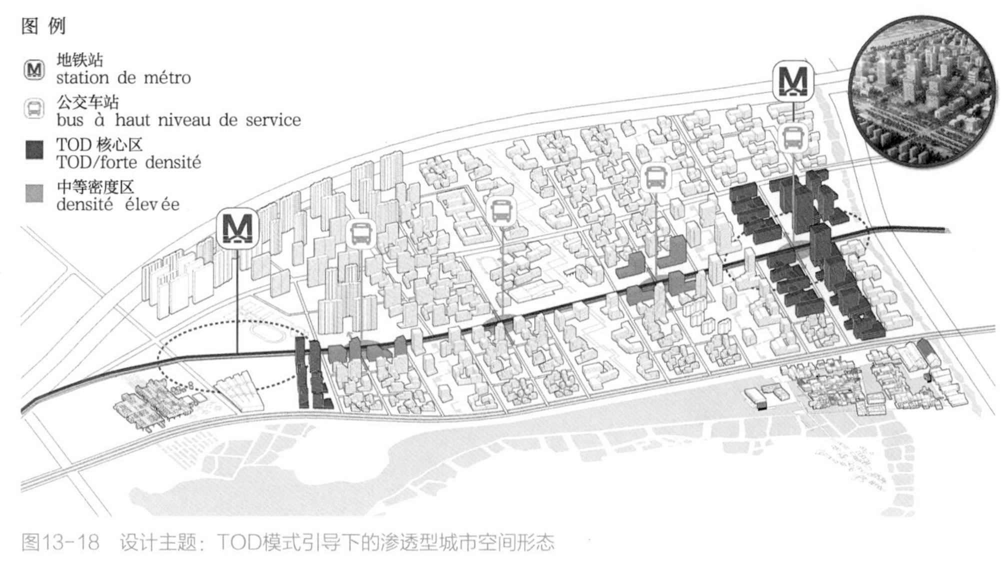

图13-18 设计主题：TOD模式引导下的渗透型城市空间形态

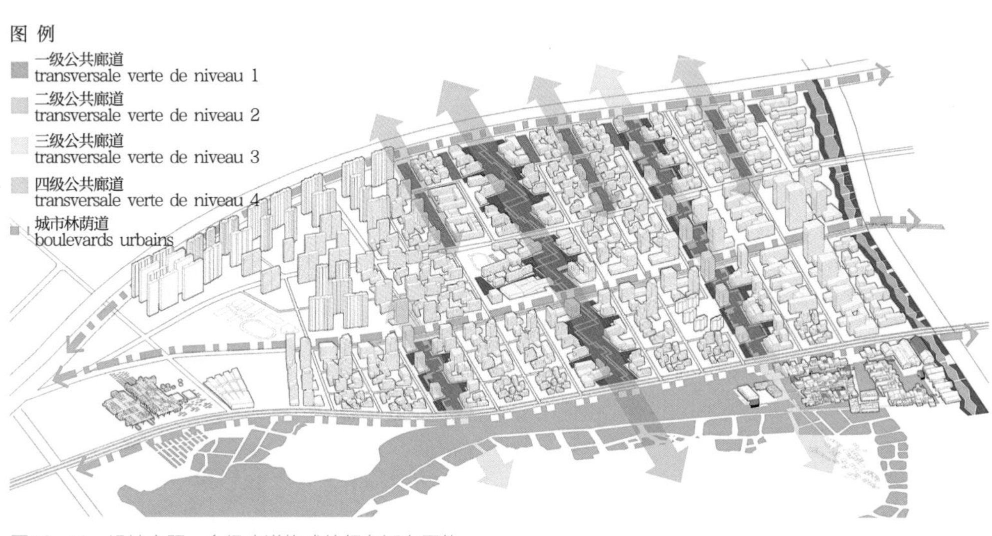

图13-19 设计主题：多级廊道构成的绿色活力网络

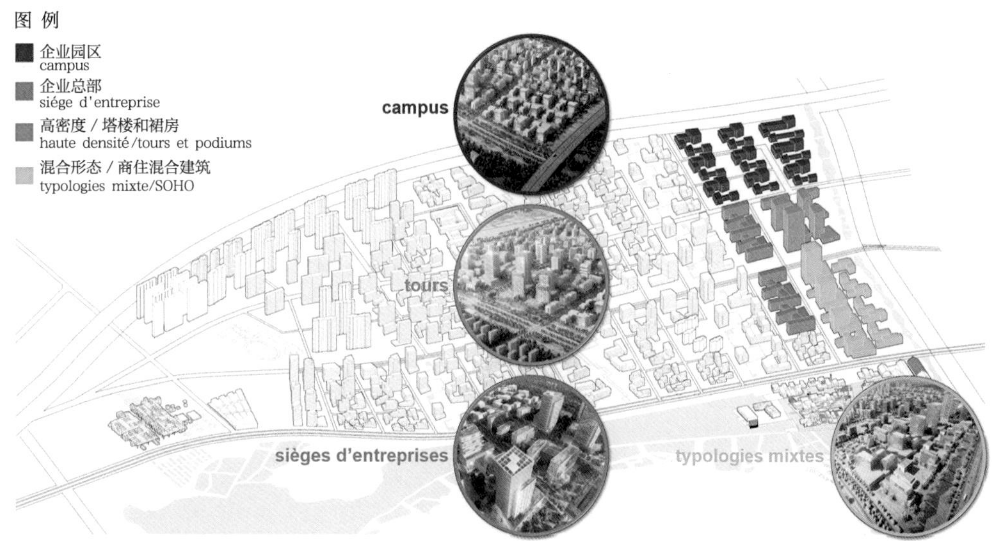

图13-20 设计主题：多样化总部引领区

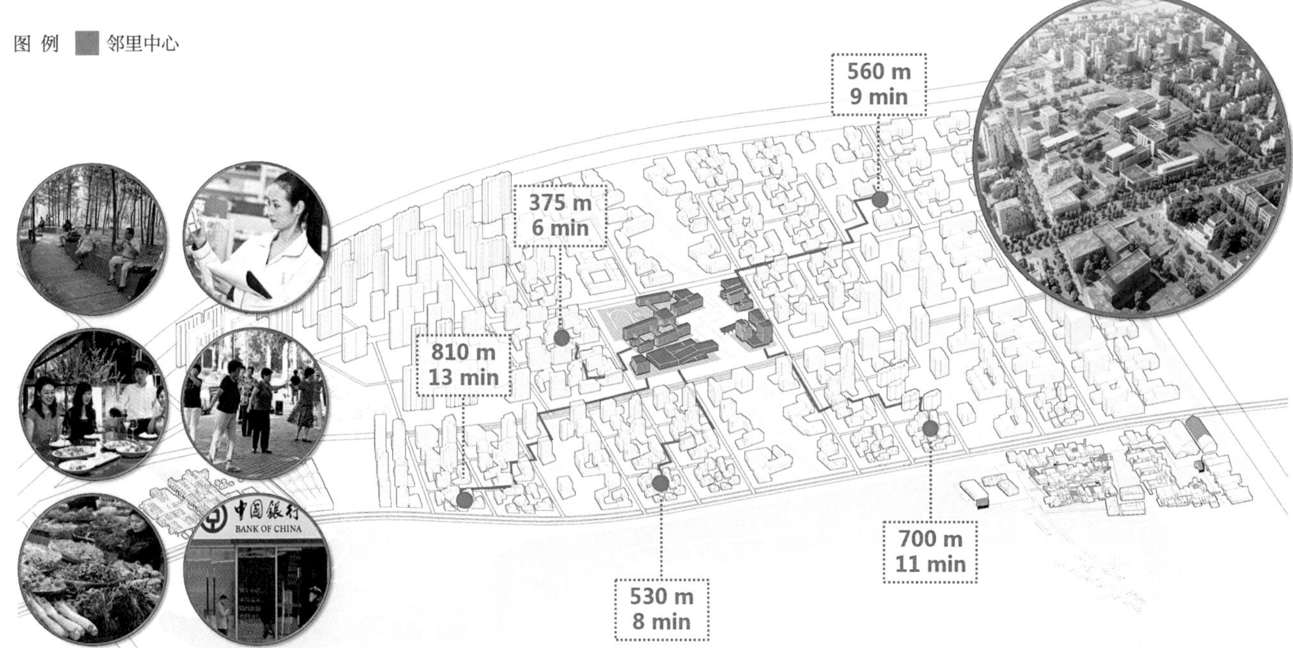

图13-21　设计主题：均衡服务的15分钟生活圈

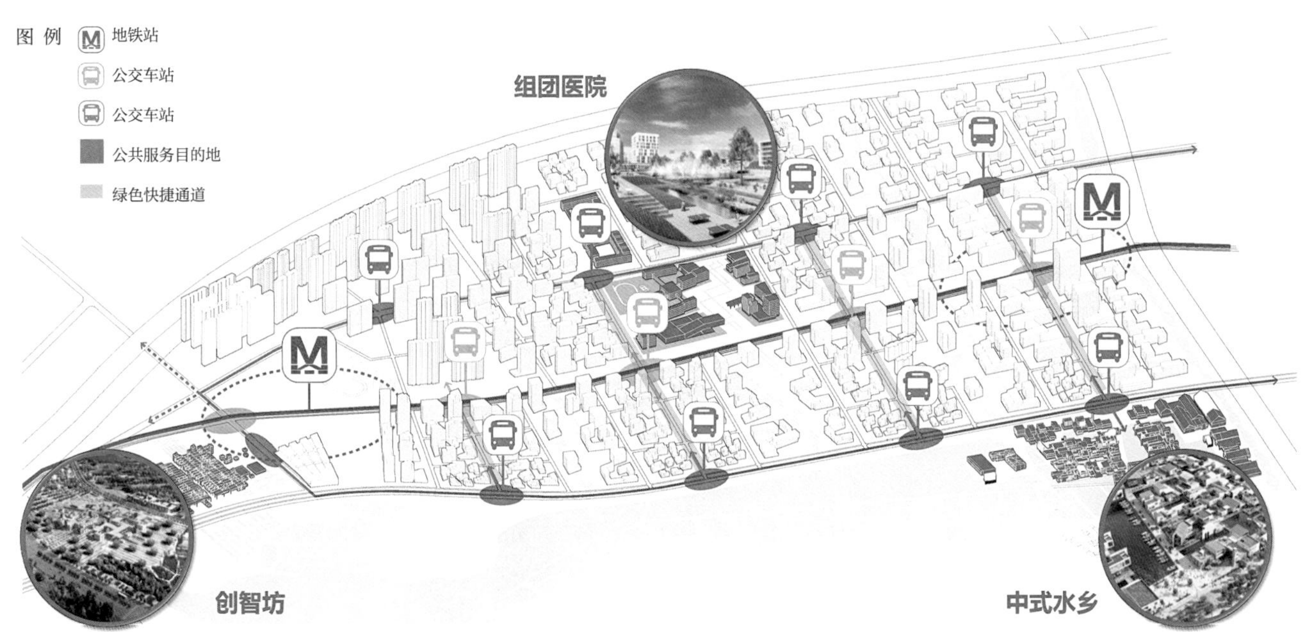

图13-22　设计主题：可达性高的公共服务网络

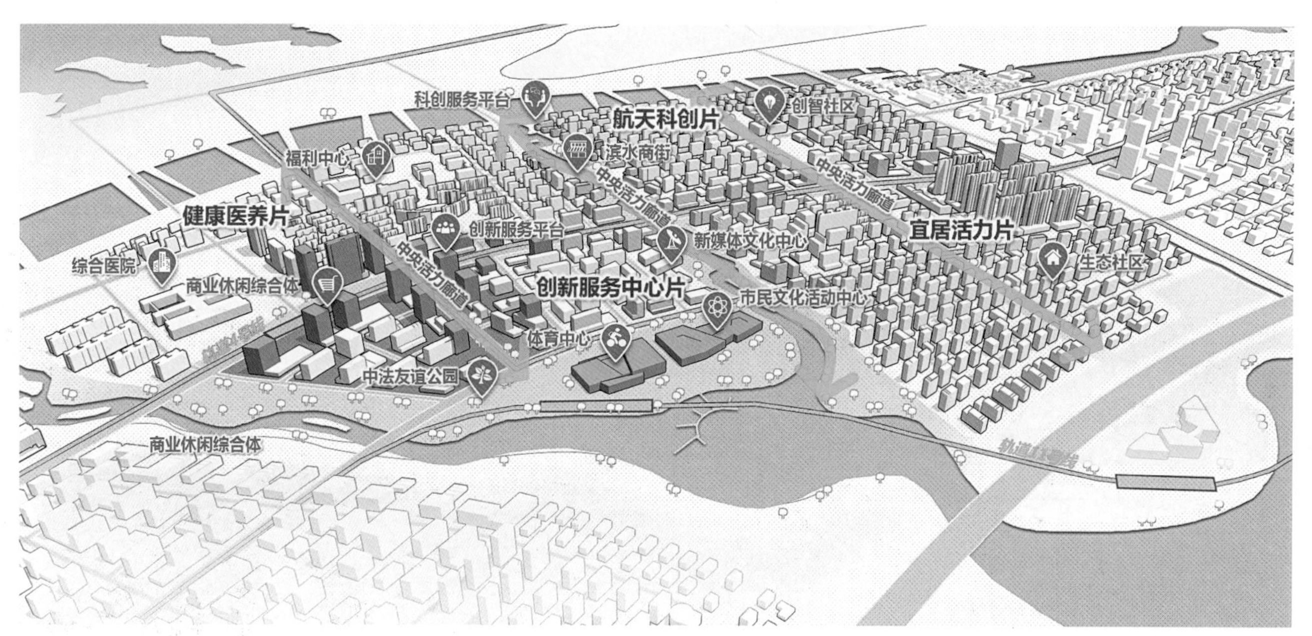

图13-23　创新服务组团示意图

图13-24 中央活力廊道鸟瞰图

滨湖旅游服务区、法式风情小镇五大功能板块（图13-25）。

生态科创组团：位于启动区以北，紧邻凤凰山工业园、什湖湿地（图13-26），按照“产学研一体化”的理念，打造集生态创意园区、科创孵化基地（图13-27）、中法交流基地、生态实践基地、创客村落于一体的核心创新区（图13-28）。

智造科创组团：凭借毗邻雷诺整车制造工业园的优势，打造集智造创新中心、主题展示馆、创智研发平台、创智SOHO、低密度创智社区为一体的“智能制造科技创谷”（图13-29、图13-30）。

生态保育区：包括生态城集中建设区南北两侧的什湖九荡湿地群、知音源微湿地群两大生态保育区（图13-31、图13-32）。该区域位于生态保护红线区内，主要以自然山体、水体以及湿地为主，包括什湖生物多样性湿地保护区、马鞍山自然山体保护区及重要的生态廊道。

图13-25　科教宜居组团示意图

图13-26　生态科创组团示意图

图13-27　科创孵化基地鸟瞰图

图13-28　创客村落鸟瞰图

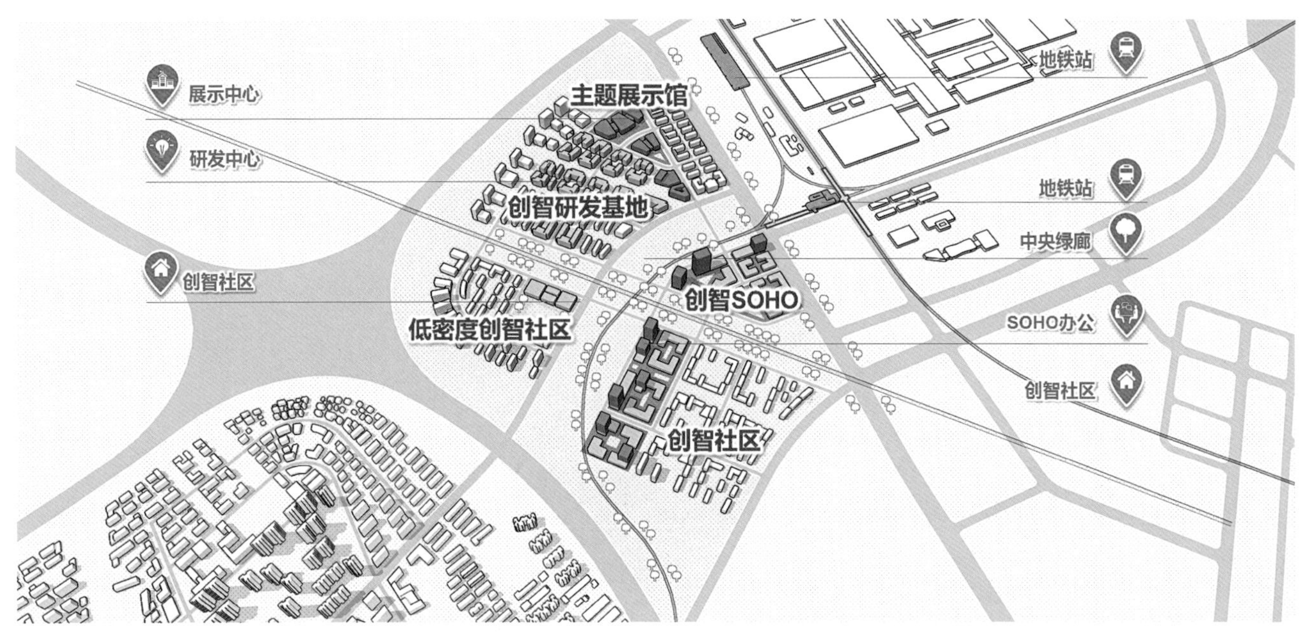

图13-29　智造科创组团示意图

图13-30　创智研发平台示意图

图 例

❶ 湿地净化塘　❷ 临湖农舍　❸ 田园湿地　❹ 漫游基地　❺ 临湖垂钓　❻ 水乡学社　❼ 香河廊道　❽ 珍珠荡
❾ 梯田花海　❿ 睡莲荡　⓫ 碧水金沙　⓬ 渔樵荡　⓭ 环湖绿道　⓮ 耕读荡　⓯ 人和荡　⓰ 农业基地
⓱ 荷花荡　⓲ 游客服务中心　⓳ 知音桥　⓴ 地利荡　㉑ 景观花海　㉒ 生态湿地

图13-31　什湖生态文明公园实施性规划总平面图

图13-32 什湖生态文明公园鸟瞰图

三、融合：共同的“生态城”理想

为了建成全球可持续发展示范区，中法双方团队围绕生态城的示范性与创新性展开了系列研讨，认为中法武汉生态示范城是我们共同的“生态城”理想：

一个更安全、更宜居的花园生态城；

一个就近、方便、以人为本的共享生态城；

一个兼顾传承与创新的活力生态城；

一个具有内生能量的低碳生态城；

一个便捷畅达、林荫覆盖的慢行生态城。

（一）一个更安全、更宜居的花园生态城

生态城北联汉水，南接后官湖国家湿地公园；内部以什湖为核心，水网密布、田埂纵横，是武汉市“山湖田塘”优势生态资源的集中体现。在生态城范围内，景观与自然的绿色网络应该得到保护，并加强它与城市肌理的联系并提升它的价值。利用更加密集的绿化种植和水网体系将不同的自然引入城市。所以在中法生态城里，我们期待一场“水与城、山与城、田与城、路与景、城与人”的相遇，一个更安全、更宜居的花园生态城。

1. 蓝绿网络的织补：生态绿心+廊网串联

尊重场所精神以及完备的本土风貌是可持续发展生态城市的必备条件。我们必须向下扎根，深耕本土，对其现有地形地貌、自然景观、自然生态有足够的敬畏，对当地居民的文化、传统、生活方式有足够的尊重才能设计出真正可持续发展的生态城市。所有这些本土精神都应该成为方案设计中最根本的指导性和结构性元素。

汉江、什湖、后官湖以及密布其间的沟渠、水塘是中法武汉生态示范城的重要生态要

素。特别是场地南北两侧的两个完整的生态系统，集中了大量具有极高文化遗产及生态价值的自然与农业空间，应大力保留其完整性和生态性。基于此，如何既延续自然山水肌理，因地制宜地织补这些水网，又推动生态城的可持续发展是概念规划、总体规划以及城市设计着力回答的问题。中法联合设计团队充分认可上位规划对水网绿廊的保护与连通，并进一步提出“蓝绿结合”，丰富生态绿廊的活力与内涵；“人绿结合”，紧邻生态绿廊布局社区邻里中心；“晴雨结合”，为暴雨径流预留生态空间。

设计团队依托江湖连通体系，在北部什湖的基础上，以“100%收集地面雨水，实现50年一遇暴雨的自然排蓄”作为目标，依据总体规划中的绿廊与水廊交织，形成蓝绿网络，搭建山水与城市的生态缓冲体系，构建“城乡海绵联动+南北雨水花园+多级活力廊道+微循环渗透绿脉”的生态景观网络，作为基地水系网络的基础，也是构建基地联系什湖、汉江、马鞍山及后官湖大生态系统的关键。

基地北侧汉江、南侧后官湖构成的水网体系，是基地天然的纳水系统。什湖水位由一个泵站和两个水闸（一个向北、另一个向南）调控。在高流量条件下，北门南门同时开放，后官湖水流向什湖，从海绵城区（南什湖区）和湿地区（北什湖区）流出，溢流通过泵站排入汉江；在低流量条件下，两个闸门同时关闭，什湖水位由泵站反向维。

我们将基地39平方公里研究范围分为4个雨水排蓄区（图13-33）：什湖以南排蓄区主要是集中建设区，是基地内除马鞍山以外最高的地区，雨水沿山脊线向南北两侧龟背式自然排出。什湖以北排蓄区、汉江排蓄区、后官湖排蓄区则作为集中建设区与汉江、后官湖之间的缓冲区域。

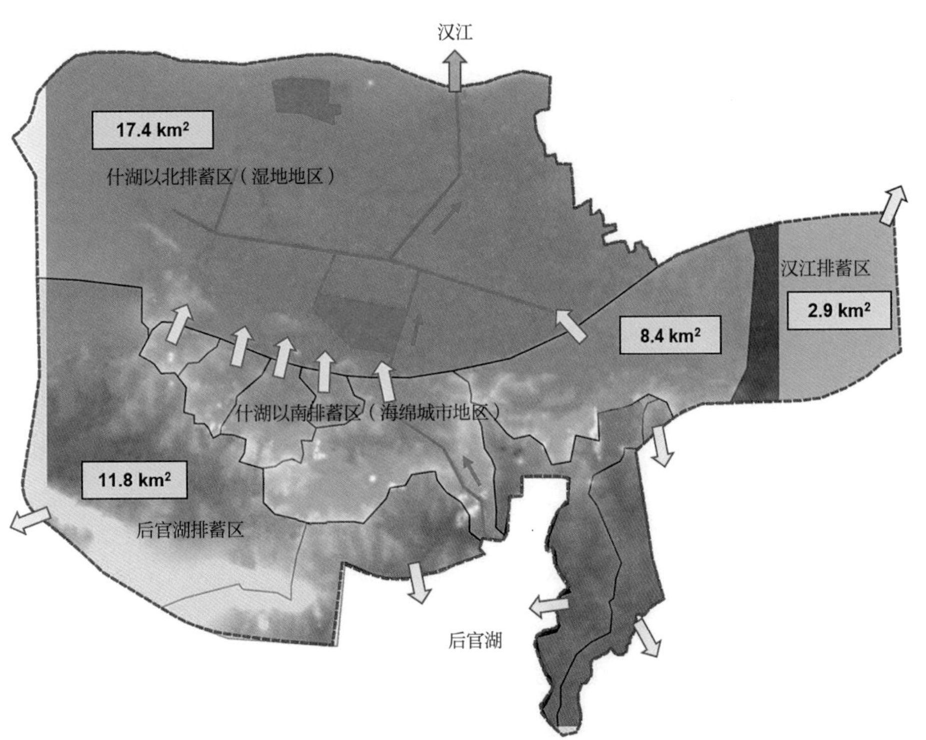

图13-33　海绵城市排蓄分区图

为了加强城乡海绵体系的联动，规划基于地形地貌分析与可视化水环境控制模型推算，南侧依托现状连续水塘、农田强化布局了一条200～300米宽的小湿地缓冲走廊，北侧利用汉蔡快速路南侧防护绿地形成一处带状雨水花园，均具有疏散和储存雨水的功能，实现雨水的收集与利用。

在总体规划控制的什湖、马鞍山南北两大绿心的基础上增加南北雨水花园的设计，能够加强集中建设区与非集中建设区之间的生态缓冲与雨水过滤，进一步延长雨水的渗透时间、增加地区的生态涵养功能。这两条小湿地缓冲走廊也是联系城市建设区与生态汉江、马鞍山及后官湖生态景观体系的关键。

同时，我们在集中建设区搭建了“多级活力廊道+微循环渗透绿脉”海绵廊道体系，通过四水共治，实现水循环的全面管理。

城市设计延续总体规划控制的多级绿廊，进一步根据可视化水环境控制模型推算，依托现状排水渠、生态廊道形成四级纵向水廊道，实现雨水径流（图13-34）。一级绿廊200～300米，依托现状排水渠、重要道路沿线绿带，形成城市生态系统的结构性廊道，锁定组团发展边界，其中水廊道宽度约为50米；二级绿廊100～120米，作为组团内部的水系统设施廊道，实现组团之间的水循环、水净化，水廊道宽度约为25米；三级绿廊30米，作为生态街区的核心要素，是生态住区的多功能共享绿廊，水廊道宽度约为9米；四级绿廊27.5～30米，作为住区之间的休憩空间，并布局景观水体。

微循环渗透绿脉则是通过地块内部低影响开发的慢行景观绿带、共享通道景观渠的建

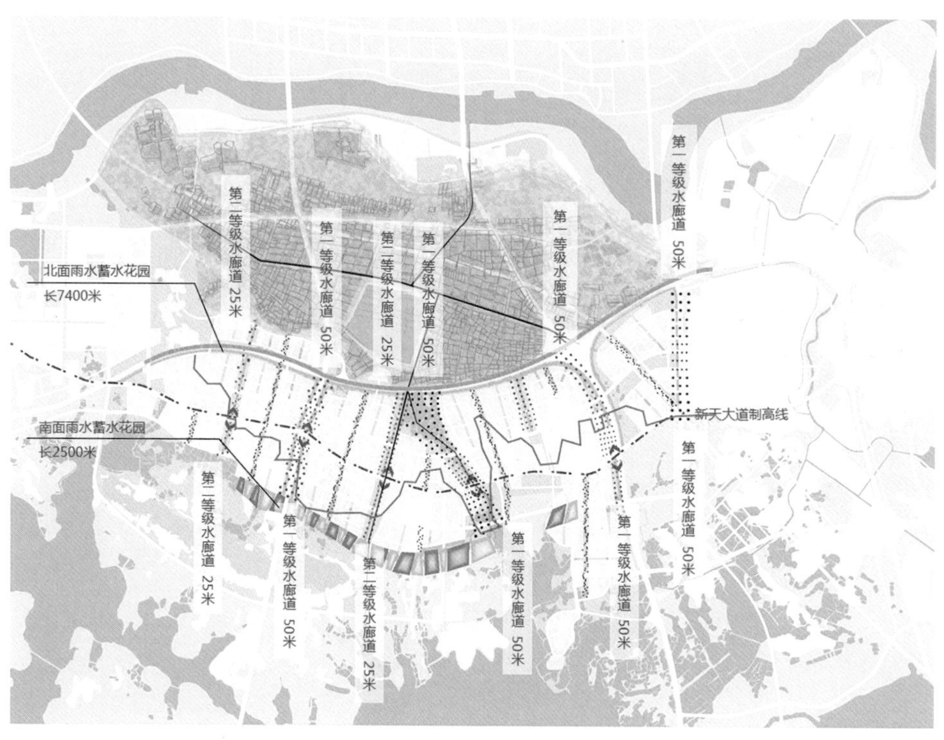

图13-34　中法生态城水系网络规划图

设，打通了整个基地从“区域—组团—街区—住区—地块”的生态廊道体系，形成了两湖连通，自然向城市逐渐渗透融合的生态共享网络。这些海绵廊道既是天然的海绵系统，也是一流的水岸空间，复合了文化空间、体育设施、娱乐休闲、商业游憩等，为居民提供了类型丰富、开放共享的城市空间。

2. 自然感知的延伸：田景融合+农旅结合

如果说知音文化是这片土地的气质与风骨，那么水与田就是她的血脉与肌肤。随处可见的沟渠、农田景观是人们对这里最深刻的记忆。因此，为了延续这种美好的记忆，设计团队引入法国现代农业技术与园艺景观塑造的理念，提出“田景结合”的设计思路，将自然景观、农业景观渗透到城市道路、社区中心、住宅屋顶等这些常见景观，将传统景观与现代生活完美结合。

同时，在当今社会，由于人们逐渐从群体走向个体，从熟悉走向陌生，无论是在社区，还是街道，传统的邻里互动关系亟待修复。而城市农业恰恰能够成为解决这一问题的关键因素。传统的生活方式能够启发我们——人们会在花园劳作的时候相互交流来促进邻里之间彼此的了解。于是，在社区能够拥有一片专属的菜地就是一个建立良好社会关系的开始。

共享菜园在欧美许多国家都比较普遍，在我国还属于比较新鲜的话题。共享菜园项目主要是在城市的街角、空地、垃圾场边和铁道旁等闲置、荒废的公共土地或者私人的空余土地上，开垦出绿地，用一种类似认领种植的方式，将其租给愿意在此处打理的民众，鼓励民众进行无公害的蔬菜瓜果或者花草等其他绿色植物的种植，从而尽可能地实现民众的食品安全和可持续性发展。

项目设计运用“共享菜园”理念，希望创造一个农业自给自足的生态城。通过保留什湖周边、马鞍山脚下村庄和农田，同时利用先进农业科技提供生态城大部分农产品需求，还为游人提供种植、采摘、认养等休闲农业体验，拓展农业价值。在紧邻南侧雨水花园设置一个共享菜园（图13-35）。这个农业系统充分尊重环境，在保证当地的农业供给，为居民提供高品质蔬菜的同时，也为社区成员提供了互动空间。同样，建筑屋顶同样是发展都市农业的好选择，屋顶阳光充足，都市农业可以提供比普通屋顶绿化更浓的生活气息。

项目城市设计中利用南北雨水花园从事都市农业生产，并且在四级廊道与南北雨水花园交汇处设置面向社区的农业活动中心（图13-36）。农业活动中心不仅是都市农业的管理中枢，同时是农产品自产自销的小型贩售点。社区居民通过承包、认植等方式从事社区农业生产，在不同的城市空间因地制宜地种植、养殖各种农产品，在城市中形成连续且独特的都市农业景观。一部分农产品用于满足家庭内部需要，多余的产品可通过农业活动中心与其他产品交换或售卖给其他居民。规划依托白莲湖公园、知音文化园等优质生态人文资源、生态旅游型村庄（田湾村）、新南天农业生态带及田园综合体，形成集农业观光、科普教育、农产品售卖等于一体的农业旅游双环线路，并依托“什湖九荡”湿地群公园、生态农业，规划田园综合体及农业生态带（图13-37），从而为中法生态城打造成为集产运销、食乐游结合的农旅结合产业，营造现代都市生态田园生活（图13-38、图13-39）。

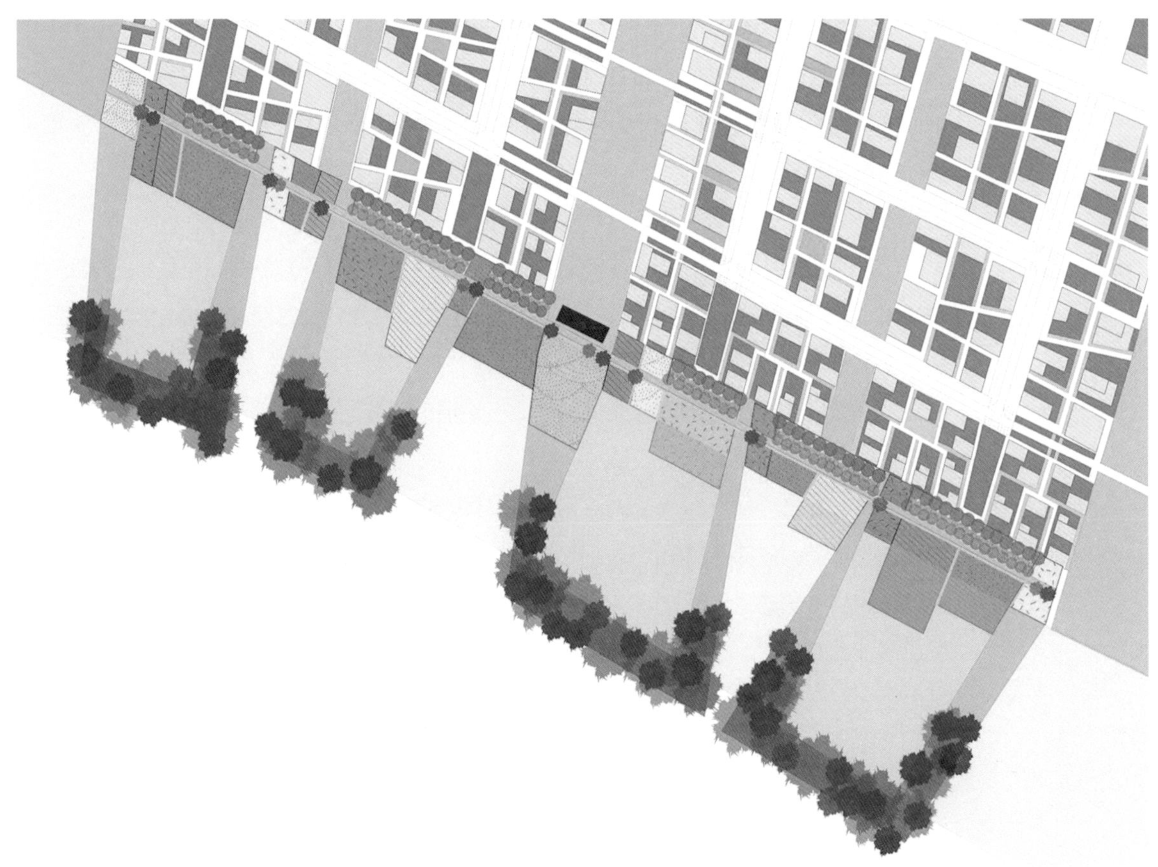

图13-35　紧邻南侧雨水花园的共享菜园

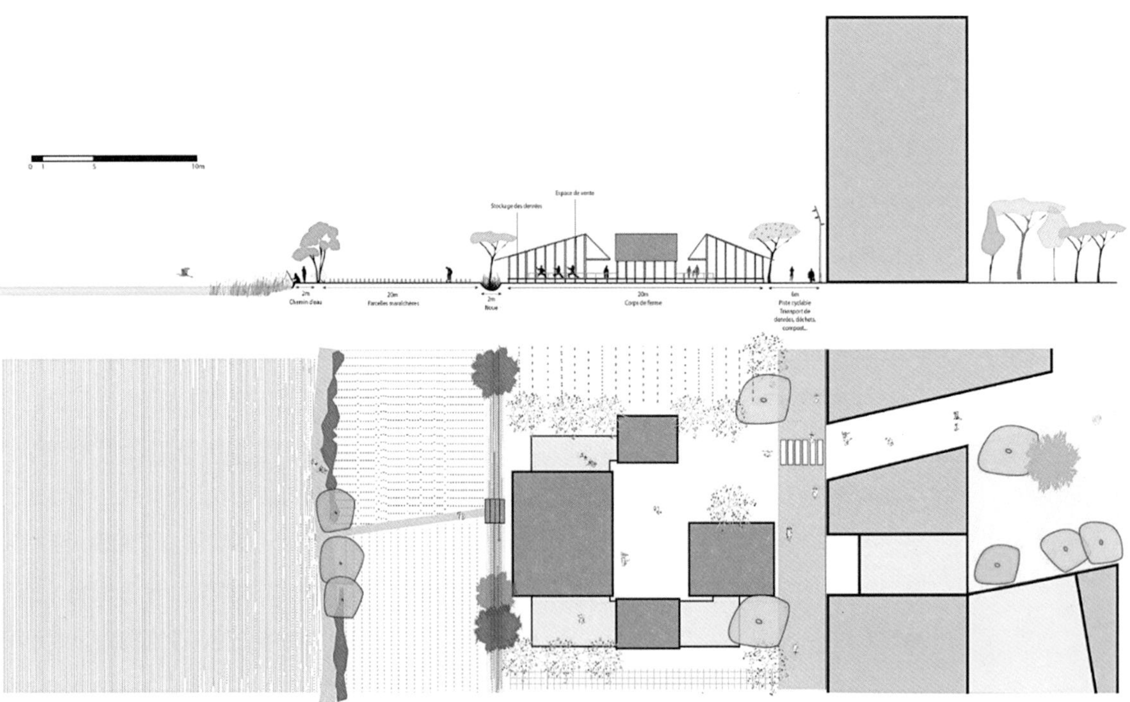

图13-36　向生态地区延伸的农业活动中心

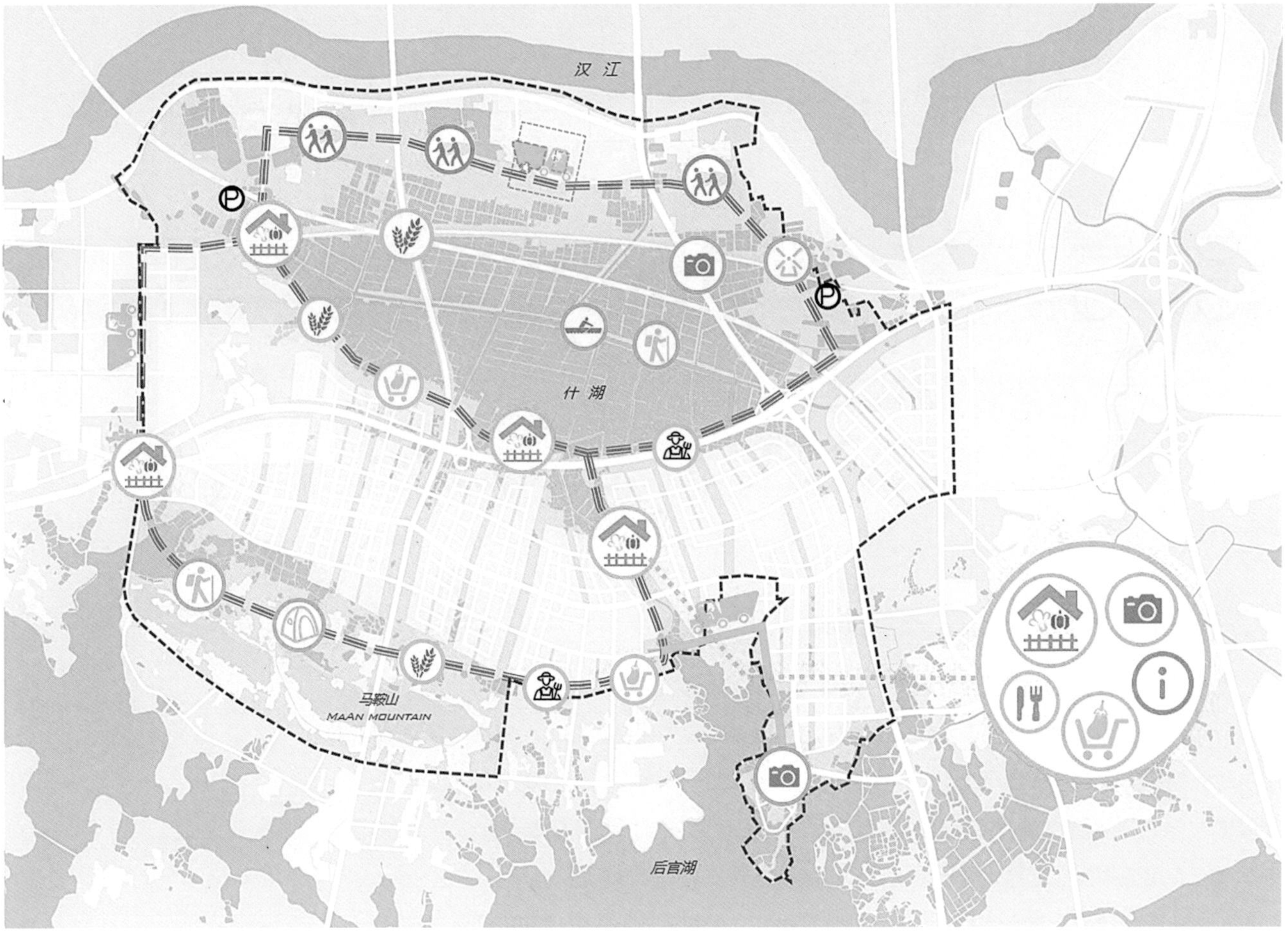

图13-37　中法生态城农旅双环线路

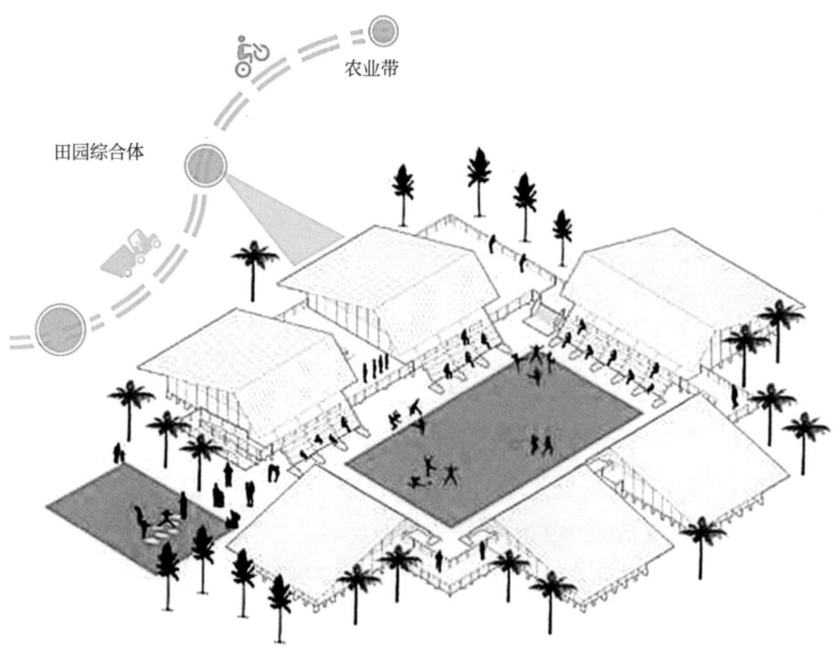

图13-38　田园综合体融入自然的空间形态

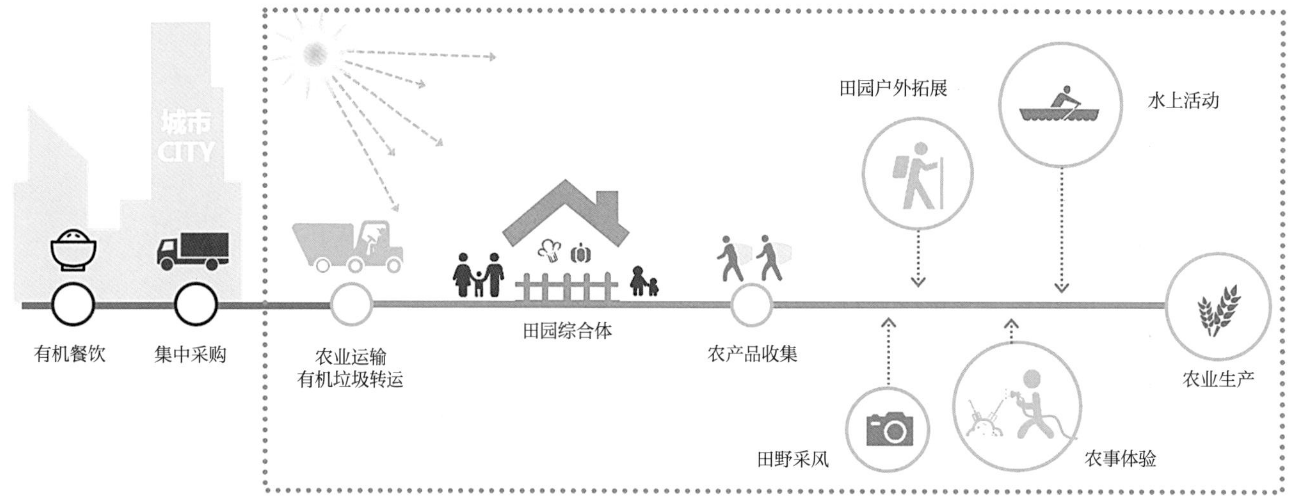

图13-39　农业带功能示意

3. 城市边界的柔化：城绿缓冲+柔性锁定

上位规划基于城市规划管理的需要用外围绿化带、机动车道将集中建设区与非集中建设区进行分隔与锁定。但中法生态城根植于这片生态景观密集的自然土壤上，应当体现城市与山水环境的完美融合。联合设计团队延续上位规划的思路，一方面，结合现状水塘群进一步丰富南北绿环的功能内涵，将其升级为南北雨水花园；另一方面，变机动车道为农业景观带、慢行专用道等线性边界，用于柔化与锁定城市边界。具体做法如下：

一是在集中建设区与非集中建设区之间建立缓冲。规划依托高速公路防护绿带形成北部雨水花园——什湖绿化缓冲带，马鞍山北麓小湿地带形成以现状连续水塘、农田为核心的南部雨水花园——马鞍山小湿地缓冲走廊，来实现自然肌理到城市肌理的柔性过渡，可应对水位上升1米的50年期雨水。什湖绿化缓冲带，沿高速公路长7400米，生态水渠有效宽度33米（复合高速公路防护绿带），深2.7米。缓冲带上沿高速公路一侧为线性森林，作为噪声和视觉的天然屏障；沿居住区一侧设置为散步道和观景台，为居民提供线型的休闲慢行空间。下洼草坪和花园为居民提供一个开敞休闲空间的同时也可以收集雨水。马鞍山北小湿地缓冲走廊，长2500米，生态水渠有效宽度200米，深1～2米。小湿地缓冲走廊作为一个大型的开敞公园，不同高差的绿色空间在为人们提供休憩场所的同时，也可以在下雨时贮存雨水，某些下沉的区域可以全年贮存雨水（图13-40、图13-41）。

二是通过取消边界道路，利用生态手段锁定城市边界。转变传统城市设计以道路规划作为城市边界的设计理念，取消外围边界支路网，设地块内部的共享通道作为微循环道路控制，通过农业缓冲带、绿带等生态手段锁定城市边界（图13-42）。

三是建筑与自然景观之间的渗透融合（图13-43）。项目城市设计从自然渗透、生态共享的设计理念出发，结合混合功能空间落位的需求提出三种典型街区。三种典型街区在建筑功能、空间形态、景观设计等方面，通过建筑尺度、景观形态的逐步递减、相互错落实现了城市与自然界面的柔性渗透，并引导自然向城市逐渐渗透，人群向自然逐渐延伸。城市设计

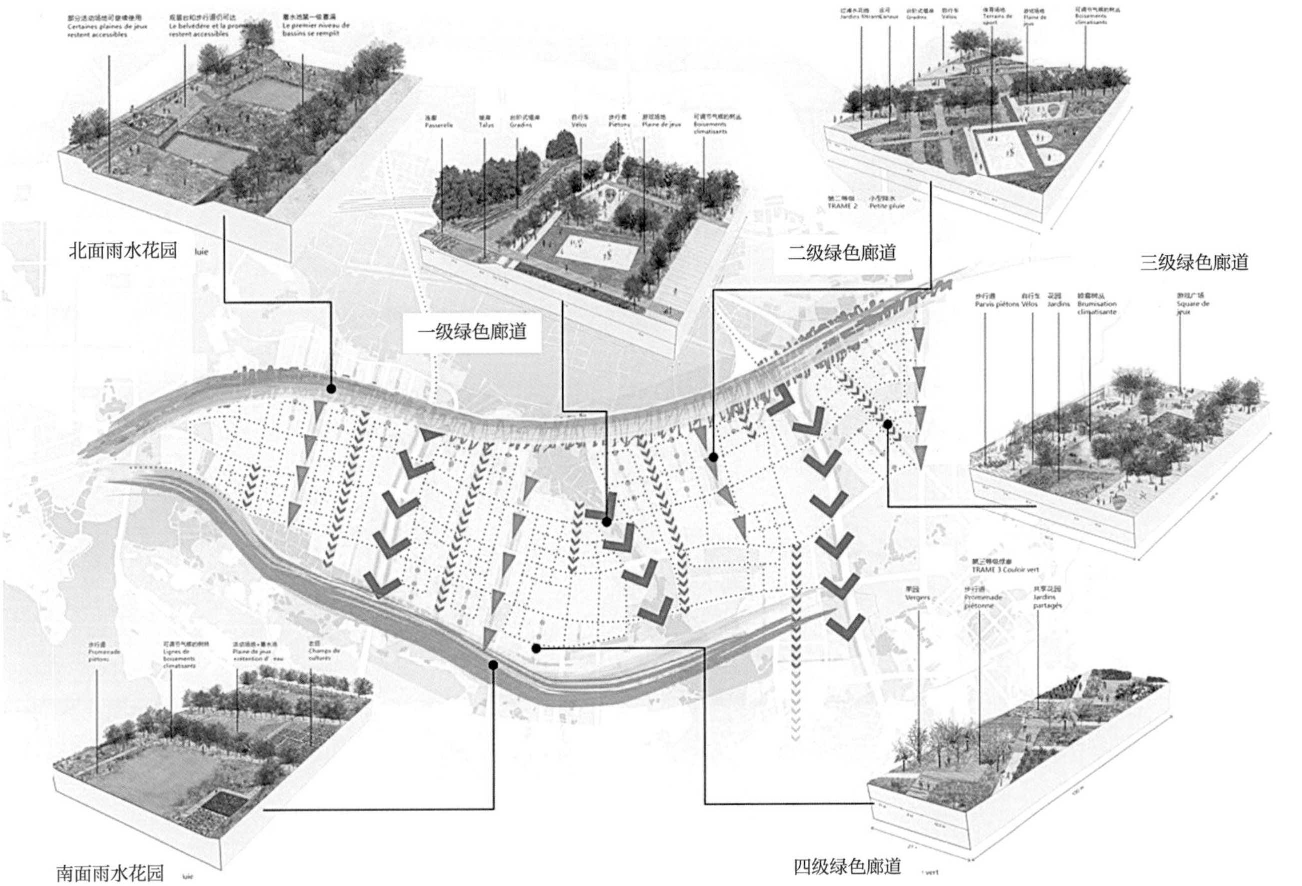

北面雨水花园

一级绿色廊道

二级绿色廊道

三级绿色廊道

南面雨水花园

四级绿色廊道

图13-40　南北雨水花园及多级生态廊道索引图

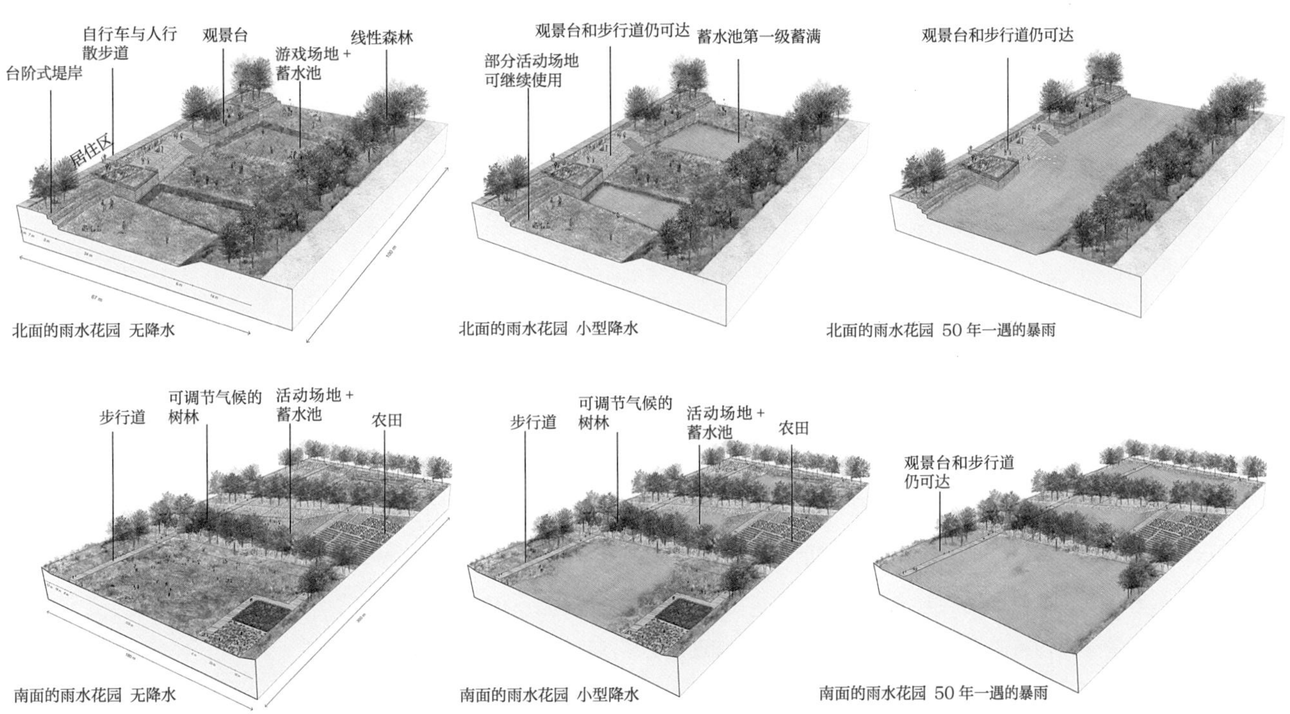

图13-41　南北雨水花园暴雨及小型降雨贮存示意图

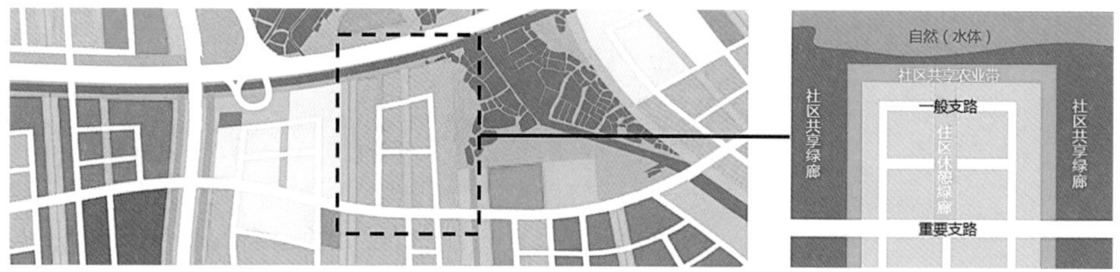

图13-42　外围边界路网的取消示意图

融　合 MIXER

通过柔化城市边界、渗透蓝绿网络、重组城市空间、重构道路断面、构建景观体系……实现山水、城市、人的融合！

图13-43　城市密度由高至低向自然空间过渡

采取随建筑高度的变化对建筑体积的变化进行控制，建筑高度随建筑密度降低而降低，通过实施这些控制，区域将拥有节奏活泼、疏密有致，由城市向自然过渡的天际轮廓。例如：新天大道及城市核心活动区建筑尺度最大，建筑高度最高，城市密度最大；自然河岸、湿地及绿地一端建筑尺度最小，城市肌理越来越疏松，城市密度最小。这种尺度的过渡不仅在建筑上提现，还在公共空间中体现。高密度的街区中，公共景观空间的尺度也相应地变大（水池和绿地）；同时，在低密度的街区中，公共景观空间被融解分散，以小尺度的形式分布在街区内。景观以连续并逐渐过渡的方式渗透入城市肌理。从城市核心区走向自然，在设计中从一种规整、精心修剪的景观形式一步步走向一种更为自然的景观形式，直至与自然完全融合。

4. 生态技术的渗透：生态街区+宜居安全

生态城市的安全、宜居除了体现在城市生态景观格局的构建上，更多地体现在对生态社区的规划与设计。如何将生态技术落到实处，并引导法式生态理念与中式宜居理念的结合，项目联合设计团队进行了社区尺度的多方面探索。

打造安全开放的生态街区。依据总体规划中绿色网格形成的绿廊，构建了互相平衡的街区单位，这些街区单位各具特点，且每个单元都同一个宽敞的公共空间衔接，每个街区单位元都有公共交通可达。

生态道路用地通过设置道路沿线下凹式绿廊、水渠实现对道路灰空间的生态化、低影响开发，形成“根须式”海绵体系末端水廊道系统（图13-44、图13-45）。生态水廊道结合一级、二级廊道形成9～25米宽的纵向水廊道，形成“根须式”海绵体系的骨干水廊道系统。

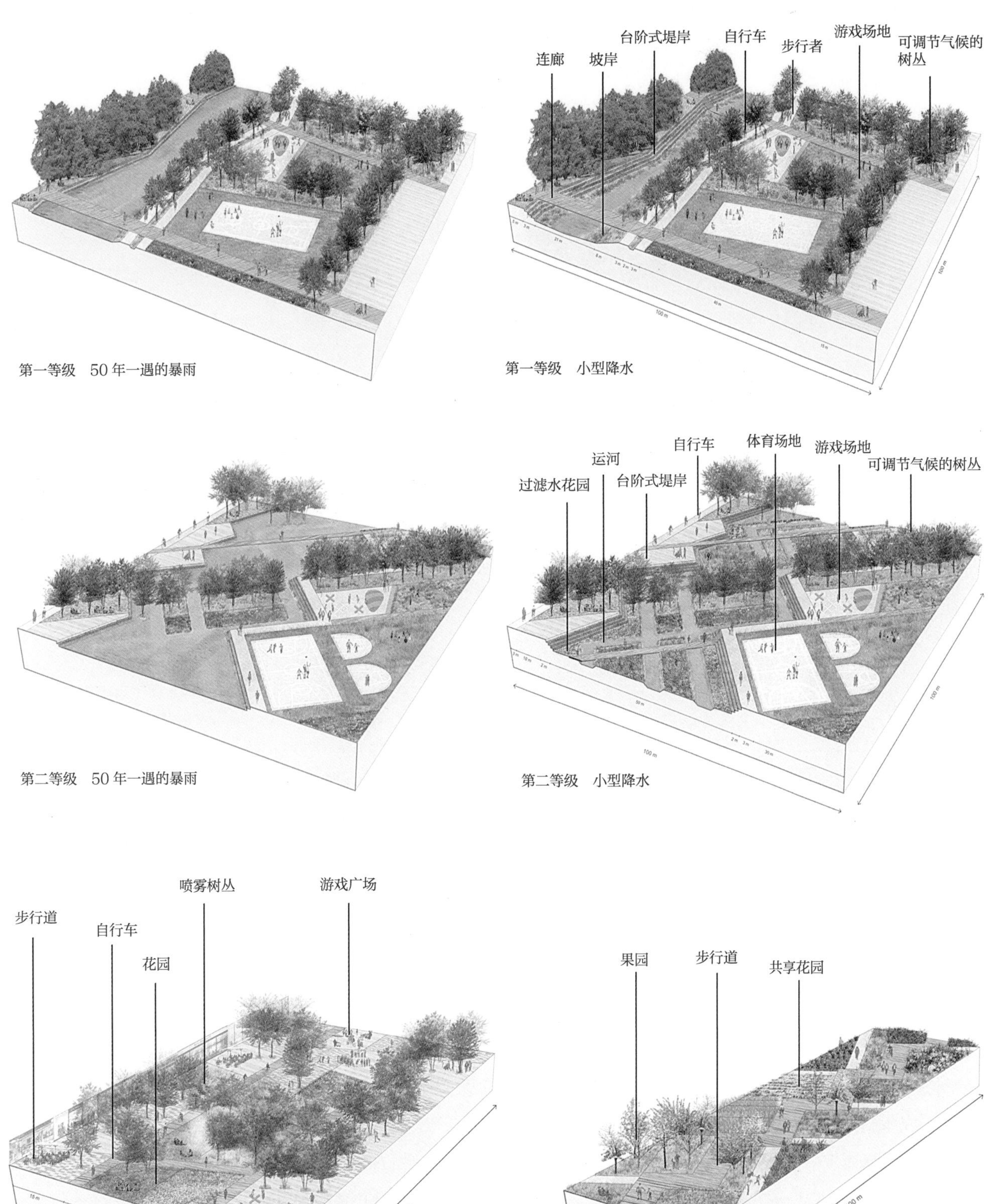

图13-44　多级共享廊道景观设计

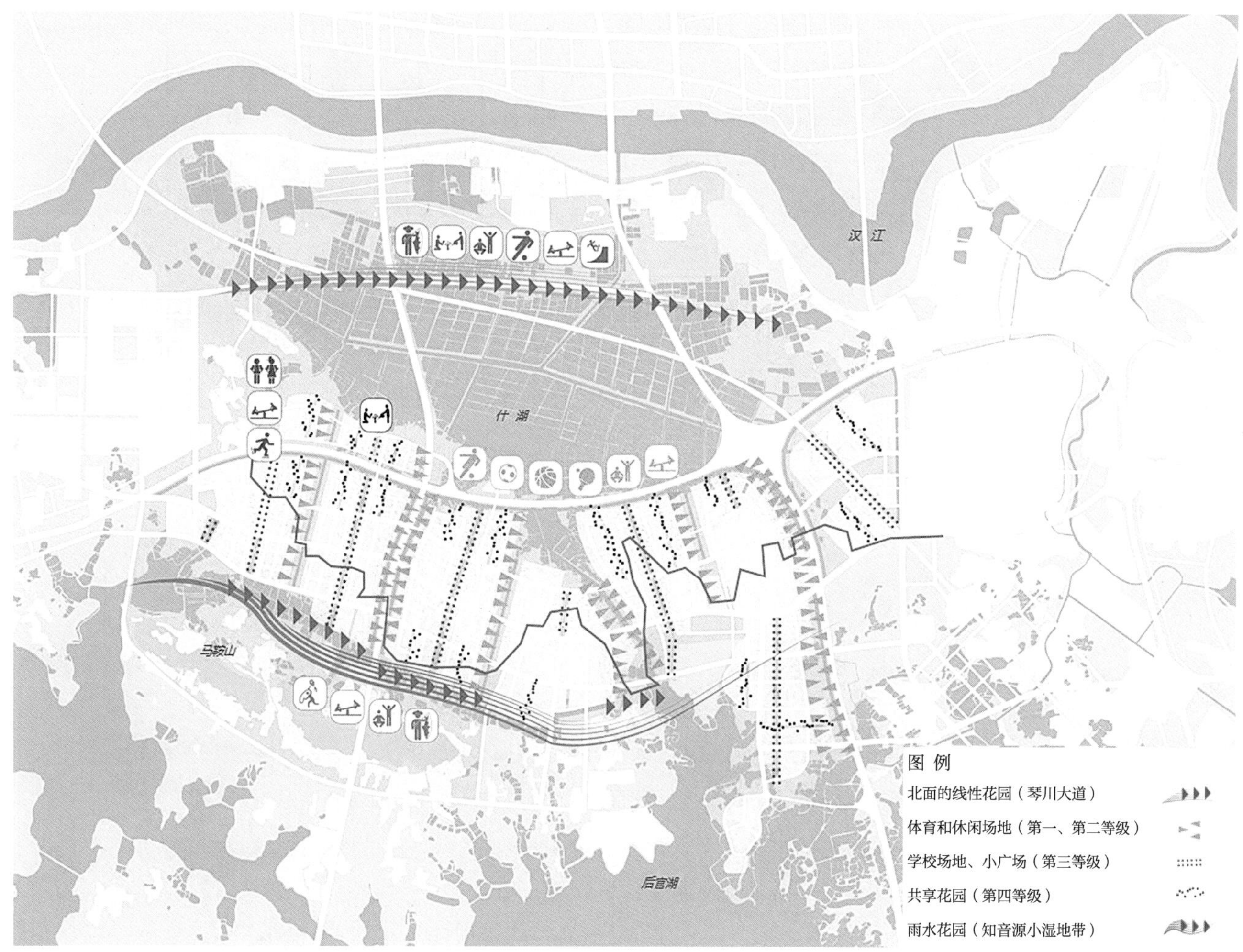

图13-45　共享生态廊道布局

生态文体公园结合一级、二级生态廊道布局体育休闲场地，结合三级廊道布局小广场、科教活动场地，结合四级廊道布局共享花园。

生态农业公园依托城市周边农田资源，围绕生态城形成生态农业带，通过田园综合体为居民提供农业体验场所。生态停车场为生态用地复合公共停车场，并进行低影响开发。

正如武汉是“百湖之市”一样，生态城内的街区大小水体星罗棋布。在这样的情况下，怎样处理雨水、更重要的——怎样处理街区地面过分缺乏雨水渗透性的问题，成为海绵城市能否实现的关键，也成为设计重点研究的问题。联合团队推崇以及大量使用可渗透地面，以自然土壤来管理雨水，使得过量的雨水能够在露天环境中被自然环境自主处理。此外，项目基地拥有无与伦比的自然景观特质，水在其中起到了至关重要的作用。将不同形式的水与湿地引入街区，特别是引入住宅区，不仅能使得水作为景观被欣赏，更能发挥其生态作用，使得人水交融。水在街区内部以各种姿态呈现。

在靠北、新天大道一侧的高密度街区中，水以建筑化景观池的形式出现，并且以稳定的形式四季常在。这些景观池不仅反射天空，还对于改善微气候，减少热岛效应具有重要作用。在处于中部的中密度街区里，水以生态湿地以及微微下沉的草地的形式出现，暂时保存和过滤过量的雨水。在最南端、靠近湖面和岸线的低密度街区中，景观绿渠伴随着散步道设置。这些绿渠平时为绿色景观，在下雨时，雨水便在此聚集并且被导流。在每个街区的东西两侧，景观绿渠和微下沉草地同样肩负着暂时保存雨水的作用，避免过量雨水在短时间内涌入自然水体，避免“一雨便涝”的情况。雨水通过景观绿渠被引流到河边，在注入河水前，它们将在带有自然植物的景观蓄水湿地中进行过滤和自洁。

此外，为了使得雨水管理更加高效，大量屋顶绿化被引用。这些绿化种植层的下部均设有雨水贮存层，以暂时保存过量的雨水，并予以导流。这些海绵设施与景观处理，形成了一套综合天然水处理系统，同时也成为街区结构性的景观脉络。

（二）一个就近、方便、以人为本的共享生态城

中法设计团队在第一次“碰撞”之初，就已达成共识：无论是中国还是法国，无论是现在还是未来，不同地域、不同类型的人，对理想的生活和城市，本质要求是一样的，那就是便捷、舒适。譬如，大家更愿意在步行适宜的范围内，解决日常所需的各项基本服务，包括吃、喝、玩、乐等；孩子能在家门口上优质的学校；生病了也不用长途跋涉，附近就有不错的医疗条件；出门能快捷的换乘公共交通……

经过中法设计团队多轮的讨论，双方一致认为，一个就近、方便、以人为本的共享生态城主要包括以下三个方面内容。一是均等服务的渗透：均等距、人人享，倡导在均等范围内，提供类型丰富、便捷可达的公共服务。二是公共空间的渗透：角广场、聚街心，是构建尺度宜人、绿色开放的空间环境。三是职住功能的渗透：多样化、高复合，提供更多就近就业的机会，形成高复合有弹性的职住平衡区。

1. 均等服务的渗透：均等距、人人享

随着社会的进步与发展，我国现阶段基本公共服务的非均等化问题较为突出，由此产生不同地区、不同群体间的基础教育、公共医疗、社会保障等基本公共服务的差距逐渐拉大，已成为社会焦点问题。而改善城市公共服务，成为城市基层治理的重要内容，也是助力实现社会公平，减少差距的有效途径之一。

美国建筑师科拉伦斯·佩里（Clarence Perry）曾提提出“邻里单元”（Neighbourhood Unit）模式，将包括小学、零售商店和娱乐设施等的一系列服务设施布局在社区居中的位置，并以其服务能力控制邻里单元中的居住人口规模。希望能创造一个适合于居民生活的、舒适安全的和设施完善的居住社区环境。

基于类似的想法、理论，新加坡和上海也都在打造各自的社区“生活圈”。新加坡的社区按规模分为不同的层级，根据层级配备不同的功能。譬如，在15～30万人规模的新镇一级，要布局轨道站点；在2～3万人规模的邻里层级，要有教育、医院等机构，有大型公园、文体设施等；在更小的社区，要有小型的绿地和活动场地。这些设施并不一定需要独立占地，甚至有时为了集约利用土地，他们被集中置于一幢楼房里，正如我们所熟知的“邻里中心”，集合了运动场、派出所、社区卫生中心、商业服务、教育机构等功能。上海在2016

年发布了《上海市15分钟社区生活圈规划导则》，导则提出为社区提供丰富、便捷可达服务的具体指引内容。结合人口规模和步行5分钟、10分钟、15分钟的距离，构建多层次的社区服务体系；为满足不同人口结构和需求特征，有针对性的提供差异化服务，特别是关注儿童、老年人等弱势群体需求，鼓励增加老幼照料空间，除了满足基本的服务设施，还可以适当增加品质提升类的设施。结合设施功能布局和使用要求，鼓励尽量综合布局设施，高效利用、灵活调整可共享的功能空间。

中法生态城拥有多层次的人群和多方面的服务需求，也代表着中法双方先进的理论实践，吸取以上所提及的经验，我们希望能应用到中法生态城中。为确保所有居民在便捷可达的范围内使用到高品质的设施，城市设计中构建了相对均衡的社区单元。并以开放、共享的理念，试图打造充满活力的多层次生活圈，满足老、中、青、幼不同年龄阶层的生活需求，配备生活所需的基本公共空间，形成安全、友好、舒适的社会基本生活平台。“区级—社区级—小区级—邻里级”共同构建了步行可达、高效复合的15分钟生活圈，使生态城的居民在不同的空间尺度下，享受不同级别、品质优异的公共服务。

围绕轨道站点布局区级服务设施（图13-46），包括市民中心、体育场馆、医疗等基础服务设施，还包括具有中法特色的文化中心、国际交流基地以及具有“示范”意义的农业和可持续发展研究中心、新媒体文化中心等，为中法生态城打造国际品质的公共服务平台，为生态城的居民提供高质量的公共服务。

在每个社区单元内设立社区级的“邻里中心”，它集聚了多样化的社区服务功能，衔接了宽敞的公共绿化空间（图13-47）。每处社区级“邻里中心”的建筑面积约2.5万平方米，结合中小学、城市绿廊布局，服务半径约400～600米，服务人口约3万人，提供教育

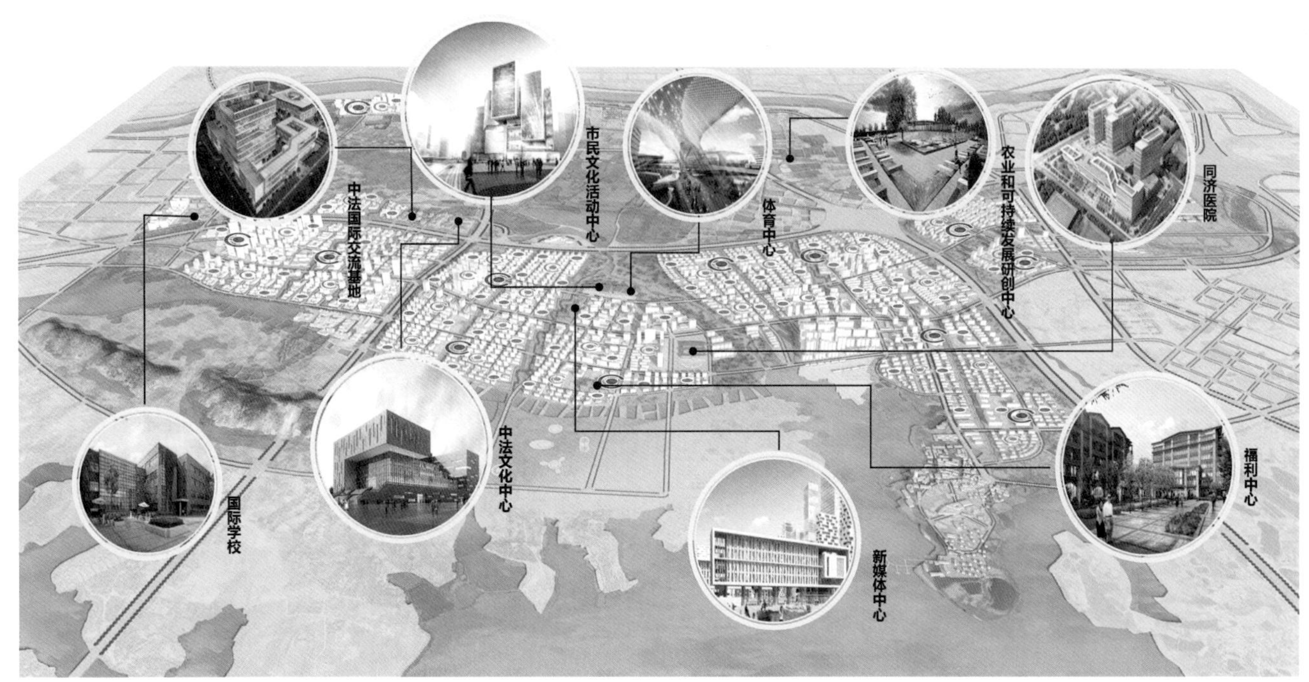

图13-46　区级公共服务设施

场所、公共交往空间、休闲场所，还集中布置了日常生活所需的一系列服务设施和店铺，如银行、邮局、理发店、洗衣店、各种餐厅、咖啡馆以及结合户外空间共同构建的公共活动空间。这些“邻里中心”还围绕有轨电车站点、公交站点布局，通过公共空间、慢行线路、公共交通站点，共同实现便捷可达的目标。再向下的社区服务层级，布局了小区级、邻里级中心，将公共服务设施深入到街坊内部，包括5~10分钟内可享受的中小型零售商业、社区卫生服务、幼儿园、休闲活动等设施，以及2~5分钟内可享受的餐饮、健身、理发等日常服务。

2. 公共空间的渗透：角广场、聚街心

城市公共空间，是城市设计中非常明确的设计要素，也是关系到环境宜居、舒适度的基本要素。人们对公共空间的需求动力来源于放松的愿望、社会交往、娱乐、休闲和简单地拥有一段美好时光的渴望，是城市人不可缺少的重要组成部分。正如大家知道的巴黎路边的咖啡馆、英国的酒吧、德国的啤酒花园等，这些公共空间都是人们发生社会关系的场所，也培育了丰富、密切的社会关系网络。在网络发达的现代社会，我们也需要回到现实，感受人与人面对面接触与对话的过程。

为人熟知的美国纽约曼哈顿的佩雷公园是一个很好的实例。它坐落于曼哈顿高楼林立的环境中，曾经的冷冰冰空间在设计师的精心处理后，给附近的上班族提供一个休息的场所。仅仅是几棵树、几把椅子以及一个6米高的水幕墙瀑布，就吸引了不少白领。而瀑布制造出来的流水声，则掩盖了城市的喧嚣，从而形成了具有活力的“口袋公园”。上海在新一轮城市总体规划中一方面是积极增加公共空间数量，充分挖掘中心城区移作他用的“隙地”，例如一些被随意停放的车辆、堆放的杂货或是违章搭建占用的空间，增加一些尺度不大、却很实用，代价不高、但很精致的小型城市公共空间。另一方面则是提升公共空间品质：对使用频率最多的道路、人行道和社区公共活动绿地，进行品质提升；避免因人行道路铺装不平，

图13-47 社区级服务体系

雨天积水，而造成的行人安全隐患；避免因停车占道挤占人行空间等。

总而言之，建设高品质的城市公共空间，需深入研究不同人群室外活动的行为特点和需求，把握人性化的空间尺度，营造舒适的空间环境；还需要充分利用自然景观和人文资源，注重文化内涵的多元化。此外，有效利用各种“缝隙”空间，挖掘空间潜力，集约利用资源。如建筑物的转角、小区绿化多余的场地在开放共享之后，都可以被利用来放置公共设施，形成开放的公共空间。一处小小的公共休息场地，可以起到改变城市氛围的巨大作用。

在中法生态城的设计中，我们充分考虑人的步行、过街习惯。譬如，大部分行人过街，都需要通过人行横道。因此，我们在街道转角处通过局部增加建筑退距，形成了街角小广场（图13-48），以便于过街的人们停留、等候、聚集。与此同时，围绕小广场布置一定的商业设施，并沿道路延伸，为街角及道路沿线注入了更多的人气与活力。街角小广场还有一定的引导作用，结合街区中心连续的散步道和收放有序的公共广场，将人群引入开放的街区内部通行，以避免受到机动车的干扰。同样，街区内部的公共空间也鼓励底层功能的业态混合，例如设置零售、餐饮等业态，增加24小时私人营业店铺，或延长营业时间，或者增加一些展示橱窗、交往和休憩设施，以此丰富社交活动，服务人群生活需求。

我们对公共空间的塑造也有一定的标准。为了保证公共空间处于舒适活跃的氛围，小型的绿化广场要尽量满足高宽比$1 \leq D/H \leq 3$的比例。慢行散步道两侧鼓励通过建筑拼接等方式形成连续的界面，高度宜控制在12~24米之间。市级的步道以生态廊道、自行车健身休闲、游憩观赏、旅游度假等功能为主，串联市级主要的公共空间节点，形成市级绿色休闲网络。社区级步道与市级步道对接，满足人们休闲散步、跑步健身、商业娱乐等日常公共活动需求，串联地区及社区级主要的公共空间节点，形成大众日常公共活动网络。大型公共设施广场建议为0.3~2公顷，其他广场不宜过大，1000m^2以下为宜；以聚集活动为主的空间建议为1000~3000m^2；以休憩为主的小型空间建议为400~1000m^2。广场最好为朝南向，不建议完全朝北的小型公共空间。此外，还需考虑风环境、声环境等。社区级及以下公共绿地及广场周边宜形成活跃的功能界面，例如50%建筑为零售、餐饮或区划规定的服务功能，并鼓励设置开放透明的外墙等。

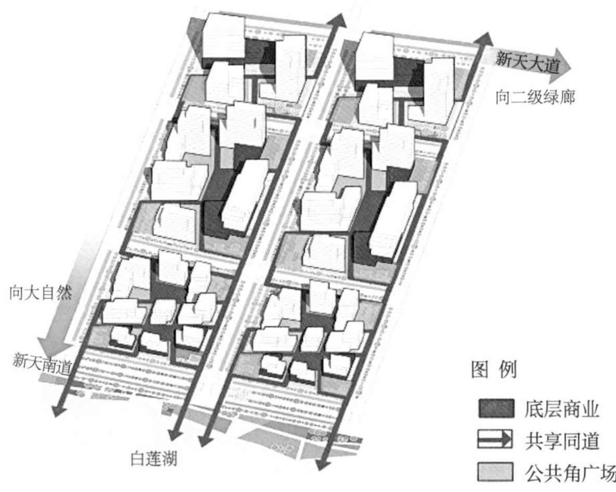

图13-48 “角广场”设计示意图

图13-49　社区级公共空间

除了空间环境的硬件营造，我们还希望打造富有人文魅力的公共空间（图13-49）。在日常生活中融入中法文化的交流。我们在公共空间、广场、街道设计中，加强人文活动主题和内容的策划，增设公共艺术品，提升文化内涵。尽量应用统一风格的街道家具和艺术品，提升整体的文化氛围，在传承和创新中形成具有独特文化魅力的公共空间。

3. 职住功能的渗透：多样化、高复合

长期以来，城市土地使用和功能布局的组织常常是分隔的，进而导致城市功能缺乏有机联系，这不仅引发了城市无序扩张、蔓延，也加剧了道路拥堵、生活品质下降、城市低效运行等城市问题。要进一步改善、缓解这些问题，需要加强城市功能的混合和多样性，这不仅是城市的本性所需，也是促进城市可持续发展的必要途径。

我们熟知的“新城市主义”的设计理念，其最核心的原则就是功能复合。它倡导重塑多样化、人性化、有社区感的城市生活氛围，鼓励社会多元化住区，创造出亲切宜人的城市空间和高品质的生活环境。《城市营造——21世纪城市设计的九项原则》一书中也提到，混合使用的设计手段在近些年的建设中屡试不爽，存在于大大小小的项目中，它们有些是垂直方向上的混合，如底层布局商业，上层用于居住或商务办公；有些是水平方向上的混合，如一个街区混合居住、商业、公共服务等功能；有时甚至是垂直+水平相结合的模式，在一个街区中混合布局建筑综合体以及其他类型的建筑或外部空间。混合的功能也不应受到局限，以居住功能为主的地段，混合布置商务办公或基本无干扰的工业功能，可方便人们在居住地点附近工作；以办公或工业企业为主的地段，混合布局一定的居住功能，可避免商务办公区、工业区在夜晚人流稀少、缺乏活力，也能提高街区的安全性等。

土地功能的复合利用是解决城市土地资源矛盾的关键要素，也是培育有利于创新的社区空间，创造包容、有活力社区的重要途径。深圳前海在土地混合利用方面就有很好的借鉴意义。前海划定了22个开发单元，共102个街区，每个开发单元约30～120公顷，不限定单元内每个独立地块的容积率、建筑密度、绿地率等数值，但需在开发单元内合理分配总体指标。对于资本实力雄厚、开发经验丰富、综合招商能力强、运营成效明显的企业，鼓励支持其一起参与到土地开发、招商引资和运营管理中。与此同时，还对整体控制了10%的弹性用途比例，分解到每个开发单元的弹性比例为2%～30%不等，弹性比例主要用于市场变化、保障公共服务设施的应用，具体比例数值可结合产业发展需求，经济分析评估进行调整。新加坡的"白色成分"则是在单个建筑中，促进业态融合，大大促进了地块内功能布局的混合性。"白色成分"代表着对土地性质不确定的弹性部分，比如"商业白地"其商业用途建筑比例需≥60%，白色成分可视评估报告而定；"产业园白地"的主导用途建筑面积必须≥85%，白色成分需控制在15%以内。

中法生态城在总规阶段就已明确要安排3种类型的混合用地，为城市设计进一步的多样化、复合化提供了基础。主要的3种混合用地包括商住混合、住商混合和一类居住，各类混合用地中居住、办公、商业、服务设施等功能按照一定比例的建筑面积进行混合，见图13-50。其中，商住混合用地主要集中在轨道站点周边，以高强度开发为主，包括50%办公、20%住宅、20%商业、10%酒店；住商混合用地以中强度开发为主，主要分布在汉蔡高速以南及汉江南岸地区，是中法生态城主导规划用地类型，包括65%住宅用地、15%办

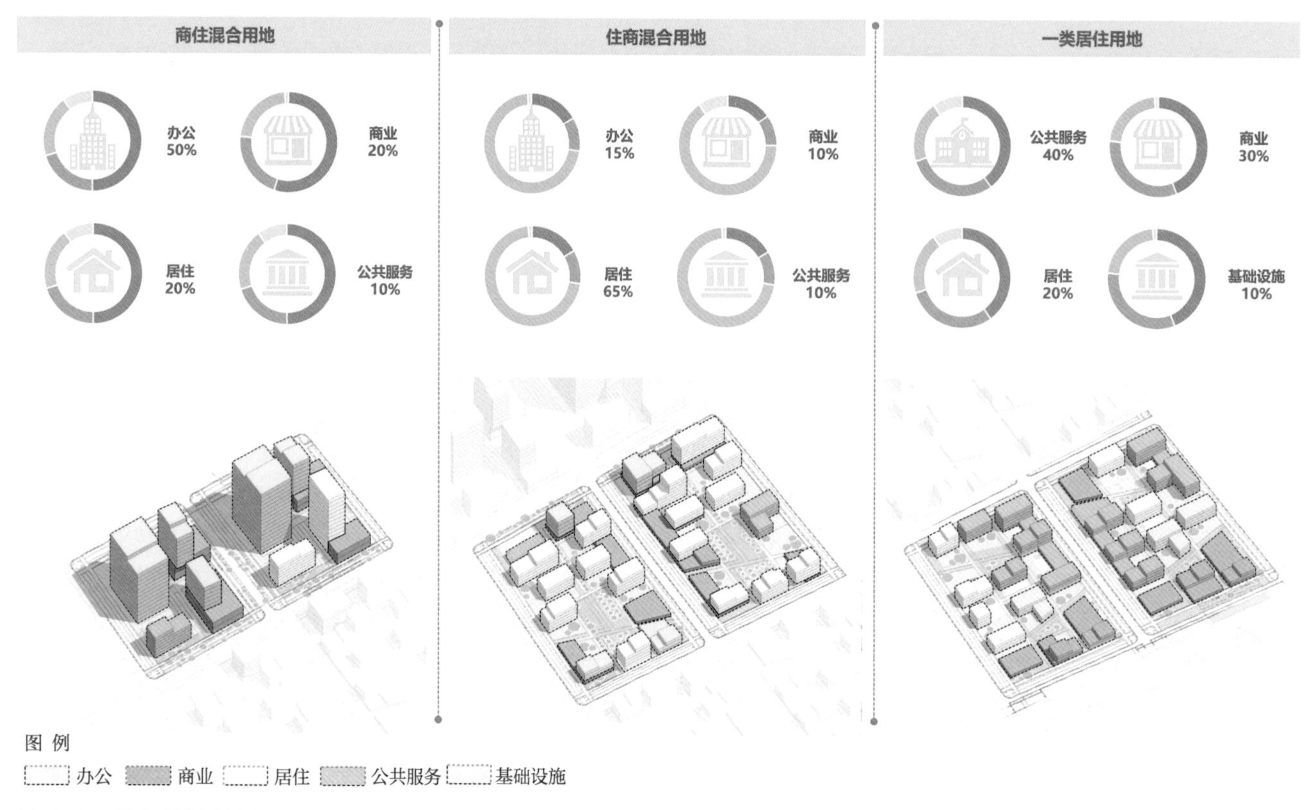

图13-50　混合功能空间布局

公用地、10%商业用地、10%基础设施用地；一类居住用地主要分布在后官湖北岸，以低强度开发为主，包括85%住宅用地、10%商业用地、5%基础设施用地。

在此基础上，我们对多样化、高复合的理念进行了进一步的深化、落实。在平面上、空间上倡导功能的混合布局和土地的复合利用，塑造功能丰富、形态多样的空间形式，满足不同功能的组合需求，营造丰富多样的空间场所。

为促进居住和就业的适度平衡，创造包容、活力的社区，我们鼓励多类人群的混合居住，将不同职业、收入、文化背景的人们聚集到一起，打造不同类型的户型产品和居住空间类型，丰富居住业态和阶层的多元化，促进不同人群的交往、缓解人群差异的壁垒，实现社会平衡发展的目标。此外，还鼓励发展嵌入式的创新空间，为微小企业提供低成本的办公场所。例如在公共服务配套良好的地区，依托学校、科研机构在临近地区提供科技创新空间或小型园区。

（三）一个便捷畅达、特色鲜明的品质生态城

1. 慢行优先：窄马路、慢车速

在城市化的高速发展时期，城市的汽车保有量也在持续增加，“以车为本”的交通规划理念持续影响着城市建设。2015年底，中央城市工作会议时隔37年再度召开，2016年初出台《中共中央国务院关于进一步加强城市规划建设管理工作的若干意见》，意见明确提出，应树立“窄马路、密路网”的城市道路布局理念，建设快速路、主次干路和支路级配合理的道路网系统。“窄马路、密路网”强调以人为本的理念，更有利于行人步行的连续性、安全性，具有更舒适的空间尺度；同时，也更利于城市道路系统网络化，缓解干道交通压力，促进道路微循环，增强地块可达性、均好性（见图13-51）。

中法生态城，作为创新、协调、绿色、开放、共享的五大发展理念的实践地，规划始终坚持“以人为本”，为行人提供绝对的优先权。通过精细化的设计、管理等多种手段，营造优质、安全、舒适的慢行空间，提供便捷、无障碍的公共交通换乘系统，促进公共交通使用，减少小汽车出行、限制汽车车速，把路权还给市民。

根据总体规划要求，落实公交优先的原则，设置公交专用道。公交车与小汽车的竞争优势主要在于公交专用道的数量与规模。公交专用道成网，公交车快速、准点，公交出行便捷、高效，自然会吸引更多的人坐公交。

在最早出现汽车的发达国家和城市，拥堵、环保等问题催生了公交专用道。英国运输部的统计资料表明，10公里的拥堵路段，在公交专用道上行驶的公共汽车要比行驶在其他车道的车辆节省7～9分钟。我国最早在高速路设置公交专用道是北京京藏高速路段。公交车在此路段行驶时间为21分钟，与施划专用道前相比缩短53%，平均行驶速度为每小时38公里，施划专用道前为每小时17公里。

公交专用道是保证人均道路资源占用与使用公平性的重要手段。项目设计中，对新天大道、知音湖大道等城市主干路进行改造，在道路两侧设置公交专用道和公交港湾式停靠点，保障公交专用道的“专用”，使公交专用道真正成为公交平等路（图13-52）。

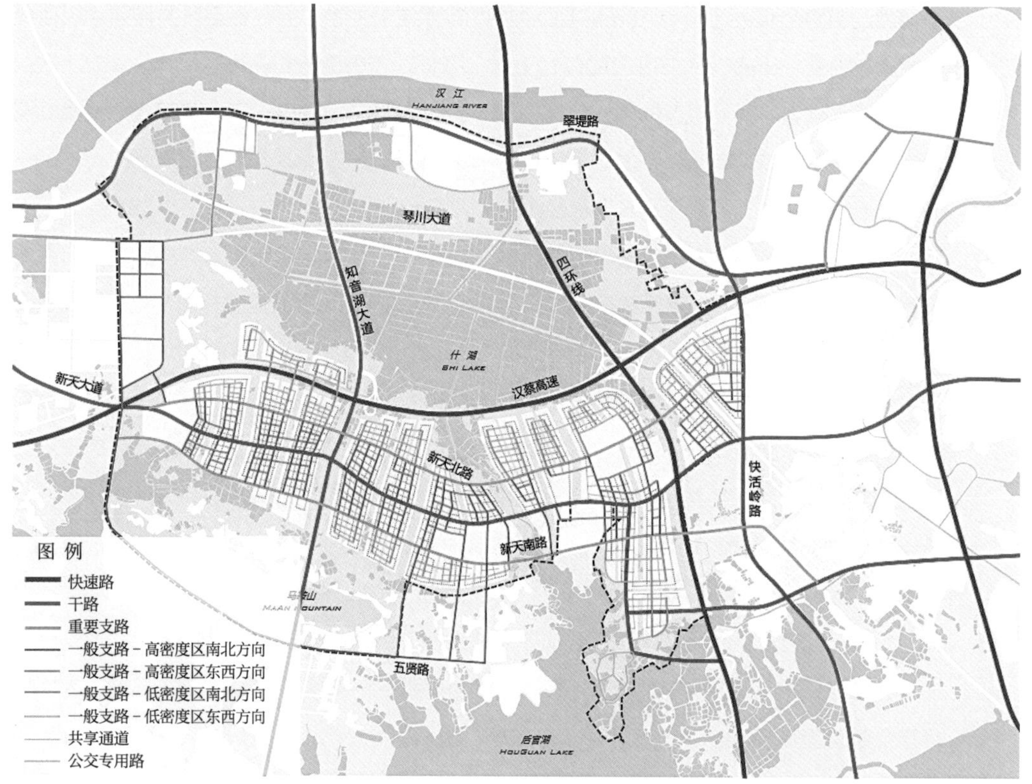

图13-51　道路系统规划图

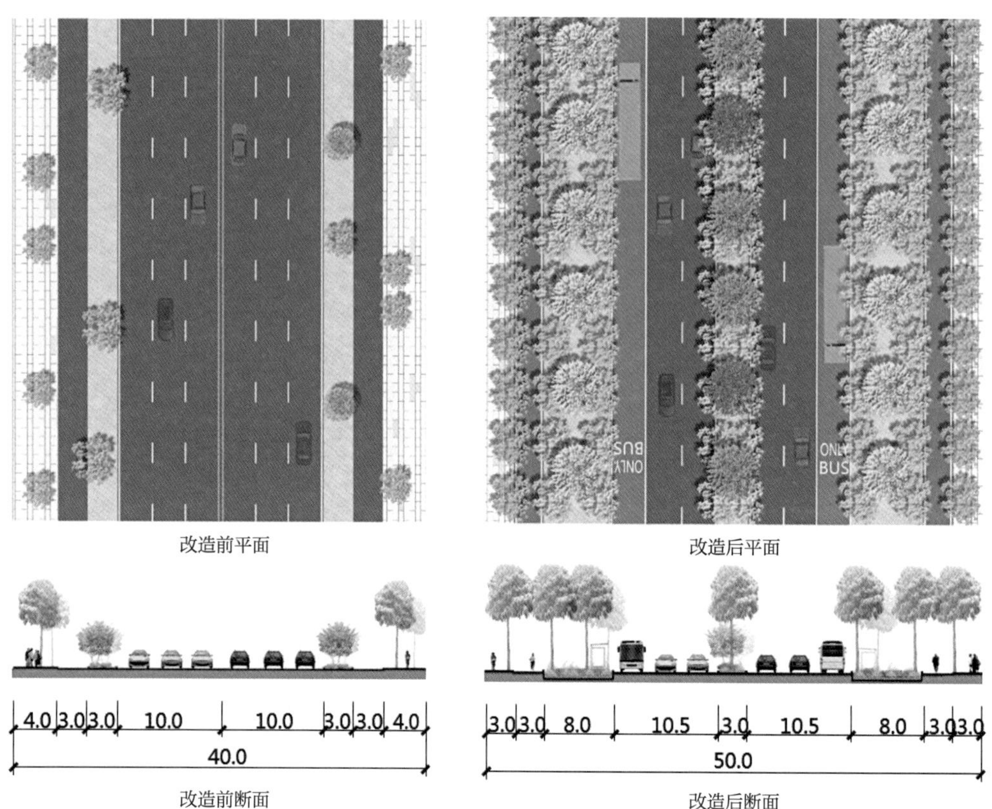

图13-52　新天大道新增公交专用道

通过道路的精细化设计和管理手段，共同实现控制车速、提升安全性的目的。在商业街、生活性服务街道机动车限速30公里/小时的同时，鼓励机动车流量较小的社区道路采用机非混行车道，并应用较窄的车道宽度——3米的机动车道，道路进口道可进行局部缩减至2.75米。在支路交叉口取消路缘石高差，设置全铺装，利用隔离桩避免机动车进入步行区域，改善慢行体验。在局部区域可通过抬高人行横道、抬高路段的方式对车辆节点速度进行管理。在商业街道、生活服务性街道空间允许的情况下，可结合设置少量车位，但不宜双侧设置。可结合停车带形成水平线偏移，或采用人行道凸起对其进行分隔，使街道满足临时停车需求，又能避免影响步行的连续性。此外，我们将城市支路路缘石半径控制在5~8米（见表13-1），既能缩短行人过街距离，有效控制车速，又能满足小汽车、大巴、卡车的转弯需求。鼓励采用交通宁静化设计措施，减少机动车交通对居民产生的消极影响。如凸起的交叉口，适度曲化的道路线型等。机动车出入口宜与人行道标高保持一致，采用差异化铺装予以提示。左转进入的路口通常施以凸出的圆弧形路侧设计，并在区域内使用高耐磨的碎石铺设路面，大道控制机动车辆速度的目的。人行道宽度最小3米，非机动车道单车道宽度为1.5米。公园或共享通道中的人行通道宽度最小2.5米，街道界面较为积极、步行活跃的人行通道，宽度最小为3米。鼓励共享通道与两侧建筑退界空间进行整体设计。依托步行网络设计无障碍通道，充分保障弱势群体便捷安全的出行环境（图13-53）。通过鼓励开放公共设施，如商办建筑、文化体育设施、公园河道、公共交通站点等及地块之间连通道等多种形式的步行道，提升步行可达性。设计后，最终慢行道路网络的密度达到15.2公里/平方公里。

各级道路人行道和路缘石半径表 **表13-1**

道路级别	人行道最小宽度	路缘石半径
城市干路	3～4米	干路与干路交叉口15米
城市支路	2～3米	干路与支路交叉口8米，支路与支路交叉口5米
共享通道	2.5米	公共通道与其他道路交叉口5米

向绿廊沿线、生态地区延伸慢行专用道（图13-54）。一方面，取消边界路网，利用慢行专用道柔化自然景观和城市的分界；另一方面，集中建设区慢行专用道提升慢行路网密度，并可与什湖、后官湖等生态景观绿道直接连接，形成完整的绿道网络体系。这两方面都是城市连接自然的景观路径。

向街区内部渗透共享通道（图13-55）。共享通道是允许汽车、步行和自行车安全共享的通道，并不像常见的在车行道和人行道之间利用侧石线分隔。共享通道中可以设计多用途的景观，这些景观能降低交通噪声。共享通道通过采用多样化的几何形状、道路凸起和画线标识，同时路面采用特殊的铺装形式自然地降低了车速，而不是设置常规的减速带、限速墩等交通稳静化设施装置。

图13-53　城市道路交叉口示意

来源：https://nacto.org/publication/urban-bikeway-design-guide/bicycle-boulevards/major-street-crossing/

图13-54　城市边界慢行专用道示意

图13-55 共享通道设计示意

2. 路景结合：宽绿带、林荫道

在城市设计中，为丰富慢行体验，以传统道路绿化隔离带为基础，设置了兼具景观功能与海绵功能的绿化带。传统的道路绿化带在硬化后的路面摆放种植花圃、灌木和较矮的乔木，路面本身不具备透水功能，仅具有分割道路、美化景观的作用。基于海绵城市理念赋予绿化带新的透水、储水、运水、滞水等海绵功能。利用绿化带形成城市辅助雨水网络，结合国际领先的地下综合管网，进一步提高雨洪灾害抗力。绿化带为2~3米宽、1.5米深的沟渠，底部为自然土壤，地埋雨水管道和雨水收集装置。雨水经由收集装置进入雨水管道，暴雨时过多的雨水可经自然土壤渗透补充地下水，或通过绿化带向南北方向自然排入南北雨水花园。同时，设计还根据道路的级别和宽度设置不同宽度和数量的绿化带。新天大道、知音湖大道等重要道路路面较宽，在道路两侧及中间共设有3条绿化带，每条绿化带宽3米，是排水的主要通道。新天北路、新天南路等干路在道路两侧设有2条绿化带，是排水的次要通道。支路根据道路的方向在道路一侧设置绿化带，是雨水排水的“毛细血管”。

城市设计中基于水流、人流和车流等因素（图13-56），对道路的宽度进行了“横向窄、纵向宽”的精细设计。根据中法生态城内现状高程分析，地势整体呈现中部高、南北低的态势。在新天大道沿线地势较高，向北部什湖、南部后官湖逐渐降低，因而南北方向为雨水自然排放的主要方向。设计沿主要排水方向即南北方向设置较宽的绿化带，沿东西方向设置较窄的绿化带。地铁4号线主要车站位于新天大道沿线，规划主要公交线路均沿新天大道连接蔡甸城关与武汉主城。公交客流从新天大道向南北方向逐步疏散，南北方向为主要人流

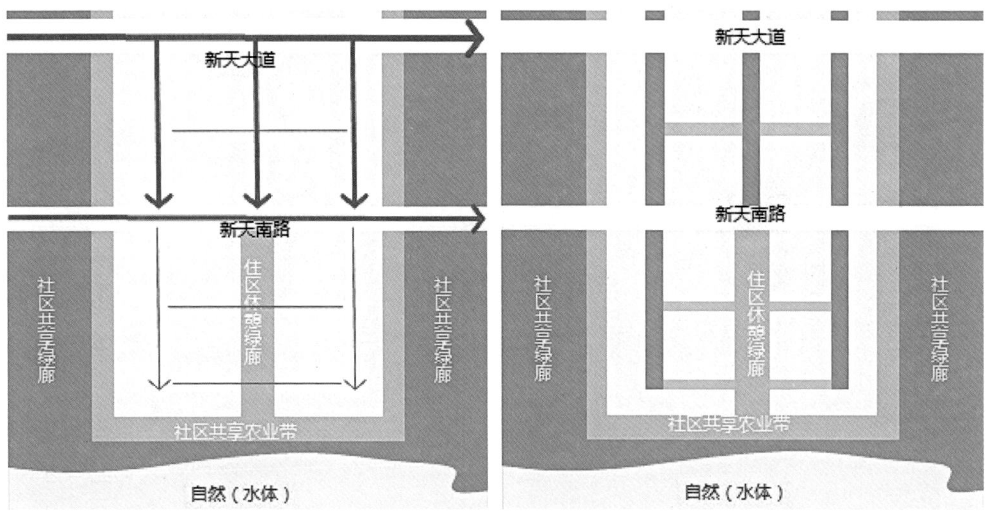

图13-56　人流方向与水流方向

方向，东西方向为次要人流方向。沿南北方向设置较宽的人行道，沿东西方向设置较窄的人行道，基于水流、人流和车流的分析，根据方向不同设置不同宽度的绿化带、人行道、机动车道，道路宽度呈现纵向宽、横向窄的特点。

城市设计基于道路两侧遮阴情况的考量，将“阴面宽、阳面窄”纳入道路断面精细设计（图13-57）。武汉由于特殊的地理位置，夏天阳光十分强烈，直接暴露在烈日下对慢行交通产生较大影响。西晒问题同样如此，人们希望道路能提供较好的遮阴，方便出行。基于日照方向的考虑，确定阴面窄、阳面宽的道路断面设计原则。具体而言，在纵向道路西侧、横向道路南侧配置高大茂密的行道树和较宽的人行道，提供更好的遮阴和更舒适的慢行体验。

3. 琴川大道生态化改造

琴川大道降级为景观性道路，维系什湖湿地的完整性。由于琴川大道横跨什湖湿地，割裂了什湖和汉江的景观和生态联系，设计建议远期取消琴川大道机动车通行功能，将其改造为一条穿越什湖湿地的生态旅游路径。琴川大道目前规划为交通主干路，道路断面形式为景点的三块板，宽度50米，双向6车道，道路中间有绿化隔离带，将机动车道和非机动车道隔离，道路两侧有较宽的硬质护坡。设计将琴川大道改造以营造3种典型场景。其一是农田和散步道（图13-58），此场景中琴川大道以农业功能为主，北部为农田地区，为游客提供优美的田园风光；中部设计低洼的绿化带，方便雨水收集、渗透和排放；北部为农田地区，为游客提供优美的田园风光。其二是运动场（图13-59），此场景中琴川大道以运动功能为主，北部设计线性休闲平台，为游客提供野餐、散步场地，四季花带提供优美的景观环境；中部设计低洼的绿化带，方便雨水收集、渗透和排放；南部为运动场。最后是日光浴场（图13-60），此场景中琴川大道以旅游休闲功能为主，北部结合农田设计渗入农田的平台，为到达的游客提供聚餐场所，所用食材全部取自附近农田，同时为生态示范城发达的都市农业提供观赏界面，中部设计低洼的绿化带，方便雨水收集、渗透和排放，南部设计不同高程的

纵向支路平面图

横向支路平面图

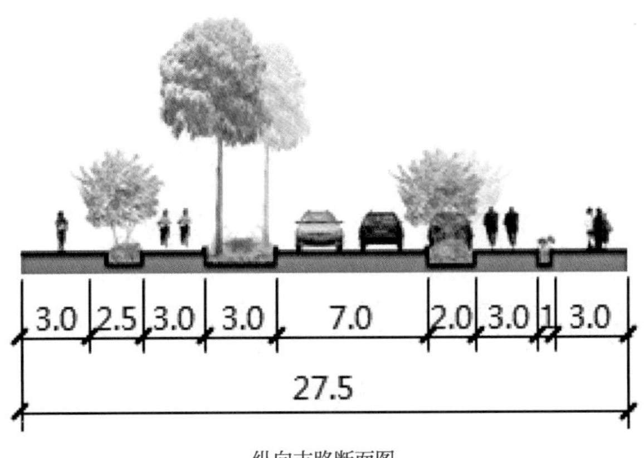

纵向支路断面图

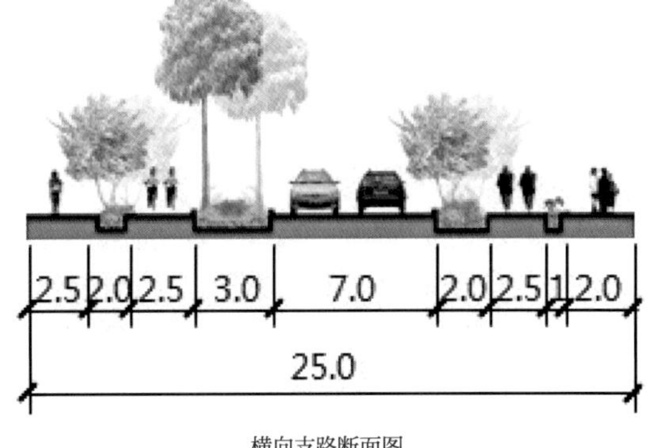

横向支路断面图

图13-57 支路道路示意

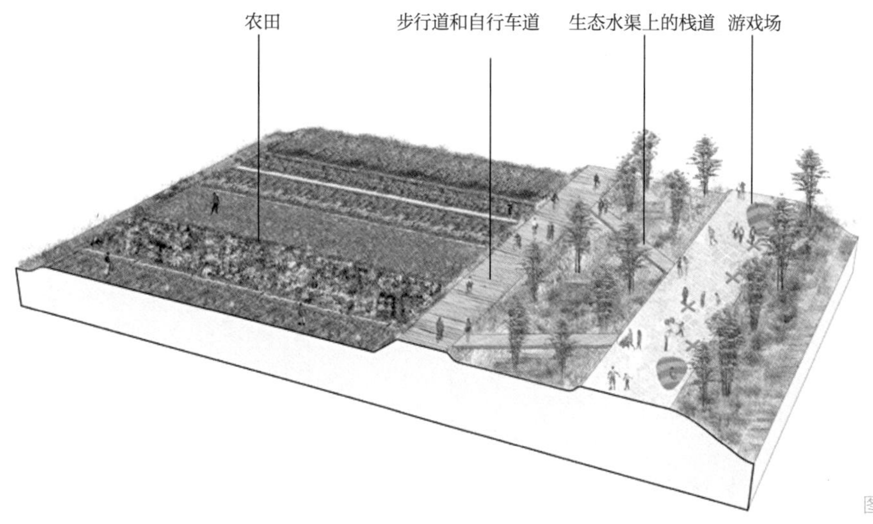

图13-58　琴川大道改造断面设计（农田和散步道）

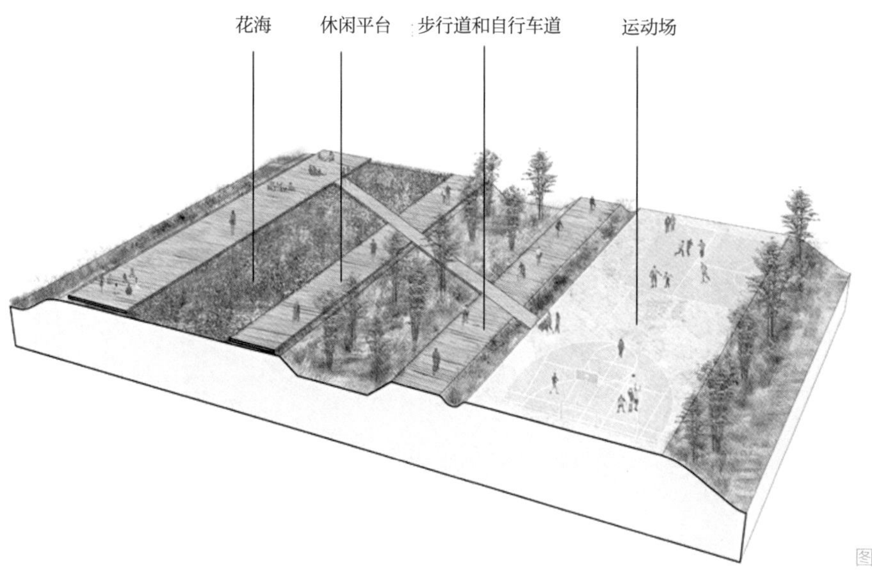

图13-59　琴川大道改造断面设计（运动场）

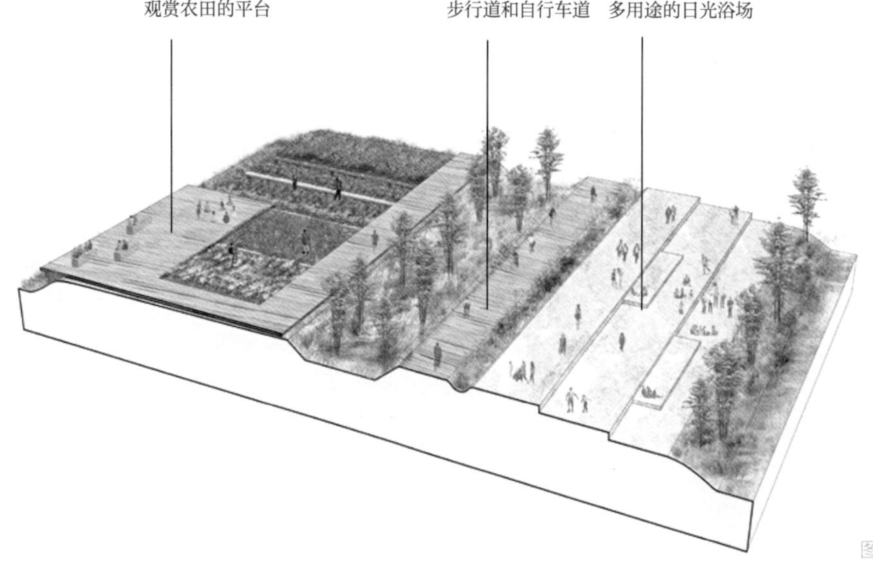

图13-60　琴川大道改造断面设计（日光浴场）

多用途日光浴场，兼顾旱季和雨季的景观需求。同时，由于琴川大道机动车交通功能的取消，为了不降低机动车通行功能，建议提升汉江南岸翠堤路的道路等级，增加道路宽度由次干路提升为主干路，满足过境交通需求。

4. 知音湖大道断面设计

设计中加强了知音湖大道和什湖湿地的亲水联系。知音湖大道南北贯穿什湖湿地，向北经中法友谊大桥通往汉口，向南通往经济技术开发区，不仅具有普通主干路的交通功能，更应体现生态城的特色。在不降低知音湖大道机动车交通通行功能的前提下，优化非机动车道、人行道设计，在道路两侧沿什湖湿地分别设置2条逐级降低的慢行专用道，增强慢行体验亲水性。（图13-61、图13-62）

5. 新天大道景观提升设计

新天大道着力打造重要的综合型林荫道（图13-63）。在设计时注意削弱其带给周边街区的影响，并把新天大道作为一个公共空间提供给行人。这种削弱作用是通过一方面拓宽人行道，另一方面在其与汽车道中间种植双排且成列的行道树形成的。这种景观的处理方法不

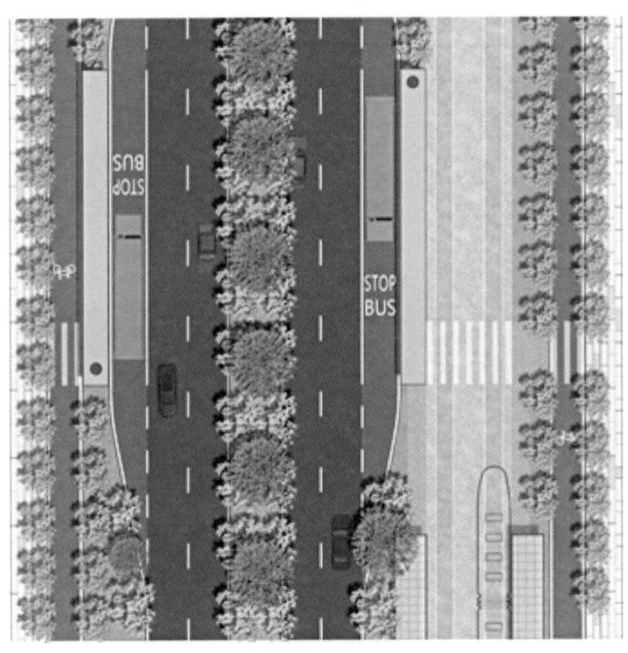

有轨电车路段平面

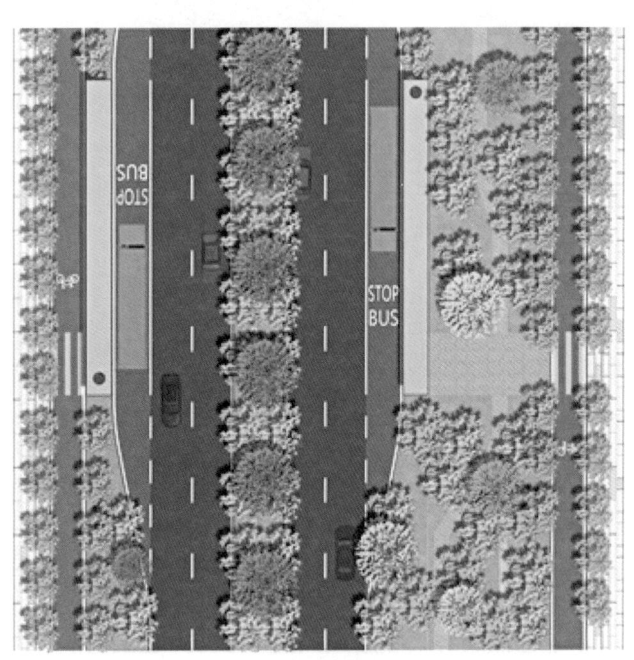

无轨电车路段平面

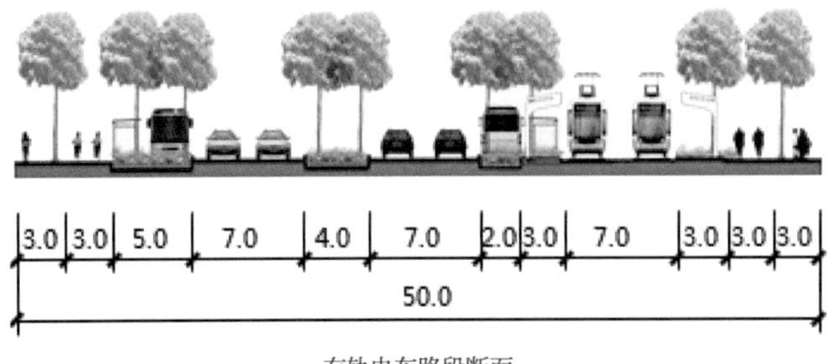

有轨电车路段断面

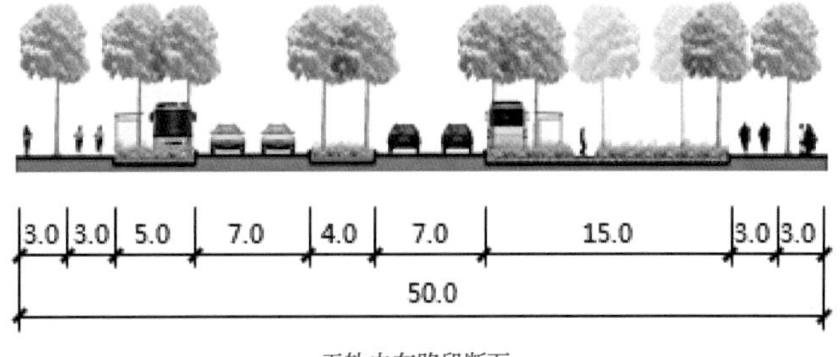

无轨电车路段断面

图13-61 知音湖大道改造断面设计

图13-62 知音湖大道改造效果图

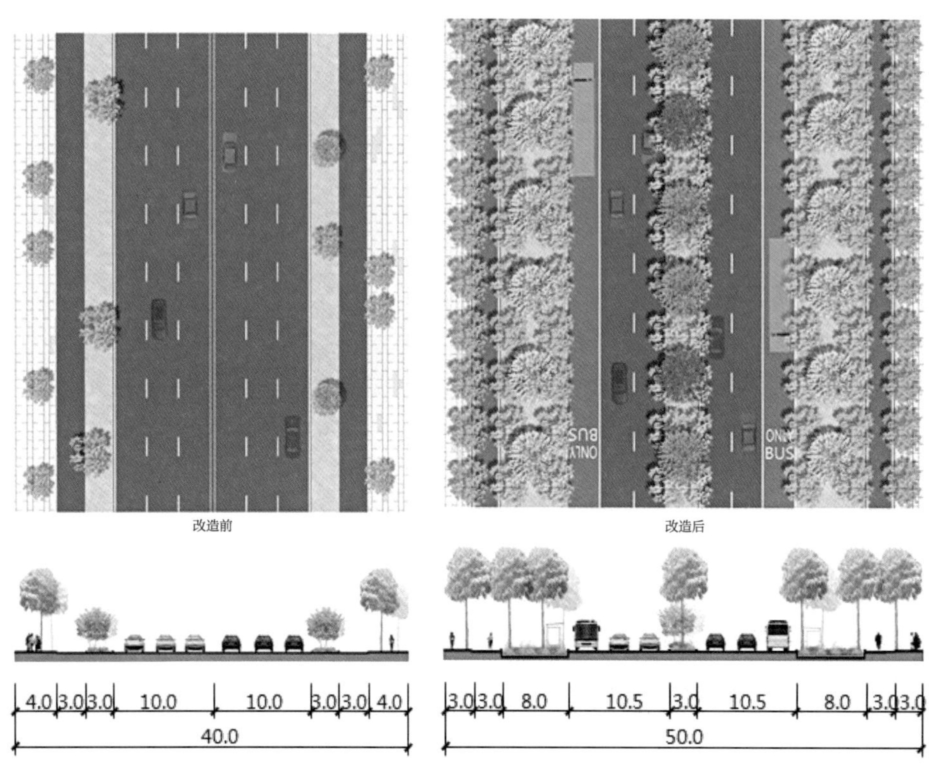

图13-63 新天大道断面设计示意

仅是法式园林艺术的缩影，更是法式古典园林中的经典设计语汇，如耳熟能详的凡尔赛宫、子爵城堡亦或库朗塞城堡。这种修剪整齐的行道树，它们有的被修剪成雨棚状，有的像窗帘，有的列成一排，有的成排成列。这些大道大部分都种植了密集的灌木丛，这些灌木丛被修剪成整齐的树篱，与自然形态的树木进行搭配种植。因此，新天大道两排也种植了双排成列的行道树：这些被精心修剪的树在前景，而在其后是一排自然形态的树，它们的树冠偶尔从后景浮现，而后排的行道树种植在覆有草坪的地面，这种语汇也同样可追溯至法国传统经典园林。这种景观设计并不是简单地处理一个景观界面，而是用不同高度层次，利用高密度的植被大大减弱密集的车流量对行人的影响，同时也充分地美化了人行道路空间；这种双排的行道树也构成了一个视觉上的绿色屏障，减少汽车的影响，不仅为城市投射树荫，更参与了光合作用，有效地减少了二氧化碳量。

6. 中法双镇：琴贤镇、蓝沐镇

中国和法国在生态景观、文化特色、建筑风格等方面具有各自鲜明的特色。为体现生态城中法交融的特点，设计了一座中式水乡和一座法式小镇（图13-64）。他们是中法文化交流活动的主要举办场所，策划举办楚文化交流会、水乡艺术博览会、元宵灯会、法国戏剧节、灯光节、中法文化交流论坛等特色活动。同时中法双镇也是重要公共服务设施的集聚地，两湖书院、法式教堂等标志性文化设施都坐落于此，结合体验休闲等功能打造特色活力街区。

中式水乡位于中法生态城西部马鞍山脚下，因知音典故而取名“琴贤镇”。设计意图体现国人自古崇尚的天人合一的意境，体现顺应自然，以求生存与发展的思想。以后官湖、马鞍山

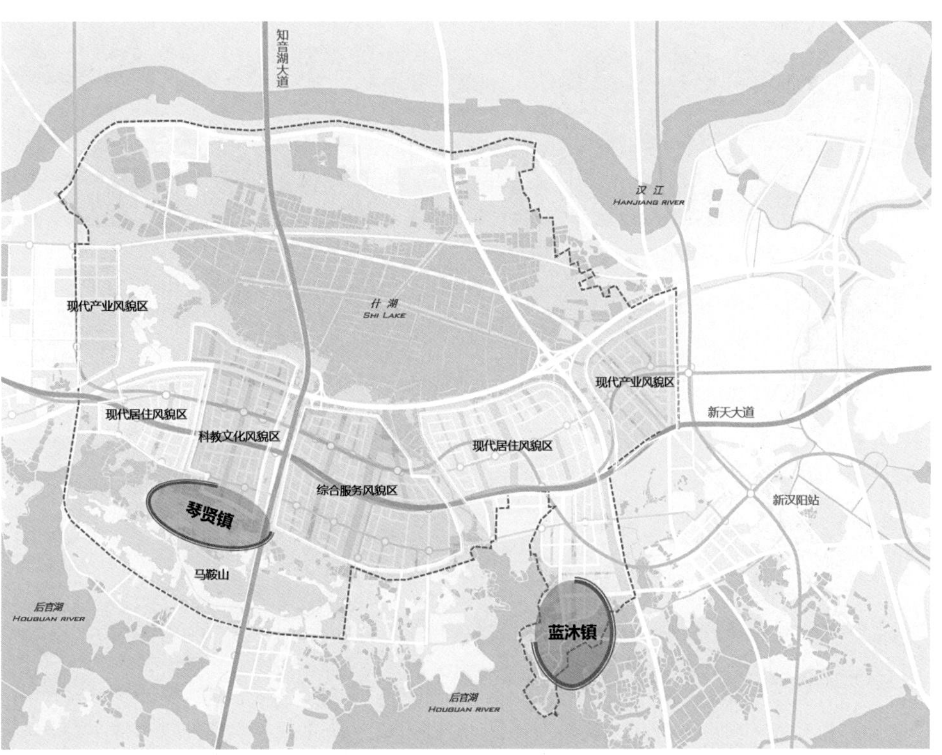

图13-64　中法双镇区位

等自然山水为骨架，运用隔景、障景、框景、透景等手法分隔组合空间，形成多样而统一的特色街巷，营造步移景异、静中有动、动中有静的空间氛围。同时，为体现人们精神思想和文化上越来越高的追求，以诗词歌赋命题、点景，作为琴贤镇建设的指导思想（图13-65）。

法式小镇位于中法生态城东部后官湖畔，取名“蓝沐镇”。“蓝沐”是法语“L’amour”音译，意为“敬慕、爱情”，在设计中也着重体现法式浪漫主义风情。在高地上设计了一座教堂，以便在空间上统领全局。从教堂前面伸出笔直的林荫道，而在其后规划花园，花园的外围则是林园。教堂的中轴线向前延伸，通过林荫道指向生态城；向后延伸，通过花园和林园指向后官湖。在花园中，中央主轴线控制整体，辅之以几条次要轴线，外加几条横向轴线。所有这些轴线与大小路径组成了严谨的几何格网，主次分明。轴线与路径伸进林园，将林园也纳入到几何格网中。在轴线与路径的交叉点，安排喷泉、雕像、园林小品作为装饰。在突出布局的几何性的同时，也产生丰富的节奏感，从而营造出多变的景观效果（图13-66）。

图13-65　琴贤镇效果图

图13-66　蓝沐镇效果图

（四）一个具有内生能量的低碳生态城

1. 协调城市发展与资源的关系

资源、环境和生态问题在全球城市发展过程中日益突显，协调城市发展、资源利用与环境保护相互作用所构成的矛盾，已成为当代社会发展亟待解决的热点问题。中法武汉生态示范城是中法两国城市规划设计、建造和管理领域的可持续发展技术和经验运用的实践项目，作为中法低碳合作与技术交流的平台，生态环保型产业示范基地，产城融合的生态宜居示范区，应充分贯彻低碳生态和产城融合发展的理念，其生态方面的建设与发展应成为城市可持续发展方面的典范。

我们希望中法生态城能成为一个具有内生能量的低碳生态城，特别是结合自身资源优势，发展与之相关的生态修复、产业发展和能源开发，协调好城市发展与资源的关系，实现生态城的内生循环与可持续发展。为尽可能落实低碳生态理念，项目设计中来自法国的全球第二大水务公司苏伊士（SUEZ）集团，也给我们带来了世界领先的理念和管理方案。通过提供可持续的技术方法，建立短环线路的循环经济模式，协同水、垃圾、能源、生态恢复、都市农业五大系统（图13-67），构建城市可持续的循环体系，促进良性的生态城市建设运行机制形成，实现城市与资源的整体协调发展。

2. 城市的水循环

中法生态城与水的关系非常密切。生态城的水域面积比例很大，什湖、高罗河、后官湖等各种形态的水域，相互连通，串联成网，未来也将融入“六湖连通”工程；而汉水流经的生态城是目前汉江防洪的重要区段。如何处理好城市建设与水域萎缩、排涝能力不足、水质不佳等现实问题的关系，对其生态环境的营造尤为重要。因此，此次重点解决的问题也是关于水循环、水治理。规划希望为中法生态城提供完整的水循环管理路径，从原水获取到净水

图13-67 低碳生态城五大系统

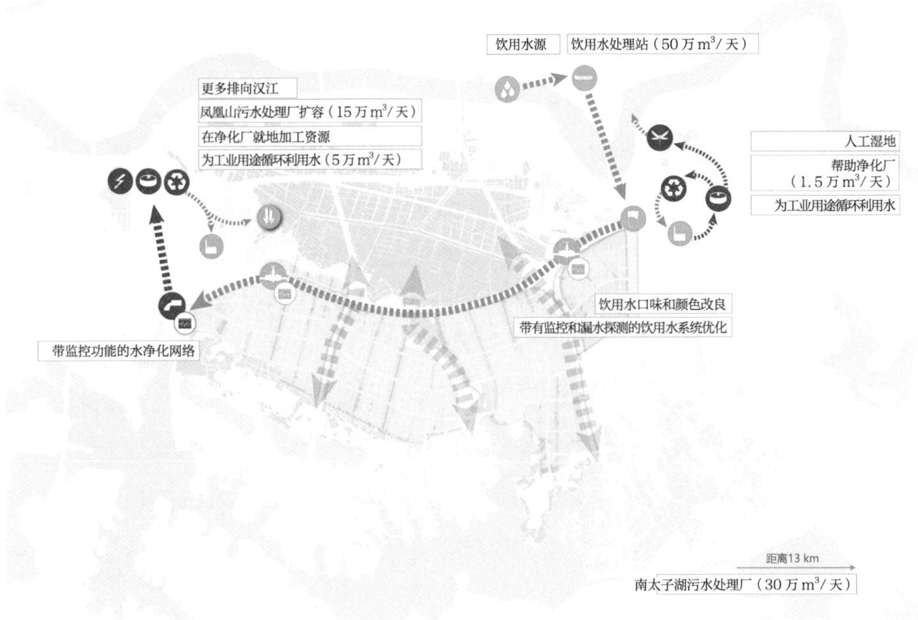

图13-68　改善城市水循环系统

生产和输送，从废水收集处理到污泥处置，包括智能供水、地下水回灌、污水回用、污泥处置等多种可持续的水资源管理方案。在整体上，通过改善城市水循环治理和基础设施性能，保障水质和用水量。

中方联合苏伊士（SUEZ）集团提出，通过设置净水厂、人工湿地、水循环工厂、Visio控制中心等设施，构建安全、节约的水循环系统，减少生态城的水能消耗，保障供水需求，加强水的循环利用，提升区域水质，优化排涝能力，预防洪水来袭，实现自来水消耗减少40%，单位GDP水耗低于8吨/万元，再生水利用率超过30%，防洪标准提升至50年一遇，污水处理100%，地表水质达Ⅲ类或以上的目标，以实现水循环的全面管理。

在改善城市的水循环方面，首先是保供水，提供安全的水质保障，提升水的安全性。我们结合规划的白鹤嘴供水厂，设置终极处理设施，提高汉江水源的水质，并通过水网监测和分区设计，及时监测供水管网的泄露事件，尽量避免泄露事件带来的麻烦，也能尽快修复泄露的突发状况，大大减少了水资源的浪费，提升了水供给的安全性。其次是治污水，通过设计净水网络，同时利用植物修复共同去污。由于多雨季节会产生过量的水，因此，通过雨水的收集蓄存系统，将雨水排向净水网络，通过监测、测量、跟踪、优化净水网的运转，避免污水直接排入自然环境中。此外，设置与净水厂相邻的污水治理厂，针对生活污水进行净化处理，同样也避免了生活污水直接排入自然环境中。在这些净水系统中，我们建设生态与休闲功能相结合的高品质湿地公园，希望能充分利用植物的除污修复功能，通过自然方式净化污水（图13-68）。例如，以设置在净水厂下游的人工湿地为代表，它由连续的几个区域组成，包括植物种植水池、芦苇丛和潮湿的草地等，结合各阶段所需的净水能力，选择具有相应净化能力的水生植物，同时，也提供了一个观察自然和生物多样性的教育基地（图13-69）。

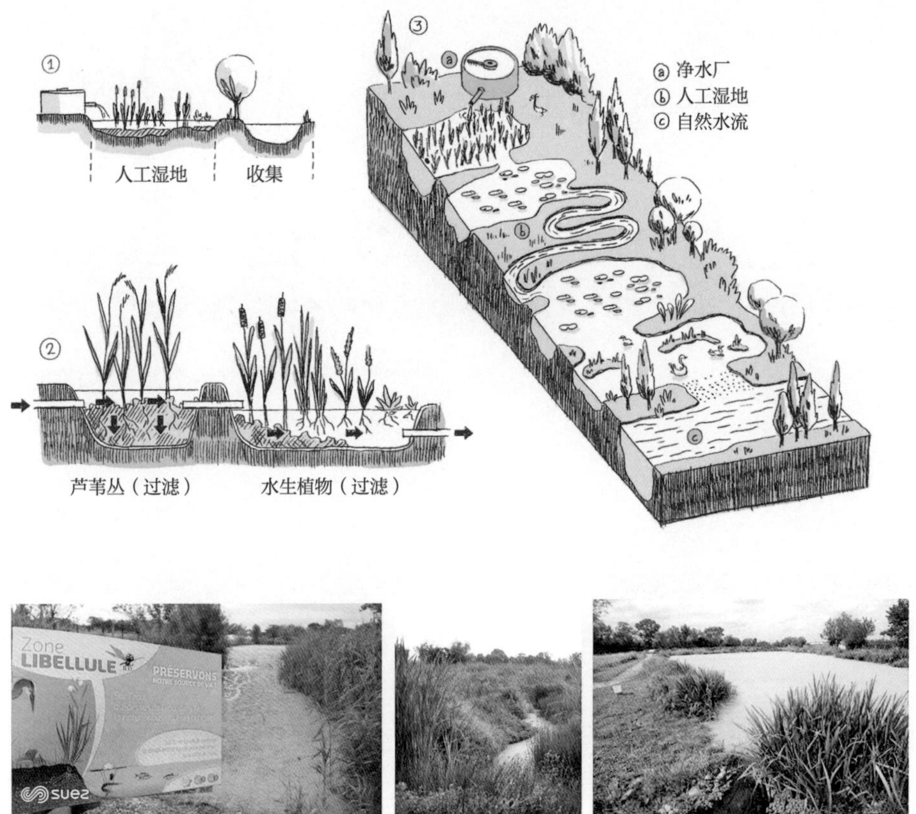

图13-69　人工湿地

为满足日益增长的城市需求，如何合理、有效地循环利用水资源非常重要。在地块和建筑层面，我们鼓励加强对雨水的合理利用，减少水供给需求，通过短环路径进行再利用。例如，将收集的雨水经过简单处理后进行农业的灌溉或工业用途；将经过净化、治污之后的水用于设施、道路的清洁或日常生活的杂用。一些污水由于携带热能，还将用于能量收集与再造，成为可重复利用的能量资源。

对雨水进行可预测管理，控制城市洪水风险。通过Visio控制中心，提供全面的水处理信息服务。通过实时跟踪的管理、流动、消耗等数据，经过智能分析，全面评估风险。我们可以实时监测到各区域的雨水收集情况、水网运转情况、气象情况等，构建水网络模型，预测城市水网系统功能，及时制止水网功能障碍，预警洪水发生。

3. 垃圾的多效利用

随着人们生活质量的提高，垃圾产量日益增长，如何最大限度地实现垃圾资源利用，减少垃圾处置量，改善生存环境质量，是当前世界各国共同关注的问题之一。垃圾分类相比高温焚化处理垃圾的方式更为经济，是对垃圾进行有效处置的一种科学管理方法。垃圾分类需要在垃圾丢弃的源头就进行分类投放，并通过分类的清运和回收使之重新变成资源、减少污染，同时再用于民。在中法生态城规划中，希望强化对于垃圾3R法——“减少—回收—再利用”的宣传，增强市民意识，利用智能收集、真空收集等改善生态城垃圾的收集方式，利

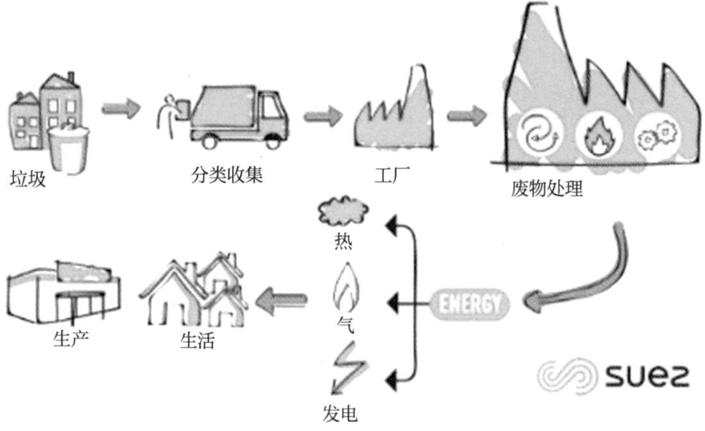

图13-70　垃圾的低碳循环

用智能设备及低碳运输工具降低垃圾运输能耗，设置垃圾站、分类中心，促进垃圾的循环利用（图13-70），实现生态城生活垃圾100%的收集，垃圾回收率达60%，人均垃圾日产量≤0.8kg/人·日的目标。

在所有工作开展之前，是对垃圾收集与回收利用知识的宣传与教育。让居民了解垃圾回收利用的重大效益，可回收的比如废纸、塑料、玻璃、金属和布料，都可以在回收加工后变成新的原料；厨余垃圾经过加工处理后可以变成有机肥料；可燃性高的垃圾还可以焚烧发电等等。这些宣传鼓励市民参与其中，了解分类投放的方式，从源头上做好垃圾收集的基础工作，为后续垃圾的利用打下坚实的基础。

在垃圾收集具体操作上，首先对市民已经分类投放的垃圾进行基础收集。同时，结合地块边缘的补充收集点，对玻璃、危险垃圾进行收集。一些建设强度高的区域，可以尝试实践真空管道收集系统，在建筑内部设置收集终端，通过垂直管道、地下管道、排气阀等，利用气压差将垃圾送至处理中心。在垃圾转运的过程中，我们也强调利用消耗生物气体，带有压缩机的低碳交通工具，或是利用有轨电车在旅客运输外进行运输中转，鼓励使用带有探测器的集装箱，优化收集频率，减少运输次数，最大限度地降低有关垃圾的能量消耗。

在生态城共设置4个垃圾站点，包括收集大体积的垃圾、建筑垃圾和特殊垃圾，以及1个多功能的服务中心，用作宣传、材料交换、维修和再利用。三合一的垃圾系统将“湿垃圾”“干垃圾”分类后，便送往固定区域。可加工的“干垃圾”和大量不可加工的垃圾将发往能源加工站，其中残渣将进入一个处理平台运用于道路下垫面，其他绿色、生物垃圾将用作堆肥处理等（图13-71）。

4. 能源利用的多种情景模式

能源是人类活动的物质基础，如何研发新的绿色能源，并在控制能源消耗的同时，有效利用有限的能源、可回收的能源，是生态城发展过程中需解决的重要问题。规划希望结合生态城的资源现状，开发具有特色的能源潜力，构建生态城能源循环系统。通过100%绿色建筑的生物气候布局，优化空间形态，促进能源集约利用，改善热岛效应。结合什湖和地下冲

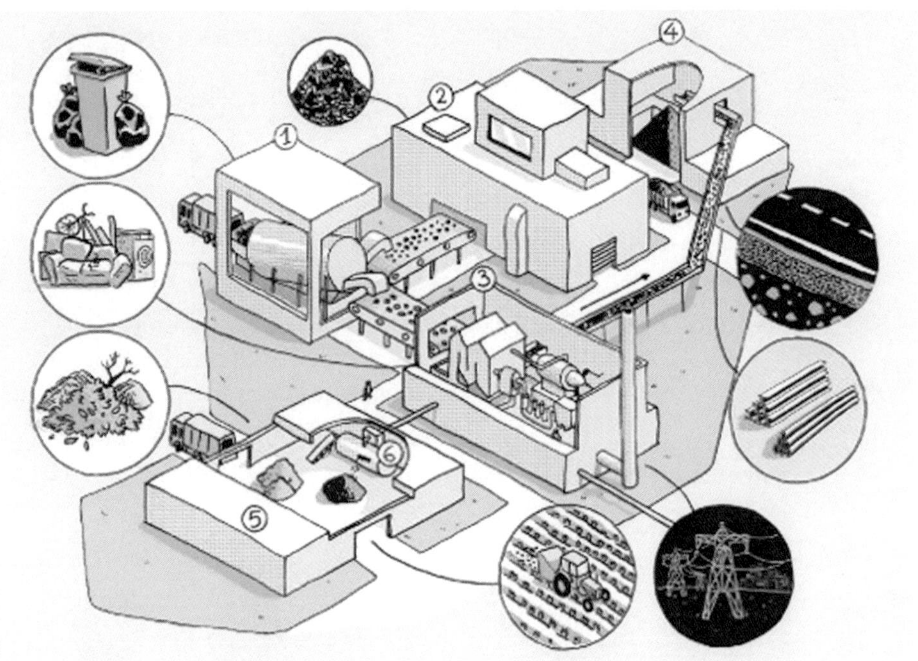

①第一步：三效合一系统能够有效分类“湿垃圾”（有机残留物）和“干垃圾”（高热量）；
②第二步：“湿垃圾”将发往定常区；
③第三步：可加工“干垃圾”和大量不可加工垃圾将发往能源加工站；
④第四步：残渣将引入一个处理平台，并运用于亚层道路；
⑤第五步：绿色垃圾和生物垃圾将在施堆肥处理；
⑥第六步：通过甲烷厂。

图13-71　垃圾的多效利用

击水层的热水回路、废水能量回收、智能监控、碳井等新型再生能源的应用，提出“分散式”“网络式”两种可选择的资源开发模式，并对太阳能、空气热能、工业废能等资源进行综合利用，实现本地能源使用率70%、可再生能源30%、单位GDP能耗≤0.21吨标煤/万元的目标。

中法设计团队在设计中旨在优化生物气候和环境质量，保障建筑能源集约利用、保障建筑内外和公共、私人开敞空间的舒适环境。对照我国《绿色建筑评价标准》和法国HOE绿色建筑评价标准，在生态城全域实践100%的绿色建筑，并保证至少50%的建筑达到二星标准，至少10%的建筑达到三星标准。此外，结合本地的环境条件，通过城市形态设计，优化建筑形态、朝向、位置及其适应小气候的条件和危害（包括阳光、阴影、气流、噪声），保障建筑舒适性的同时，促进能源集约利用（采暖、采光、制冷）。对于应对热岛效应，适应气候变化，增加一些可以渗透和植被化的空间，例如治理雨水的斜沟、湿地或水池，选择反射率较高的透明材质作为街道家具和建筑界面，以缓解热浪。

对于资源开发模式，苏伊士集团提出了“分散式”（图13-72）“网络式”（图13-73）两种。两种模式都是涉及电力、垃圾、水循环这3个方面，其最大的差别在于：“分散式”中的电力、垃圾、水循环都是相对独立的运作系统，“网络式”则是打破了这种独立，将

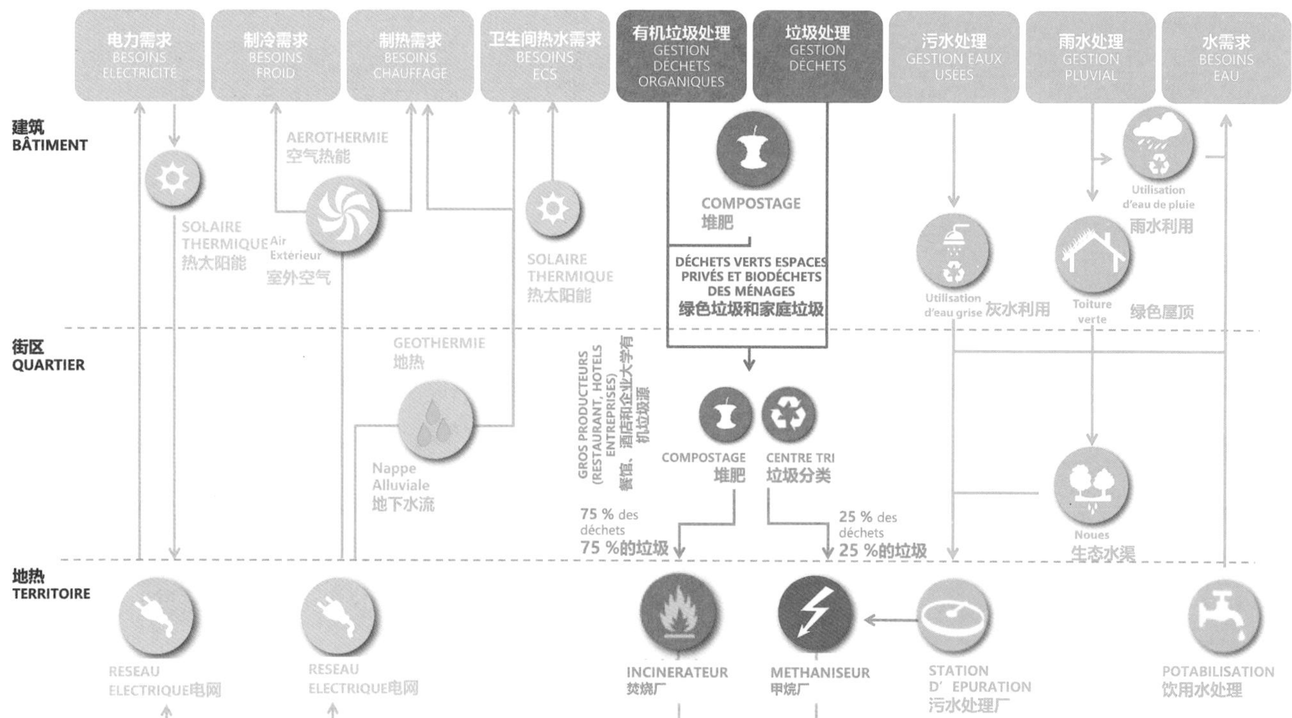

图13-72　分散式资源开发模式

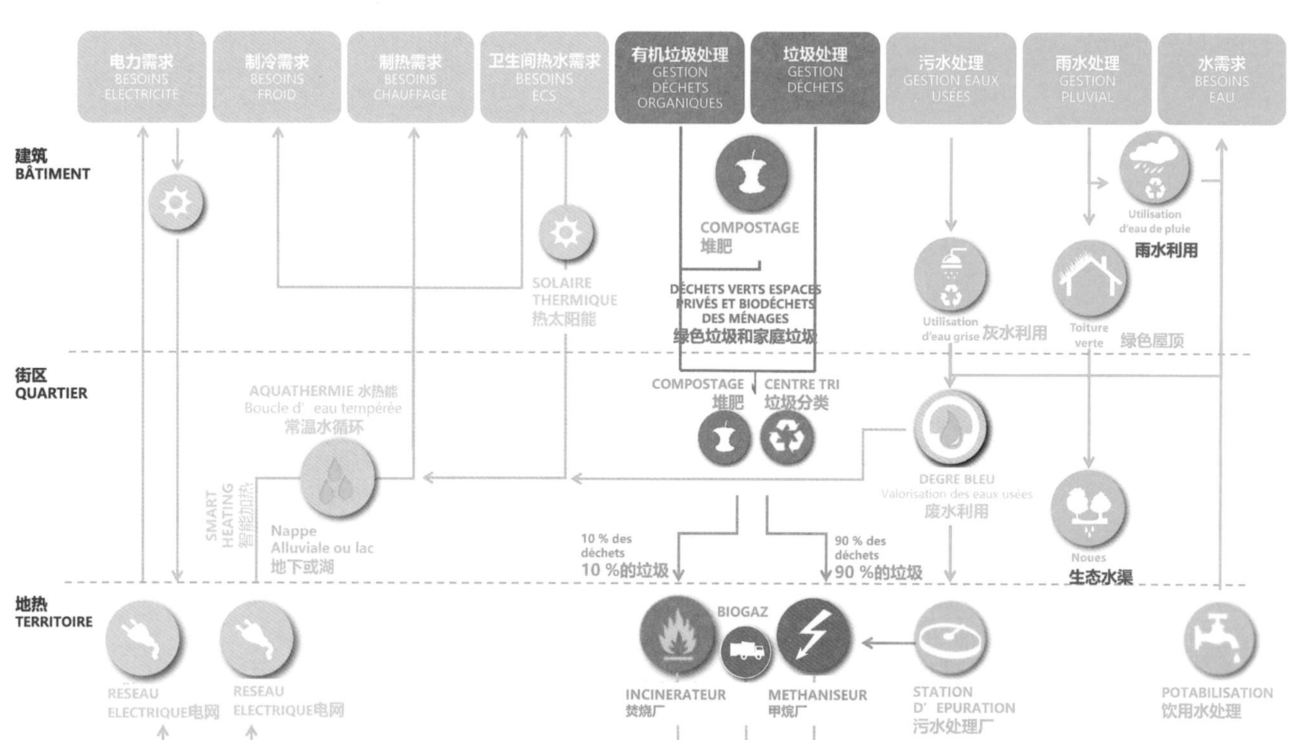

图13-73　网络式资源开发模式

三者置于同一尺度下互相连通。在能源产量上来看，“分散式”情景获得的能源总量低于“网络式”情景所获得的能源总量。但“网络式”情景涉及从研究、实施到管理的复杂性，也涉及更现代的能源、信息技术以及运行阶段对城市能源流的了解和控制，在实践过程中对政府的管控能力、资金支持要求更高。从综合效应来看，我们更鼓励“网络式”情景的应用。

对于生态城丰富的水资源，我们设想利用什湖和地下冲击水层建立热水回路。热水回路区是一个常温7℃～25℃的水网，可在建筑或地块层面服务次级网络，通过热泵满足采暖和制冷的需求。位于什湖边缘的启动区，是最具优势的使用区域，不仅靠近热源，还是高密度区域，住宅与第三产业混合，其所需的热能总量能充分利用该项技术。建筑内部设置的废水热能转换点，能对废水热能进行收集，再经热水泵站协助供暖，以达到废水热能再利用目的（图13-74）。

面对能源的短缺，苏伊士集团和Fermentalg公司共同提出了“碳井”方案，它基于光合作用获取二氧化碳，旨在通过将二氧化碳转化为净化空气、产生绿色能源。它由培养微藻类的水柱组成，这些微藻类具有固定二氧化碳的能力，拥有1立方米水的“碳井”可固定相当于100棵树木的二氧化碳。微藻类在“碳井”中持续繁殖，形成生物量，并通过净水网排入净水厂，在净化的同时，产生服务于城市天然气的生物能（图13-75）。

此外，我们还构建“智能能源与环境”项目，通过能源蓄存、智能电表、智能电网等，监控监测电能、热能以及消耗情况，并分析智能通信设施对水、气、电、热、冷等一系列市政领域的作用。

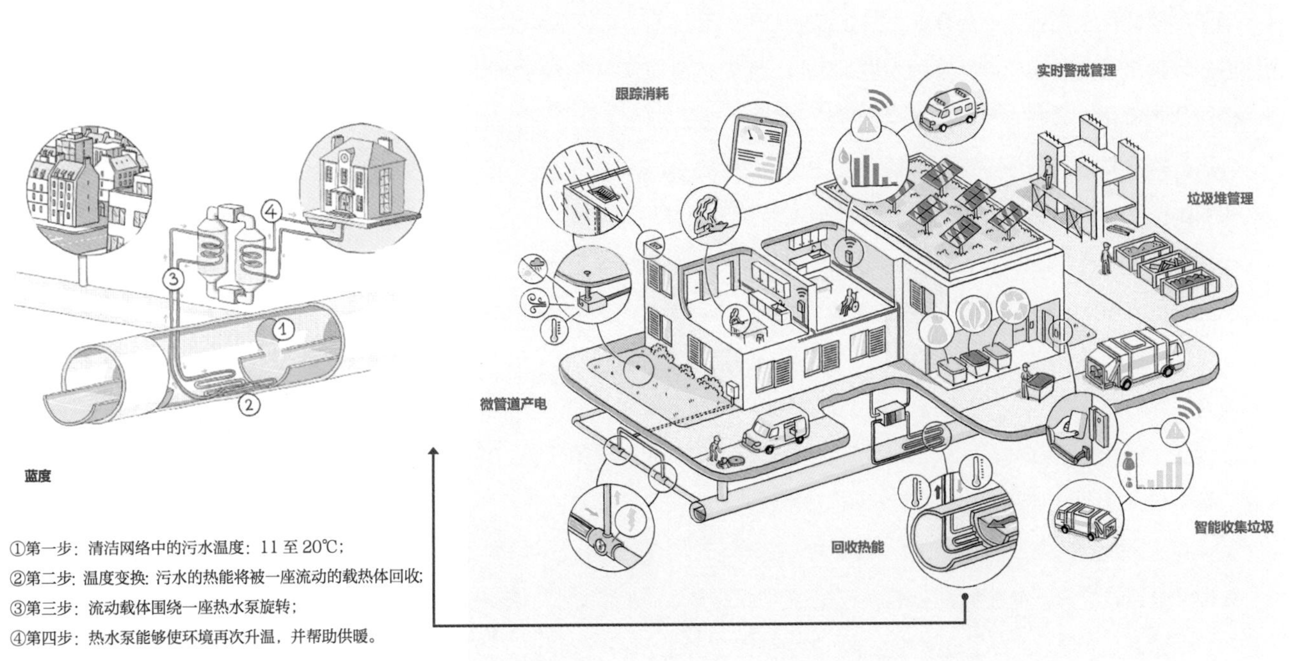

图13-74　废水能源转换点

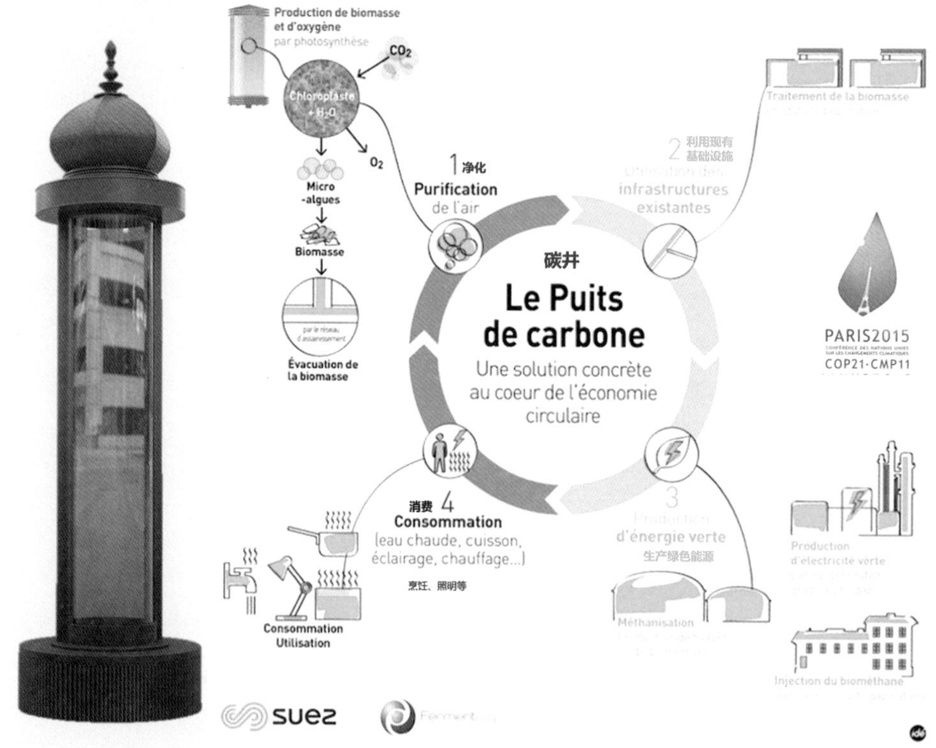

图13-75 “碳井”工作示意图

5. 生态恢复

生态城具有良好的生态资源，希望尽可能减少人为对生态城的干扰，通过辅助人工措施，使遭到破坏的生态系统逐步恢复，并使其依靠生态系统的自我调节能力与自我组织能力，进一步向良性循环方向可持续地演进。为此，我们建议加强生态城南北两侧的生态联系，通过增加绿化、植物去污、控制污水排放等方式，提升湖泊水质、优化生态城空气质量，并进行有效监测，形成有利于自然和城市协调、保障生物多样性的生态系统。恢复生态城的生物多样性，实现全年空气质量好于或等于二级标准天数超过310天。

在现有湖泊的基础上，强化其生态和水文功能，避免湖泊干涸或受到过度开发。各水体间的水文联系应通畅，通过细菌、持续的植物修复对什湖除污，使其达到相应的水质要求，减少湖底沉降物，并有能力承载滨湖的农业景观和旅游活动。

建立北部的农业带、南部的湿地，通过多条南北向的生态廊道、绿化空间共同构建南北生态连续性，以恢复生物多样性。此外，结合生态绿化空间设置试验体验园，开展关于生态恢复的教学与研究。利用空气质量和声环境监测系统监测城市空气质量。

6. 都市农业

在设计讨论过程中，中方团队了解到，在法国“吃在地生产的食物”不是新兴潮流，而是早就出现的消费现象。即使是普通的超市，都会强调食品在地生产的特点，有些餐厅也会特别在菜单上注明食材都来自本土。我们所打造的都市农业，也期待有这样的成效。生态城

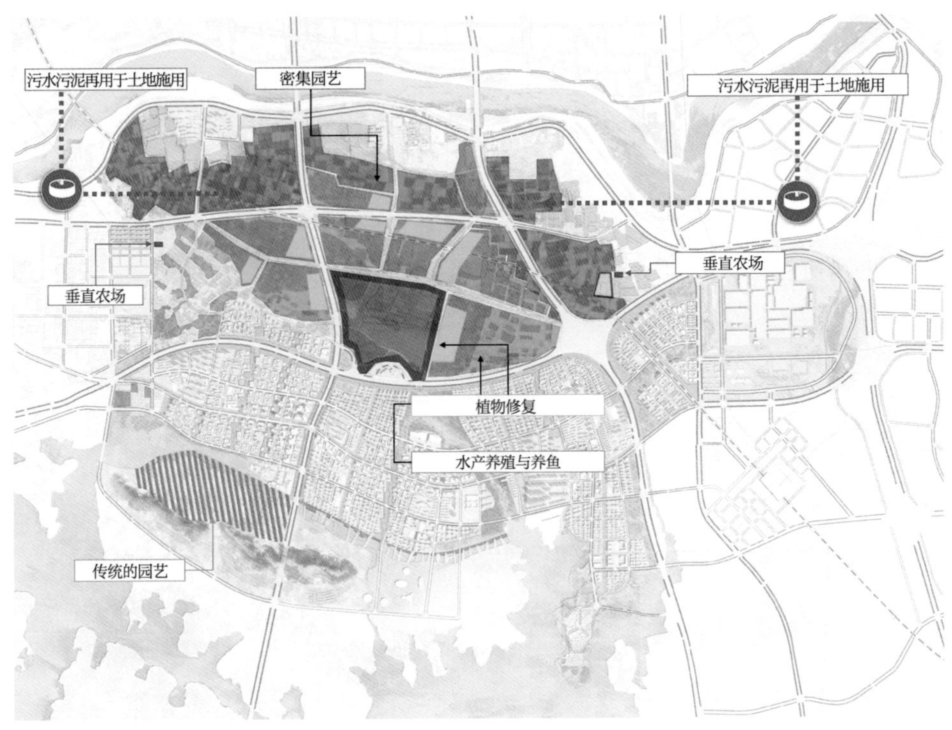

图13-76　都市农业布局

能进行集约化的农业生产，通过生产、加工、销售一体化经营，进而达到农业发展与都市服务的统一。不仅能提供新鲜的农副产品，还能提供丰富的体验空间，还在景观打造和环境保护方面发挥着十分重要的作用。

在整体布局中，通过生态用地来发展现代农业带，并结合屋顶温室、溶液培养温室、垂直农场等多种方式，丰富城市空间形态，抵抗城市气候的制约。采用循环发展的相关措施，比如土壤肥力保持、水和能量资源节约等，降低对资源和环境的破坏、影响，在此基础上鼓励短线销售，促进蔬菜自给，发挥与农业有关的社会性教育，发展农业科教活动（图13-76）。

在低碳生态的几个环节之间，发挥协同作用，利用城市资源（垃圾、能源、水）补给都市农业。例如，由垃圾厌氧消化产生的残渣和堆肥产生的有机物可用于都市农业的肥料，来支撑循环经济。在城市中心、屋顶或公共空间种植具有观赏性或可食用的果树和蔬菜，使都市农田不仅仅是发挥着生产功能，还具有遏制热岛效应，提高空气质量、保护生态多样性、控制径流等多重功效。积极发展短线产销，强调自给自足，降低粮食、果蔬的供给成本，降低价格，减少因为远距离交通运输带来的温室效应气体排放，同时为生态城创造新的就业岗位。

四、渗透：设计方案的生长、细化与落实

（一）设计理念的延续与升级

如果说《中法生态示范城总体规划》是中法生态城建设的总纲领，明确了生态城的建设目标、规划理念、宏观框架与技术支撑；那么《中法生态城总体城市设计》则是对理念的延

续渗透、对目标的深化研究、对结构的升级完善、对框架的分解细化、对空间的个性表达、对技术的渗透落实以及对管控的创新提升。

基于我国特定的城市规划编制、管理和实施制度，城市设计实际上是城市规划工作的一部分，起到补充与承接的作用。城市设计可以起到深化总体规划与指导具体规划实施的作用，同时又可以在城市层面去引导、并一定程度上规范建筑设计。城市设计承续了城市规划中对空间规划、空间结构和用地布局的合理性和“自上而下”对建筑的管控理性。

对理念的延续渗透：遵循“创新、协调、绿色、开放、共享”五大发展理念，并从“人的实际感知”这一角度，提出中法生态城总体城市设计的总体设计理念——“山水、城市与人的相遇”。

对目标的深化研究：严格落实5大类、24小类中法武汉生态示范城规划指标体系内容，基于生态城自身特色对重要指标进行深化研究，提高项目的示范性意义。

对结构的优化升级：基于“一轴、一心、多廊、多组团”的空间结构，进一步提出“东西双心、科技双谷、中法双镇、农旅双环、活力轴带”的功能体系，建立生态大循环的发展思路和功能骨架，细化产业发展目录，实现低碳环保理念与产业经济发展的深度融合。

对框架的分解细化：延续总规整体规划体系，并从中观层面提出六大集中建设组团与非集中建设型组团的分区城市设计指引，从微观层面深化生态街区的设计。

对空间的个性表达：规划提出“生态绿楔廊网串联，组团聚落城绿渗透，轨交引导空间集聚，多样组团活力廊道”城市设计总体框架，并从空间形态控制、风貌特色控制、公共空间引导来实现山水自然界面到城市界面的柔性过渡、多维空间渗透。

对技术的渗透落实：依托全球顶级环境治理集团与全球领先设计事务所在生态街区、环境公共事业方面的经验，建立街区尺度的循环经济模式，通过量化分析使水系统、垃圾搜集处理、能源利用、都市农业产生协同作用。

对管控的创新提升：以落实总体规划生态指标体系为导向，在总体城市设计中创造性提出用地、环境、交通、空间、设施“五位一体”的规划管控指标体系、针对集中建设区、非集中建设区提出差异化分区管理导则、并针对具体地块提出4个方面的精细化设计细则，实现管控导则从二维到三维，从传统单一到生态复合的提升。

（二）设计方案的分解与管控

城市设计是弥补城市规划体系中缺乏“设计城市”的环节，要用设计的手段，对城市格局、空间环境、建筑尺度和风貌进行精细化设计。要让城市设计有用，切实指导和规范建筑工程、公共环境和空间等。

2017年6月1日正式施行的《城市设计管理办法》第三条指出：“城市设计是落实城市规划、指导建筑设计、塑造城市特色风貌的有效手段……通过城市设计，从整体平面和立体空间上统筹城市建筑布局、协调城市景观风貌，体现地域特征、民族特色和时代风貌。”

2017年7月26日，武汉正式成为全国第二批城市设计试点城市。中法生态城总体城市设计作为《城市设计管理办法》正式施行后的第一批城市设计项目，必须做好面向管理的实施探索。

1. 总体思路与原则

生态城规划指标体系作为一个整体，应反映生态城市的内涵和基本特征。目前，研究较多的生态城指标体系都是关于社会、经济和环境的整体目标，较少提出指导物质空间规划和管理的低碳生态城规划指标体系。

当前国内一些城市开展的生态城市指标体系研究存在的问题，主要是社会、经济、环境等方面的指标与城乡规划体系存在缺乏融合的问题，形成两个或几个相互平衡的体系，也有学者在总规层面较好地将生态理念融入到城市规划中，提出了生态城规划标准。设计团队试图将社会、经济、环境和文化等内容有效融入城乡规划体系中各个层次，提出相对综合的、能够反映基本特征的低碳生态城市规划指标体系。

低碳生态城指标体系构建原则为：

可操作性原则。规划指标体系确定目的是为了低碳生态城实施，需要考虑规划编制和管理过程的控制与引导，可操作性是重要原则。

相融性原则。低碳生态城指标与可持续发展城市、环保模范城市创建标准、国家生态园林城市标准、低碳城市指标及其他各类生态城市指标相结合。

可计量原则。提出的指标体系尽可能有定量的表征方法。

区域性原则。每座城市所在区域有其特有的生态环境条件，因此每个城市的低碳生态城实现路径不可能完全相同。

动态性原则。低碳生态城指标的标准不是静态不变的，在不同的时空尺度上可能是不一样的，因此指标标准的确定一定要充分考虑历史演变过程，不能盲目提出难以实施的理想标准。

城市设计工作结合当前武汉市“控规升级版”与“生态绿楔控规”导则编制工作，从可操作性的角度研究总体城市设计的实施路径：通过重新划分编制单元实现控规管理单元与社会管理单元的衔接统一，通过建设型、生态型两类控规导则实现城市设计管控要素的全覆盖，通过“五位一体”的管控体系实现对集中建设区在生态品质主导下的多规融合实践探索，通过分阶段、分深度的两级管控实现对中法生态城的系统管控与精细化引导，通过多项配套规则确保总体规划阶段多项规划控制指标的落地实施。

2. 重衔接：编制单元按社会管理单元重新划分

控规编制单元的划分一般依据快速路、主干道、河流、铁路以及各区现有行政区界，然后在控规编制单元的基础上核算规划可容纳人口，配置各级公共服务设施。然而，随着城市快速发展和社区建设的不断完善，规划建设和社区管理之间不衔接的矛盾暴露出来。控规单元与街道办事处（镇）的管辖范围没有一一对应，造成街镇级设施（居住区级）多配建或者少配建，设施建成后没有对应的管理主体接收，造成规划闲置浪费的现象。2017年，武汉市“控规升级版”工作就针对该问题，重新划分了规划编制单元，试图实现规划管控单元和社会管理单元的衔接统一。

本次工作依据总体规划中九大社区布局，重新划分规划编制单元（图13-77），按照中法生态城居住用地分布、社区公共服务设施配套标准，核算规划可容纳人口并配置各级公共服

图13-77　编制单元编码图

务设施。确保能够达到步行500米范围内居住区免费文体设施覆盖率100%的总规指标要求。

3. 全覆盖：建设型+生态型两类导则覆盖生态城全域

中法生态城总面积为39平方公里，其中建设用地面积17平方公里，非建设用地比例高达56%。总体规划、总体城市设计均将生态城作为整体，针对集中建设区、非集中建设区进行统一设计：多项总规指标均涉及两大区域，如慢行路网比例（≥15km/km^2）、自然湿地、水系比例（≥18%）等；总体城市设计，基于水生态对集中建设区、非集中建设区的水廊道宽度、湖面面积均有量化测量。为确保总体规划目标型指标的贯彻落实，总体城市设计有关设计要求的延续，规划传统的、针对集中建设区规划控制与管理的控规导则的基础上，结合非集中建设区的管控要点，提出生态型控规导则（图13-78）。

不同于建设型导则对用地、设施与空间的全面控制，生态型导则应当遵循“保护优先、两规对接、总量控制、引导提升、刚弹结合”的总体原则，在应保尽保、总量控制的前提下，探索“以建促保”。

生态型控规导则的四大内容包括生态系统控制、生态功能引导、生态村庄引导与综合交通引导。生态系统控制对接生态红线及结构性生态要素，如水廊道、雨水花园等，并通过生态景观建议体现本地植物比、年径流总量控制等内容；生态功能引导则对生态功能区用地规

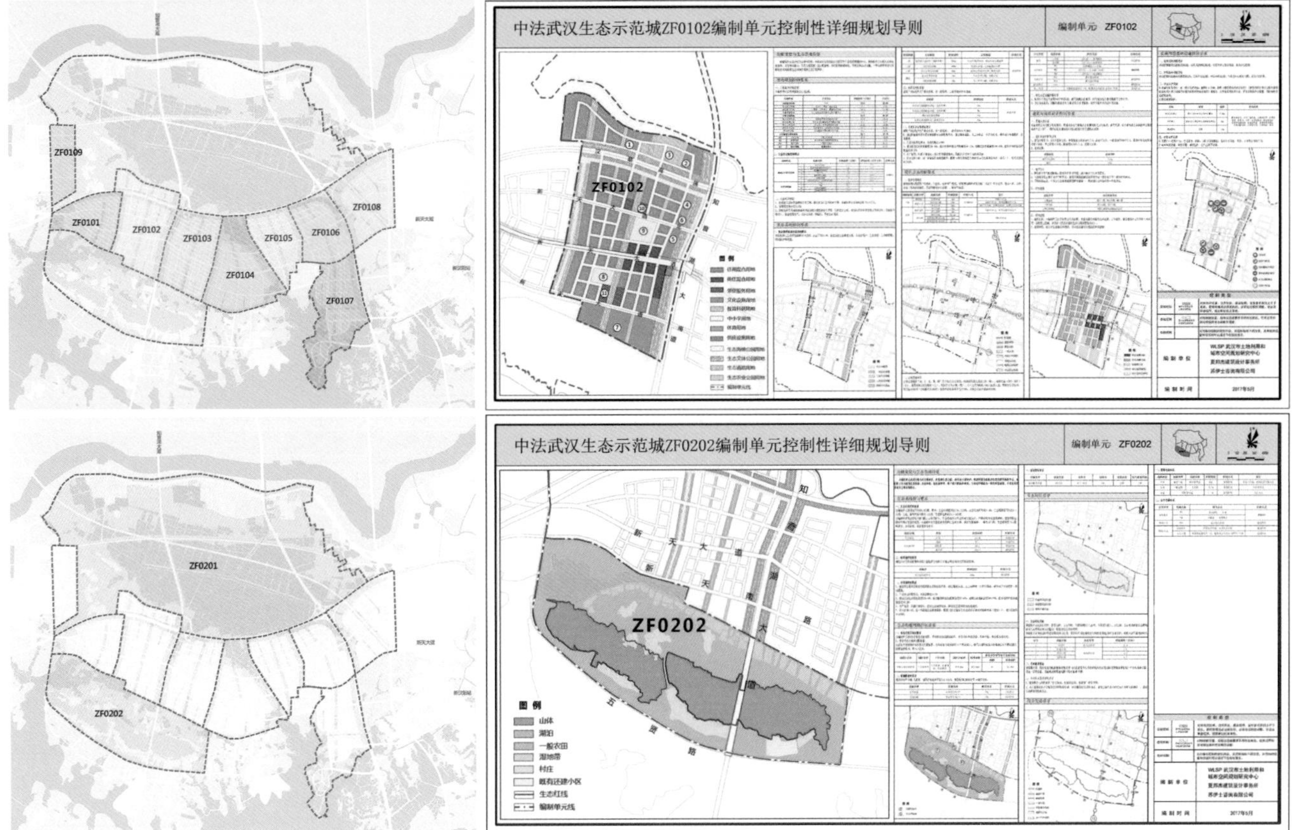

图13-78 控规导则示例

模、设施配套要求与建设控制要求等内容提出要求，同时按照5%以下的比例提出漂浮指标以满足生态旅游、生态农业等产业的发展；生态村庄引导关注原住民的安置与保障问题，同时对于保留型村庄提出建设控制要求；交通引导除了关注道路交通体系外，还对游憩绿道、特色公交进行了建议与引导。

4. 全体系：解读总规指标，构建“五位一体”管控体系

总体规划根据“创新产业之城、协调发展之城、环保低碳之城、中法合作之城、和谐共享之城”的总体目标，针对经济、科技、社会、土地、水、能源、垃圾、交通、文化、自然环境、人工环境、住区、建筑与空间这14个中类目标提出27项具体规划指标及其2030年的目标值。

项目总体城市设计以落实总体规划生态指标体系为导向，结合总体城市设计的思路与原则，将总规指标进行分类优化与升级，并与传统控制性详细规划指标体系进行对接，提出五位一体的规划管控体系：功能混合的用地布局、生态优美的人居环境、绿色低碳的综合交通、开放紧凑的空间形态与智能高效的基础保障（表13-2）。正如夏邦杰的董事长皮埃尔·克雷蒙先生所说：“未来的生态城，不应该是割裂的，而应该是各个体系有机融合、共同作用。”

五位一体的导则控制体系 **表13-2**

功能混合的用地控制	一是用地规划控制，如功能混合用地、其他用地类型；二是公益性设施控制要求，包括新城级、社区级设施配套要求；三是生态社区引导建议，包括人均居住面积、保障性住房比例等建议
生态优美的人居环境	生态景观廊道体系控制要求，水廊道控制要求，其他生态景观建议，如本地植物比例、乔木比例等
绿色低碳的综合交通	道路交通控制、公共交通体系以及绿色交通设施控制，如“P+R”停车场、自行车停靠点等
紧凑开敞的空间形态	景观风貌引导、空间形态引导、地下空间引导、绿色建筑分布与建筑色彩及材质引导
智能高效的基础保障	能源节约利用设施控制、垃圾循环利用设施控制、安全防护设施控制以及智能城市建设引导

本次建设型导则在传统控规导则的基础上，对用地、交通与设施进行了升级，一方面是对这三者的内涵进行了扩展与延伸，从单纯的用地控制、交通控制与设施控制提升为功能混合、绿色低碳与职能高效，同时结合生态城的特点，增加了生态环境部分与空间形态部分两个与环境品质息息相关的板块。通过“五位一体”的生态城控制性指标体系，探索多规融合的管控实施路径。

5. 分阶段：导则、细则分阶段精细化管控

依托总体规划、总体城市设计，控规导则将总体布局与分区城市设计的内容，通过“五位一体”的建设型导则、“生态优先”的生态型导则进行了全面、系统的管控与引导，用于指标各编制单元的建设与设施。但是城市设计的核心价值观是“以人为本、生态优先”，许多与功能混合、城市设计、海绵城市有关的内容无法体现在以1～2平方公里社区为编制单元的控规导则上，而是需要在更小尺度、人实际可感知的尺度上，通过更加精细化的管控工具予以展现。在控规导则的基础上，设计团队提出基于地块尺度的精细化设计细则，从城市功能、建筑设计、公共空间、生态技术方面进行细致而全面的引导，实现管控导则从二维到三维，从传统单一指标控制到生态品质塑造的综合提升（表13-3、图13-79）。

四大精细化城市设计指引 **表13-3**

城市功能指引	对地块的用地性质、业态比例、塔楼栋数与高度、绿地率进行了控制与指引，并利用三维模型的方式进行直观表达
建筑设计指引	对建筑高度、建筑退距、塔楼形式、建筑色彩与材质进行精细化指引
公共空间指引	基于城市设计阶段“聚街心、角广场”等理念，对街心游园、街角广场、共享巷道的位置进行了指引；并根据“慢行主导、人车分行”的要求，对停车场出入口、落客区、步行路径、自行车租赁点进行了综合指引
生态技术指引	生态技术指引则基于城市设计阶段“根须式海绵生态体系”，从生态街区的尺度，对地块内下凹式绿渠、生态滞留区、蓄水设施、低影响开发道路、可透水地面、绿色建筑比例、再生能源设施、垃圾循环利用设施等进行了综合指引

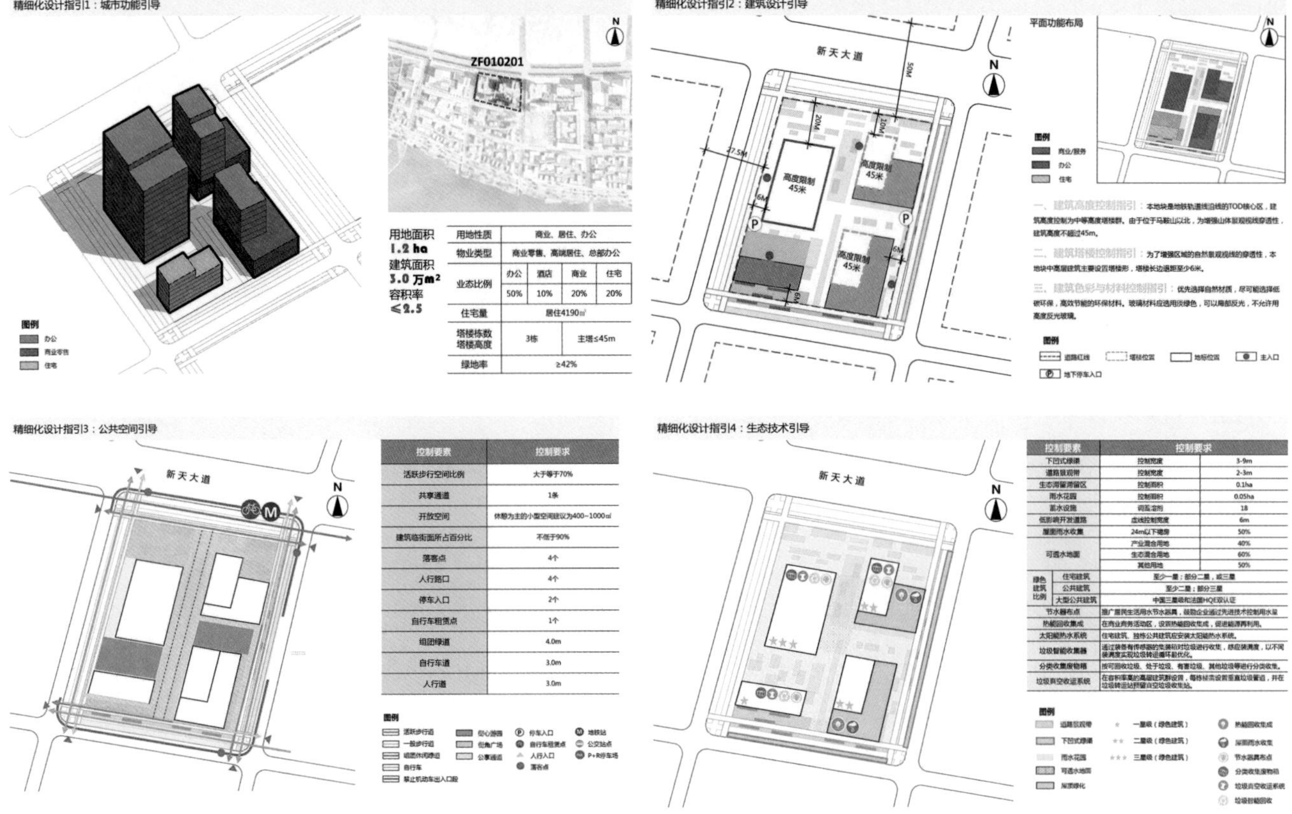

图13-79　四大精细化城市设计指引

（三）设计亮点的转译与落实

城市设计实施的关键在于将抽象的设计构思转化为具体的设计指标或管控抓手。中法生态城城市设计既是对总体规划的延续与继承，又是对总体城市设计的深化与细化：

总体规划明确提出包含5大类、24小类的中法武汉生态示范城规划指标体系，这些规划指标大多是目标型指标，难以落实到城市设计导则或者控规图则中，成为控制型指标，需要通过系统性规划等综合手段共同实现。此外，总体规划提出“小街区、密路网”的交通模式、慢行路网密度要求，相应的建设管理方式也应相应发生调整，特别是建筑退距、道路交叉口路缘石转角半径等相关管控要求。另外，总体城市设计基于人的实际感知，明确中法生态城的空间特色，提出由集中建设型组团、非集中建设型组团构成的六大特色功能板块，提出“高大道、低内街、强节点、柔边界”的整体空间形态。

为确保总体规划指标体系、城市设计设计构思的有效落实，规划结合当地规划管控要求与国内外实践案例，从景观生态系统，小街区、密路网交通模式，功能混合布局，柔性城市空间与低碳生态设施布局等五大城市设计示范亮点入手，提出多项配套设计规则（图13-80）。

1. 雨洪生态走廊

根据总体城市设计的设想，多级生态廊道既是具有生态排蓄功能的海绵生态走廊，同时

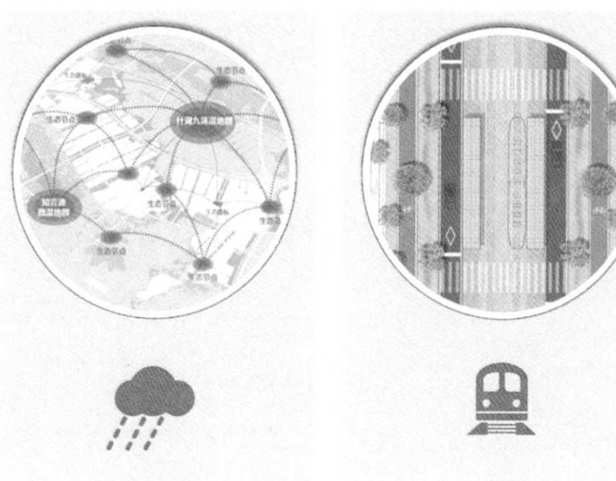

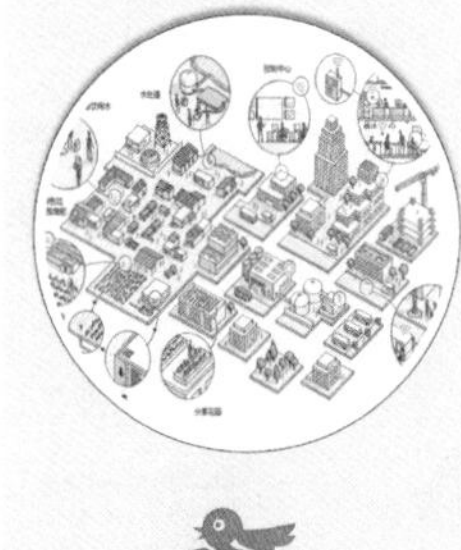

图13-80　城市设计示范亮点

也是市民游憩、活动、通行的公共活动空间，同时根据常水位、洪水位不同时期，雨水存蓄量的不同，沿廊道两侧公共活动绿地的宽度不同。为综合控制这种具有复合功能，随雨水丰、平、枯而产生宽度变化的生态走廊，城市设计工作对传统控制性详细规划中的排水走廊进行了升级，提出雨洪生态走廊控制线、控制洪水位时排水走廊及周边绿化宽度。

2. 绿地率

总体规划提出建成区绿地率≥42%的要求。然而，根据《武汉市城市绿化条例》《武汉市建设工程项目配套绿地面积审核管理办法》等相关技术标准、规范的要求，居住用地绿地率不得低于30%、商业服务业设施用地绿地率不得低于20%，远远达不到42%的要求。但是，按照42%的标准“一刀切”要求所有建设用地绿地率均大幅提升是不现实的。城市设计工作建议整个建成区进行绿地率总体平衡，类比上海市、杭州市、深圳市等地绿化管理及实施内容，建议适当提高生态城居住用地绿地率比例（从30%提高到35%）、非住宅项目按比例折算屋顶绿化计入绿地面积。

3. 绿色建筑布局

按照总体规划绿色建筑比例要求，进一步要求中法生态城范围内大型公共建筑达到中国三星级绿色建筑和法国HQE双认证要求，轨道站点周边及重要的公共服务设施达到三星绿色建筑标准，新天达到沿线两侧建筑达到二星绿色建筑标准，其他建筑则达到一星绿色建筑标准。一星、二星、三星绿色建筑所占用地比例分别为10%、50%与100%。

4. 建筑退距

总体城市设计基于“小街区、密路网”的交通模式设计出三种典型街区，其空间形态具有“高大道、低内街、窄退距、小尺度”的特征。“窄退距”主要是指建筑与道路红线之间的距离。中法生态城的人流方向主要是从地铁站点向南北两侧延伸，因此大多数街区尺度为东西向90米，南北向100～150米。

按照《武汉市建设工程规划管理技术规定》的要求，不同道路宽度两侧的建筑物退让距离，随建筑高度的变化而变化：中法生态城支路宽度最低20米，至少应退距8到15米；次干路宽度为40米，至少退距15～25米。

城市设计工作认为应当在建筑退距上进行适当突破，以适应中法生态城“小尺度、密路网”的交通模式。建议新天大道等主干路两侧建筑退距为10米，新天南路、新天北路等次干路，支路两侧建筑退距为3米。

5. 道路交叉口路缘石转弯半径

横向比较多个征集方案，多家单位均十分注重“林荫道”的设计，高绿量的机动车道路两侧复合形成慢行步道与自行车道。建议降低道路交叉口路缘石转弯半径，达到降低车速的目的，同时保障慢行步道、自行车道在道路交叉口处的无缝衔接（见表13-4）。

中法生态道路交叉口路缘石转弯半径一览表　　表13-4

相交道路	交叉口转弯半径
干路 × 干路 包括主干路（宽 50～60 米）、次干路（宽 30～40 米）	20m
支路 × 干路 支路宽度：20～25 米	15m
支路 × 支路	5m

6. 混合用地弹性比例

混合用地布局是中法生态城总体规划的一大创新，能够有效提升总规规划指标第三产业比例，总体城市设计阶段基本延续上一个阶段的混合用地类型。从可实施性的角度出发，建议混合用地指标（商住用地、住商用地、一类居住用地、邻里服务用地）占比延续总规要求；按管理单元控制混合用地比例，管理单元内部，同类混合用地可进行商业、办公、酒店功能的比例调节，弹性用途占总开发量比例不超过10%，确保调整后混合用地功能不得少于两种。

7. 邻里服务用地

城市设计提出构建15分钟社区生活圈的理念，并指出社区中心应当居中均衡布局以实现最佳服务效率，兼顾公益性功能（学校、养老设施等）与经营性功能（超市、咖啡厅等）以塑造富有人气与活力的交往氛围，紧邻生态廊道、大型公园塑造亲近自然、丰富多样的共享空间等设计原则。为确保社区中心用地供给，规划提出新的混合用地类型——邻里服务用地，兼容50%的公共管理与公用服务设施用地、50%的商业服务业设施用地，并具有混合用地弹性比例。

8. 慢行专用道

总体城市设计提出开放式生态街区，并提出通过取消集中建设区边缘、生态廊道边缘地区机动车通行道路柔化自然与城市的边界。与此同时，总体规划提出到2030年，慢行路网密度达到15km/km^{2}的标准。结合武汉市湖泊“三线一路”的管控经验，在城市设计工作中提出通过类似“环湖路”“公共通道”的慢行专用道来锁定建成区、生态廊道边界，提升慢行路网密度，并确保生态区域的步行可达与开放性。

9. 聚街心、角广场

总体城市设计提出根据开放街区之间步行流线设计共享空间的原则（图13-81），控制“街心游园—共享街道—角广场—共享街道—街心游园”步行流线上面的“角广场”“共享街道”两大设计要素：建筑物应当退让城市规划道路交叉口，其退让范围是城市规划道路红线直线段与曲线段切点构成的矩形；地块内部虚线控制2～5米宽、形式自由的共享街道，联系街心游园与角广场，同时配合景观水渠形成海绵排蓄功能（宽5米）。

10. 重示范：城市设计特色示范要素纳入控规管控体系（表13-5）。

图13-81 共享街道的设计原则
注：图片来自国际公益网络平台：LVBLCITY.

城市设计特色管控要素 表13-5

设计亮点	控制指标	控制内容	控制方式	弹性要求
1. 生态示范	雨洪生态走廊	生态走廊线型、宽度	虚线控制	边界线型可根据设计方案调整
	绿地率	总体 42%（居住用地 35%）	指标控制	—
	绿容率	居住用地 55%；商业 + 公服 35%	指标控制	—
	绿色建筑比例	控制不同类型建筑星级要求；控制二星建筑范围	虚线控制	二星建筑范围可根据实际情况调整
2. 小街区、密路网	路缘石转弯半径	根据道路等级减少转弯半径	控制转弯半径	—
	建筑退距	主要道路 10m，其他道路 3~5m	控制退让距离	—
3. 混合用地	商住混合用地	办公 50%，住宅 20%，商业 20%，酒店 10%	指标控制	—
	住商混合用地	住宅 65%，办公 15%，商业 10%，基础设施 10%	指标控制	管理单元内弹性比例不超过 10%
	邻里服务用地	商业、公共管理与公共服务	指标控制	—

续表

设计亮点	控制指标	控制内容	控制方式	弹性要求
4. 柔性空间	建筑高度	详见导则	导则引导	可结合设计方案调整
	开发强度	详见导则	指标控制	—
	角广场	控制交叉口建筑退距	条款要求	—
	公共空间	街区内部控制 1~2 个公共空间	虚线控制	公共空间面积与位置可结合设计方案调整
	共享通道	街区内部 2~5 米虚线控制	虚线控制	—
	慢行专用道	绿廊边界 6~10 米双虚线控制	虚线控制	—
5. 低碳设施	分布式能源站	用地规模	实线控制	—
	充电桩	位置、数量	点位控制	—

附录

规划大事记（2010～2017年）

2010年

4月　湖北省人民政府与法国生态、能源、可持续发展和海洋部签署的《关于在城市可持续发展领域合作的意向书》明确将武汉城市圈作为城市可持续发展合作示范地区。

2013年

4月　住建部与法国区域平等和住房部，法国生态、可持续发展和能源部共同签署了《关于城市可持续发展的合作协议》(2013～2018)。

7月　法国总理埃罗致信李克强总理，正式提出希望法中合作在武汉城市圈合作建设一座可持续发展示范新城。

10月　湖北省委书记李鸿忠与法国生态、可持续发展和能源部部长飞利浦·马丁先生以及法国外交部部长中国事务特使玛蒂娜·奥布里女士签署了《关于城市可持续发展和中法生态新城的会议纪要》。

2014年

1月28日　武汉市政府召开会议全面推进中法生态城规划相关工作，由武汉市规划研究院承担中法生态示范城选址规划及相关规划研究工作。

2月6日　中法双方领导和专家召开视频交流会，对98平方公里选址范围进行了讨论。

2月8日　湖北省政府听取中法生态示范城选址规划及相关工作情况。

2月10日　武汉市委市政府听取法生态示范城选址规划及相关工作情况。

2月14日　湖北省政府、武汉市政府向住房和城乡建设部部长姜伟新汇报中法生态城相关工作情况。

2月25日　武汉市政府向住房和城乡建设部副部长仇保兴汇报中法生态示范城选址规划工作情况。

3月4日～8日　法国专家组代表团一行6人实地考察了生态城项目选址，基本确定生态城选址范围在武汉都市区西部，蔡甸区与汉阳区交界处。

3月26日　在中国国家主席习近平和法国总统奥朗德的共同见证下，中法双方政府代表在巴黎签署了中法《关于在武汉市建设中法武汉生态示范城的意向书》。

4月17日　湖北省政府召开中法生态城工作推进会，成立省级领导小组，并提出下一步规划的3个阶段，一是邀请国际有生态城规划建设经验的知名设计机构开展概念规划编制工作；二是在此基础上，开展生态城总体规划编制（即分区规划层面的法定规划）；三是开展专项规划及城市设计落实规划设想，指导具体建设。

4月23日　法国开发署代表团拉鲁先生、法国开发署驻华代表处战略与发展处官员梦山女士考察了解生态城项目，听取规划前期研究初步成果，法方对中方规划推进速度给予高度评价。双方认为下一步要加快确定联合工作小组，制定详细的工作计划，共同编制有关规划。

4月28日　武汉市政府组织召开中法生态示范城项目工作推进会，对下一步工作的推进机制、规划、投融资平台、拆迁、招商、组织架构等问题提出了要求。

5月19日　武汉市政府常务会专题研究中法武汉生态示范城推进工作，确定了“全域规划、产城融合、生态新城、城城对接”十六字理念。

5月22日　武汉市委常委会专题讨论通过了《关于加快推进中法武汉生态示范城建设的意见》。

6月12日～21日　武汉市市长唐良智率团出访法国、南非、苏丹三国，与法国外交部中国事务特别代表玛蒂娜·奥布里签署共同声明，决定组建武汉中法生态城工作推进委员会。

10月26日　湖北省省长王国生率领政府代表团对法国巴黎、里尔进行了友好访问。作为此行的重要成果之一，法国外交部中国事务特使马蒂娜·奥布里会见了代表团一行，出席中法城市可持续发展圆桌会议，并就推动鄂法合作进行了深入会谈，签署一系列共建中法可持续生态新城项目。

10月30～31日　由武汉市人民政府、法国驻武汉总领事馆主办，武汉市外办、中法武汉生态示范城管委会、蔡甸区人民政府承办的第一届中法城市可持续发展论坛圆满举行。

12月4日～5日　武汉市副市长带领相关部门拜会了外交部、住建部、铁路总公司、法国驻华大使。住建部对我市积极主动推进中法生态城工作表示肯定，同时对下一步中法生态城工作提出了如下建议：一是采取中法双方合作开展工作的方式；二是规划以目标和指标为基础，中法双方共同确定；三是将中法生态城纳入新一轮总规，并按程序上报审批。

12月13日～19日　由城市规划、能源环境、交通市政、绿色建筑、生物多样性、经济发展等6个专题工作组构成的法方专家团队一行20人来武汉调研，对中法武汉生态城及周边区域进行了现场踏勘，并分别与市直有关单位开展了专题座谈。

2015年

2月10日　中法武汉生态示范城管委会、武汉市国土资源和规划局联合组织召开了《中法武汉生态示范城总体规划》全国专家咨询会。会议听取了市国土规划局关于生态城前期工作情况和前期研究成果的汇报，法方介绍了诊断阶段初步设想和下一步工作打算，全国各领域专家就生态城规划编制方法、理念、思路和相关工作途径进行了研讨，就中法双方规划专家技术交流平台以及中法规划技术协调小组的搭建提出意见和建议。

4月20日～23日　法方专家团队一行十多人来汉进行第一阶段专题研究成果的汇报和交流，省市领导、相关部门、中方专家团队参加了一系列会议的交流。

5月19日～20日　法方技术团队来汉进行总体规划第一阶段草案交流。

5月27日～29日　法方技术团队来汉进行总体规划第二阶段对接，分别就城市规划、交通与出行、能源/水/空气/气候/垃圾、绿色建筑、经济发展与市政服务、住房与公共设施、生物多样性等专题进行了深入沟通和交流。

6月30日　李克强总理访法期间与法国领导人会谈时就尽快落实生态城项目建设作出重要指示，回国后就生态城项目作出重要批示，要求协调推进生态城项目建设。

7月1日　湖北省副省长曹广晶带领中方团队，在法国外交部与玛蒂娜·奥布里女士带领的法方团队召开中法生态城第三次战略委员会。中法双方技术团队分别介绍了生态城总体规划的核心内容以及工作进展情况，中法双方高层领导充分交换了意见，并对生态城的总体规划、发展方向、宣传招商等领域进行了交流和磋商。

7月2日　湖北省副省长曹广晶率代表团出席里昂全球气候与地区峰会，就湖北省可持续城市发展、温室气体排放控制及中法武汉生态示范城建设等内容作大会主旨演讲。

9月22日～23日　中法技术团队开展总体规划第三阶段对接会，明确生态城总体规划双方达成共识的主要内容，以及有待继续深化的主要内容。

10月30日　中法技术团队进行了最后一次成果深入交流，总体规划内容基本达成一致；并就第二届中法城市可持续发展论坛筹备工作进行了讨论。

11月9日　在中法友谊大桥通车仪式的见证下，武汉迎来了第二届中法城市可持续发展论坛。中法双方技术团队代表将近一年来共同合作的生态城总体规划主要内容进行了简要汇报。

11月30日～12月11日　《联合国气候变化框架公约》第21次缔约方会议（世界气候大会）于巴黎举行，中法武汉生态示范城总体规划成果也在大会上进行全球展示和推广。

12月4日　湖北省住建厅、武汉市规划局带领技术团队向住建部汇报生态城总体规划工作情况及总规方案。

12月　国务院批复由住建部牵头，包括外交部、国家发展改革委、科技部、工业和信息化部、财政部、国土资源部、环境保护部、交通运输部、商务部、中国人民银行、国家税务总局、国家外汇管理局等13个部委及湖北省政府、武汉市政府共同参与组成中方协调小组，负责协调推进中法武汉生态示范城建设，组织有关部门和地区研究生态示范城规划建设发展过程中的重大问题。

2016年

1月26日　武汉市政府、湖北省住建厅带队赴住建部就中法生态城总体规划及武汉市城市总体规划编制等有关工作向倪虹副部长进行了汇报。倪虹副部长肯定了前期规划工作，认为规划将“十三五”五大理念与生态城发展目标相结合，并转化为量化的指标体系，这一做法值得示范和推广。作为国家级示范项目，为进一步做好中法生态城规划及实施工作，提出如下要求：确保中法生态城总体规划遵循上位规划；突出中法生态城与中新天津生态城的差异性和特色；应突出“宜居城市”的理念；研究相关政策，寻求各部委支持。

1月28日　武汉市政府组织中法生态城建设工作领导小组第一次全体会议，听取中法生态城管委会近期工作情况。

4月28日　召开中法武汉生态示范城总体规划视频会，在北京、武汉和法国巴黎同时举行。湖北省住建厅、武汉市政府、中法武汉生态示范城管委会及中方团队等在武汉出席视频会，法国外交部、经济部、环境可持续发展和能源部、法国开发署相关负责人以及时任法国驻汉总领事马天宁，分别在北京、巴黎和武汉出席视频会。

6月17日　武汉市政府组织召开中法生态城建设工作领导小组第二次全体会，听取了生态城总体规划的最新方案及存在问题，提出尽快上报生态城总体规划，并启动项目建设。

7月14日　湖北省住建厅、武汉市政府、中法武汉生态示范城管委会向住房和城乡建设部副部长黄艳汇报了生态城总规编制情况。黄艳副部长强调了“生态、生产、生活”的融合与共生，尊重城市的自然发展规律，用最新的理念来实现转型发展；提出生态城总规应加强与武汉市总规的衔接，避免摊大饼式的扩张；基于基地丰富的水网，做足水文章，从武汉市纳水系统及水生态系统统筹考虑总体规划。

8月19日　住建部派出绿色城市、交通、水系统等方面的专家对武汉市中法生态城进行实地调研，对规划提出了全面的指导意见，主要涉及贯彻绿色生态理念、严控规模和开发边界、合理控制开发强度、实现产业错位发展等方面内容。

9月5日　湖北省、武汉市和生态城管委会再次向住建部及专家组汇报了总规编制情况。

9月26日　第三届中法城市可持续发展论坛在蔡甸举行。

10月18日　住建部副部长黄艳带领专家团队来武汉实地调研中法武汉生态示范城，并召开了生态城规划建设专家研讨会。会议认为生态城总体规划成果全面、理念超前，符合当前倡导的生态城市发展方向，并且与武汉城市总体规划衔接较好。同时提出成果内容和指标体系简化的要求，在下一步工作中应坚持复合生态理念，并在建设方式创新、加快推进中方协调小组会议相关事宜、完善工作机制等方面重点推进。

2017年

2月初 住建部根据中法武汉生态示范城中方协调组工作职责，就总体规划成果征求了包含外交部、国家发改委、科技部、工信部、财政部、国土资源部、环保部等13个成员单位意见。

2月21日 《中法武汉生态示范城总体规划（2016~2030）》由湖北省人民政府正式批复。

2月23日 法国总理贝尔纳·卡泽纳夫在访问武汉期间专程参观访问中法武汉生态示范城项目，并向全球推介。他希望中法生态城能建成未来在法国、中国和世界其他国家可供参考的成功案例。法国驻华大使顾山、中国驻法国大使翟隽、湖北省和武汉市主要领导参加了推介会。

参考文献

1. 杨培峰，易劲．“生态”理解三境界——兼论生态文明指导下的生态城市规划研究[J]．规划师，2013，1．
2. 丁金华，陈雅珺，胡中慧．低碳旅游需求视角下的乡村景观更新规划——以黎里镇朱家湾村为例[J]．规划师，2016，1．
3. 沈清基．论基于生态文明的新型城镇化[J]．城市规划学刊，2013，1：29－36．
4. 任绍斌，吴明伟．可持续城市空间的规划准则体系研究[J]．城市规划，2011，2．
5. 李月寒，何佳，包存宽．我国现行空间规划的职责交叉与亟待正确处理的四大关系——基于《生态文明体制改革总体方案》的分析[J]．上海城市管理，2016，1．
6. 谢涤湘．生态文明视角下的城乡规划[J]．城市问题，2009，4．
7. 田健，曾穗平．社会生态学视角下的城镇体系规划方法优化与实践[J]．规划师，2016，1．
8. 殷广涛，黎晴．绿色交通系统规划实践——以中新天津生态城为例[J]．城市交通，2009，7：58-65．
9. 索亚旭，李达耀，王乾森等．绿色生态城区中交通规划的策略分析——以深圳光明新区为例[J]．城市发展研究，2015，增刊1：1-5．
10. 减鑫宇．生态城街区尺度研究模型的技术体系构建[J]．城市规划学刊，2013，4：81-87．
11. 邬尚霖．低碳导向下街区尺度和路网密度规划研究[J]．华中建筑，2016，7：29-33．
12. 蔡军，路晓东．路网密度对城市公共汽车交通发展的影响[J]．城市交通，2016，2：1-9，58．
13. 付予光，李京生，李将．上海崇明东滩生态城规划中关于土地使用及停车规划的思考[J]．上海城市规划，2007，2：12-14．
14. 申凤，李亮，翟辉．“密路网，小街区”模式的路网规划与道路设计——以昆明呈贡新区核心区规划为例[J]．城市规划，2016，5：43-53．
15. 武汉市规划研究院．武汉市“窄马路、密路网”研究．2016．
16. （美）刘易斯·芒福德．城市发展史——起源、演变和前景[M]．宋峻岭译．北京：中国建筑工业出版社，2005．
17. 杨宝军，董珂．生态城市规划的理念与实践——以中新天津生态城总体规划为例[J]．城市规划，2008，8：10-14．
18. 彭宜欣．绿色产业科技创新与可持续发展[J]．区域经济，2010，6．
19. 张智．中新天津生态城的规划建设模式分析[J]．城市，2008，9．
20. 俞孔坚，李迪华，刘海龙．“反规划”途径[M]．北京：中国建筑工业出版社，2005．
21. 吴良镛人居环境科学导论[M]．北京：中国建筑工业出版社，2006．
22. 徐刚，齐二石，彭莲．中新天津生态城节能产业发展思路[J]．未来与发展，2009，2．
23. 杨保军，孔彦鸿，董柯．中新天津生态城规划目标和原则[J]．建设科技，2009，15．
24. 蔺雪峰．中新天津生态城：可持续发展的示范新城[J]．城乡建设，2009，11．
25. 周岚，张京祥．低碳时代的生态城市规划与建设[M]．北京：中国建筑工业出版社，2010．

26. 仇保兴. 紧凑度和多样性——中国城市可持续发展的核心理念[J]. 城市规划，2006，11：18-24.
27. 陈飞，诸大建. 低碳城市研究的内涵、模型与目标策略确定[J]. 城市规划学刊，2009，4：11-13.
28. 吴志强，王效俐，孙靖文. 低碳产业园建设策略研究[J]. 经济论坛，2010，11：157-159.
29. 崔广志，生态之路——中新生态城五年探索与实践[M]，北京：人民出版社，2013.
30. 李景源. 中国生态城市建设发展报告（2012）[M]. 北京：社会科学文献出版社，2012.
31. 郝文升，赵国杰. 低碳生态城市的区域协调发展研究——以中新天津生态城为例[J]. 城市发展研究，2012，4.
32. 王荃. 基于可持续发展理念的规划策略——天津市“中新生态城”解读[J]. 城市规划学刊，2009.
33. 许世光，李箭飞，曹轶. “工业邻里”在高新技术产业园区规划的实践——以广州南沙区电子信息产业园为例[J]. 城市规划，2013，5：42-46.
34. 贺传皎，王旭，邹兵. 由产城互促到产城融合——深圳产业布局规划的思路与方法[J]. 城市规划学刊，2012，5：30-36.
35. 汪光焘. 建设节约型社会必须抓好建筑“四节”——关于建设节能省地型住宅和公共建筑的几点思考[J]. 土木工程学报，2005，38（4）：1-4.
36. 伊恩·伦诺克斯·麦克哈格. 设计结合自然[M]. 天津：天津大学出版社，1967.
37. 李道增，王朝晖. 迈向可持续建筑[J]. 建筑学报，2000. 12.
38. White G.. E. and Ostwald. P.H. Life cycle costing[J]. Management Accounting，1976，1，39-42.
39. John Ke11y，Steven Male，Drummond Graham. Value Management of Construction Projects[M]. Black well Publishing.
40. 段胜辉. 绿色建筑评价体系方法[D]. 重庆：重庆大学，2007.
41. 龙惟定. 建筑节能与建筑能效管理[M]. 北京：中国建筑工业出版社，2006.
42. 江亿，林波荣. 北京奥运建设与绿色奥运评估体系[T]. 建筑科学. 2046（11），Vo1. 22.
43. 刘慧，张蕊，李忠富. 绿色建筑全寿命周期的费用一效益分析[J]. 建筑管理现代化，2008，6：50-52.
44. 维克多·奥戈雅. 设计结合气候：建筑地方主义的生物气候研究[M]. 1963.
45. 李向华. 绿色建筑的经济性分析[D]. 重庆大学. 2007.
46. （丹麦）杨·盖尔. 交往与空间[M]. 何人可译. 北京：中国建筑工业出版社，1992.
47. （德）R·克里尔. 城市空间. 钟山译. 上海：同济大学出版社，1991.
48. （日）浅见泰司. 居住环境：评价方法与理论[M]. 高晓路译. 北京：清华大学出版社，2006.
49. （英）埃比尼泽·霍华德. 明日的田园城市[M]. 金经元译. 北京：商务印书馆，2000.
50. （英）大卫·路德林，尼古拉斯·福克. 营造21世纪的家园：可持续的城市邻里社区[M]. 王健译. 北京：中国建筑工业出版社，2005.

51. （英）W·鲍尔．城市的发展过程[M]．倪文彦译．北京：中国建筑工业出版社，1981.
52. 黄光宇，陈勇．论城市生态化与生态城市[J]．城市环境与城市生态，1996，6.
53. 杨东援．国内外生态城市理论研究综述[J]．城市规划，2001，1.
54. 何舒文．分散主义：城市蔓延的原罪——论分散主义思想史[J]．规划师，2008，11.
55. 王如松．转型期城市生态学前沿研究进展[J]．生态学报，2000，5.
56. 沈孝辉．世界顶级生态城市库里蒂巴[J]．决策与信息，2007，10.
57. 于萍．瑞典的哈马碧滨水新城[J]．城市住宅，2011，11.
58. 薛明．BedZED——综合应用生态策略的典范[J]．资源与人居环境，2004，4.
59. 刘嘉．贝丁顿生态村的低碳启示[J]．资源再生，2010，3.
60. 李海龙，于立．深圳市低碳生态示范城市建设[J]．建设科技，2011，15：39-43.
61. （美）辛西娅·格林，雷纳德·凯利特．小街道与绿色社区[M]．范锐星译．北京：中国建筑工业出版社，2010.
62. 肖楚田，肖克炎．海绵城市：植物净化与生态修复[M]．南京：江苏凤凰科学技术出版社，2017.
63. （法）苏菲·巴尔波，海绵城市[M]．夏国祥译．南宁：广西师范大学出版社．2015.
64. 夏胜国，王树盛，曹国华．绿色交通规划理念与技术——以新加坡·南京江心洲生态科技岛为例[J]．城市交通，2011，4：66-75.
65. 丁年，胡爱兵，任心欣．深圳市光明新区低影响开发市政道路解析[J]．上海城市规划，2012，6：96-101.
66. 陈宏亮．基于低影响开发的城市道路雨水系统衔接关系研究[D]．北京建筑大学，2013.
67. 吴挺可，黄亚平．共享街道的理论与实践及在中国的适应性思考[C]//持续发展 理性规划——2017中国城市规划年会论文集．北京：中国建筑工业出版社，2017.
68. 颜文涛，王正，韩贵锋．低碳生态城规划指标及实施路径[J]．城市规划学刊，43.
69. 王建国．21世纪初中国城市设计发展再探[J]．城市规划学刊．2012，1：1-8.
70. 王亚男，韩仰君，马春华．控制性详细规划编制与社会管理体制衔接研究——以天津市中心城区为例[C]//新常态：传承与变革——2015中国城市规划年会论文集．北京：中国建筑工业出版社，2015.
71. 上海市规划和国土资源管理局．上海15分钟社区生活圈规划研究与实践[M]．上海：上海人民出版社，2017.
72. （美）约翰·伦德·寇耿，菲利普·恩奎斯特，理查德·若帕波特．城市营造：21世纪城市设计的九项原则[M]．南京：江苏人民出版社，2013.
73. 刘浩，单樑，黄汝钦．前海城市设计故事——深圳前海2、9开发单元城市设计与导控[J]．城市建筑，2014，10：83-88.
74. 范华，代兵．新加坡“白色用地”规划的经验与启示[EB/OL]．http：//www.gtzyb.com/guojizaixian/20161025_100592.shtml，2016-10-25/2018-5-28.
75. 景观中国．纽约佩雷公园[EB/OL]．http：//www.landscape.cn/works/photo/park/ 2014/1013/153187.html，2014-10-13/2018-5-28.

后记

“罗马并非一日建成”，生态城的规划和建设也非朝夕之功。

欲要营城，规划先行。自2014年3月26日中法生态城确定落户武汉蔡甸，对其愿景的勾画历时近三年，旨在构建完善而具超前性的城市规划体系。该体系囊括了概念规划、总体规划、专项规划、城市设计等一系列规划，由于篇幅有限，主要选择其中能清晰展现思想脉络生成的部分进行梳理、分解、再阐述，共形成三篇十三章，反映了中法生态城自选址落户至规划体系逐渐成形的主要过程，篇前设引子，篇后附大事记，希望将中法技术团队合作推进生态城不断向前的历程忠实记录。

本书自2016年8月开始组织编撰，历时两年有余，数易其稿，反复推敲、编排、勘误，以求流畅、精彩、深刻而兼具趣味。本书希望充分呈现中法规划理念的融合，也在一定程度上将中法协作中存在的分歧以及跨越分歧达成共识的过程一并展现。每个中外合作建设生态城的经验均有其普适性，也有其特殊性，本书抛砖引玉，以期能促进城市规划师和城市建设者共同思考、共同提升，也为后来者提供可复制、可推广的经验。

在中法生态城规划编制的各阶段，都是由中法技术团队共同完成，体现了中、法技术专家的集体智慧。其中总体规划阶段，中方技术团队由武汉市规划研究院负责总体规划牵头工作，并负责规划定位及指标体系等专题；武汉大学负责产业经济，文化融合与社会和谐，能源、垃圾处理及低碳城市专题；华中农业大学负责资源环境承载力和生物多样性保护专题；中国科学院水生生物研究所负责水生态系统修复重建专题；武汉市交通发展战略研究院负责综合交通专题；中信建筑设计总院有限公司负责绿色建筑专题。法方技术团队由AREP（阿海普建筑设计咨询公司）负责总体规划的牵头工作；BURGEAP（环境工程和城市可持续发展公司）负责能源、水及垃圾专题；BIOTOPE（群落生境生态咨询公司）负责生物多样性专题；EY（安永会计师事务所）负责产业经济专题；IRIS（彩虹咨询公司）负责交通专题；TERAO（特瑞欧绿色建筑工程设计咨询公司）负责绿色建筑专题。

总体城市设计由武汉市土地利用和城市空间规划研究中心、法国夏邦杰建筑设计事务所（Arte CharpentierArchitectes）、法国苏伊士咨询公司（SUEZ Consulting）联合编制。

感谢以上技术团队为本书的出版提供了全方位的技术保障。

感谢住房和城乡建设部仇保兴副部长、倪虹副部长、黄艳副部长以及规划司孙安军司长对中法生态城总体规划编制进行了全程指导，感谢湖北省住房和城乡建设厅童纯跃总工及洪盛良处长对规划的悉心指导及技术把关，感谢时任中法武汉生态示范城管委会刘子清主任带领管委会各部门对各阶段规划工作的组织及协调，感谢武汉市国土资源和规划局盛洪涛局长、马文涵副局长以及相关处室对规划编制的组织及技术把关，感谢法国驻汉总领事马天宇先生及贵永华先生对规划的全程关注及中法事务的协调。

此外，感谢中国建筑工业出版社对本书的出版给予了大力支持，在此一并致谢。

囿于编者水平有限，疏漏之处在所难免，敬请各位读者不吝指正。

本书编委会

2018年10月